생명공학기술

BIOTECHNOLOGY

생명공학기술

BIOTECHNOLOGY

김 경 민
·
경북대학교
응용생명과학과
·

남 상 용
·
삼육대학교
환경디자인원예학과
·

박 재 령
·
농촌진흥청
국립식량과학원
·

RGB

목 차

머리말

불행 중 다행이라고나 할지 몇 년 전 코로나바이러스가 전 세계를 휩쓸고 지나갔다. 당시에 누구나 예외 없이 우리는 바이러스를 공부하게 되었고 PCR을 접하게 되었으며 RNA와 DNA 백신을 맞으면서 새로운 첨단 산업이 가져올 미래를 건너다보는 기회를 얻었다. 우리나라는 첨단 생명공학을 하기에 아주 좋은 조건을 많이 가지고 있다.

약 100년 전에 개발된 기술들이 이제 와서 현실화하고 있다. 제초제를 4배나 쳐도 견디는 제초제 저항성 콩과 비타민 A를 가진 황금쌀, 밤에도 빛을 발하는 형광담배는 이제 먼 나라 이야기가 아니다. GMO도 우리 삶에 깊숙이 들어와 있다. 전통적인 육종과 환경조절로는 분자생물학과 유전자나 염색체 조절 기술을 가진 세계적 회사와 경쟁할 수 없다. 다행인 것은 이제 이 첨단 기술들이 누구나 할 수 있는 시대를 맞이한 것이다.

이제는 분자생물학 시대이다. 문제는 아이디어가 중요하다. 전통적인 유전 육종이 할 수 없는 영역이 엄연히 있고 상호 보완한다면 큰 성과를 낼 수 있고 효율성을 크게 높일 수 있다. 인류는 우리의 신체적 한계를 극복하는 마크로, 마이크로 세상을 개척해 왔다. 소리가 너무 커도 너무 작아도 안 들리는 것처럼 말이다. 맨눈에는 보이지 않는 아주 작은 세상, 마이크로 월드에서 여러분은 메가톤급 미래를 설계하고 만들어 가는 것이 필요하다. 그곳에 엄청난 가능성이 있음을 우리는 보고 있다. 그런데 이 미세한 학문의 세계에서 좌절하고 헤맬 수도 있다. 그러나 실패가 잦은 만큼 누적된 큰 보상으로 우리에게 다가올 수 있다. 우리나라도 GMO와 분자생물학 분야에서 많은 진전을 보이고 있고 품종 개발은 물론이고 제초제와 같은 농약, 의약 분야로의 확장과 적용은 이제 현실이 되고 있다.

농학과 작물학은 그 종류가 다양하고 여러 가지 연속적인 단계를 동시에 충족시켜야 하기에 만만하지 않다. 여러분의 영역에서 하나하나를 성공시켜 나가기를 바란다. 모든 것을 하고자 하는 것은 불가능에 가깝다. 따로는 행운이 따라야 하는 일도 있을 것이다. 그러나 꾸준히 하다 보면 하늘은 스스로 돕는 자를 돕듯이 어느 날 대단한 업적을 이룰 수가 있을 것으로 믿는다.

컴퓨터와 인공지능의 발달은 제약과 바이오를 넘어 농학의 분야에도 거세게 몰아치고 있다. 그러나 효율성을 높이고 지식과 정보를 제공하기에 많은 시간과 경비를 절약할 수 있게 되었고 언어의 장벽과 지식의 습득과 적용에 효율성을 높이고 있다. 과거 10시간에도 해결하기 어렵고 처리하기 버거운 것을 단순에 해결하는 능력을 가지고 있다. 이제 새로운 기술과 적용은 우리가 하기 나름인 것이다. 과감하게 수용하고 누리는 여러분이 되기를 바란다. 우리나

라는 여러 분야에서 제약과 규제도 많다. 이 분자생물학과 GMO 등 농업 분야도 예외가 아닌 것 같다. 국토가 좁고 인구 밀도가 높은 우리나라는 차제에 큰 문제가 없다면 적어도 미국과 중국, 일본 수준의 개혁, 개방과 규제철폐를 해야 한다. GMO를 비롯한 막연한 불안감에 만들어진 장벽과 규제를 제거해야 한다. 줄기세포나 개인정보도 더 안전한 방법을 동시에 추구하면서 활용할 수 있도록 해주어야 할 것이다. 공개와 자기책임, 도전과 그에 따른 보상 체계가 GMO나 새로운 연구에서 각자의 판단과 선택을 존중하는 국가가 되었으면 한다. 곳곳에 난간과 CCTV에 가로막힌 우리나라와는 창의적이고 독창적인 연구환경이 아니다. 사회주의 색채가 강한 유럽의 발전 속도는 미국보다 느린 것이 이를 잘 반영해 준다고 볼 수 있다. 유전자원도 세계적 수준이고 연구 인력도, 시설도 손색이 없는데 개인정보나 연구의 한계를 정하는 법 때문에 발전이 늦춰지고 어렵다면 우리의 미래는 암울하다. 여러분이 더 많이 공부하고 사례연구를 하며 국내외적 협조자를 잘 찾고 만들어 간다면 생명공학과 분자생물학에서 큰 발전이 있을 것으로 기대해 본다.

한편 AI가 우리의 생명 현상도 조정하는 시대가 오지 않을지, 걱정하면서 생명

공학 기술을 저자들과 함께 관심이 있고 흥미가 있는 전문가들을 위하여 이 책을 집필하였다. 생명공학 기술에는 유전자원과 생명공학 기술의 기본적인 개념과 응용 기술로 이루어져 있다. 유전자원의 변이가 새로운 개체를 창출하는 기본과 변이의 평가 기술로 설명하고 있다. 식물조직배양과 유전자 클로닝으로 유전자 조작 가능성을 설명하고 있다. 무엇보다도 저자들의 실험 결과와 많은 논문에 수록한 경험과 기술로 현장 실험실에서도 이용할 수 있도록 구성하였다. 생명공학과 육종에서는 유전자를 다루는 분야를 상세히 서술하여, 분자생물학과 접목하여 정확하게 새로운 개체를 육성하는 데 기본적인 기술로 설명하고 있다. 마지막으로 저자는 생명공학 기술의 기본이념과 기술을 설명함으로 생명공학 관련 전문가뿐만 아니라 고등학교나 대학에서도 전문 서적으로 사용할 수 있도록 하였다. 끝으로 생명공학 기술을 저술하면서 많은 부분이 저자들의 논문과 그동안 얻어진 실험 결과 바탕으로 집필하여 이론과 실험을 동시에 배울 수 있는 저서라고 판단된다.

차제에 농업 분야를 공부하는 학생들과 연구자분들에게 조금이라도 도움이 되었으면 한다. 이 책을 집필하면서 저자들의 방대한 학문에 대한 성취가 바닷가 모래알이나 자갈 정도를 줍는 수준이라는 것을 인정하지 않을 수 없다. 필자들이 한 것은 일부분에 불과하기에, 이 넓고 방대한 학문의 세계에 겸손한 마음으로 여러분들의 지도 편달을 기대해 본다.

2025년 7월

저자 일동

생명공학기술 Biotechnology

서언

1. 농업에서의 녹색혁명 그리고 생명공학의 의미

녹색혁명(green revolution)은 농업 분야에서 20세기 후반 이후 활발해진 작물의 품종개량 등 새로운 농업기술 도입 전반과 그로 인한 식량 생산량의 획기적 증가를 일컫는 말이다. 1944년 미국의 록펠러재단이나 포드 재단의 지원을 받아 멕시코 및 개발도상국에서 밀 생산량이 획기적으로 증가한 것이 그 시초이며, 1960년대 이후 미국을 중심으로, 품종개량 등의 관련 연구가 활발히 진행됨과 동시에 식량부족에 직면한 개발도상국들이 적극적으로 이 기술을 도입하면서 세계적으로 농업생산량이 획기적으로 증가하게 되었다.

녹색혁명 하면 떠오르는 인물이 있다. 우리에게도 잘 알려진 노먼 어니스트 볼로그(Norman Ernest Borlaug) 박사이다. 미국의 농학자이며 식물병리학자이다. 세계적인 식량 증산에 기여하여 녹색혁명을 이끈 공로로 1970년에 노벨 평화상을 수상한 바 있다.

그림 1. 노벨상 수상자 노먼 블로그와 그가 개발한 난쟁이 밀의 모습
(출처: https://images.app.goo.gl/6TCQy98Rgt8HpBWV8)

노먼 블로그와 그가 개발한 난쟁이 밀은 1950년대 말부터 1960년대 초에 걸쳐 기존 품종보다 키가 작은 '난쟁이 밀(dwarf wheat)'을 개발하는 데 성공했으며, 난쟁이 밀은 줄기가 짧고 빳빳하므로 더 많은 비료를 시비하여 더 크고 무거운 이삭이 생성되어도 수확할 때까지 넘어지지 않고 버틸 수 있다는 장점을 가지고 있다. 난쟁이 밀은 멕시코를 비롯하여 아시아, 남아메리카, 아프리카의 여러 나라로 퍼져 나갔고 이들 나라의 밀 생산량은 큰 폭으로 늘어났다. 볼로그는 녹색혁명

을 이끈 공로를 인정받아 1970년 노벨 평화상을 수상하였다. 난쟁이 밀의 뒤를 이어 1960년대 중반에는 필리핀의 국제미작연구소(IRRI)에서 '기적의 쌀'로 일컬어진 IR8을 비롯한 여러 가지 왜생종(난쟁이) 벼가 개발되어 쌀을 주식으로 하는 아시아 나라들에 새로운 품종을 보급하였다.

이러한 변화는 농업생산량의 증가를 가져온 동시에 많은 관개 시설의 확장, 잡종 씨앗의 배포, 화학 비료 및 농약의 사용 확대를 가져왔다. 이러한 녹색혁명은 20세기의 마지막 30년 동안 식량 공급량을 3배로 증가시키는 원동력이 되었으며, 이러한 농업생산량의 획기적인 증가는 유전적으로 향상된 품종의 도입과 작물 재배기술의 향상에 기인하였다고 볼 수 있다. 여러 나라에서 식량 공급량은 수요량보다 더 빨리 증가하였고 기술의 발달로 인건비가 줄어들면서 농부들은 소비자들에게 더 싼 가격에 농산물을 제공할 수 있게 되었다. 이런 집중적 농업(많은 투자/높은 생산량)은 선진국의 인구 증가에 많은 기여를 해왔지만, 사람들의 무조건적인 지지를 얻기에는 두 가지 문제가 존재한다.

그림 2.
작물의 품종 개발과 더불어 살충제, 제초제, 비료의 개발과 살포. 새로운 고수확 작물의 품종 개발과 더불어 다양한 기술의 이용 확대가 2차 세계대전 이후에 일어나면서 세계적으로 식량 생산이 획기적으로 증대되었다.
(출처: https://www.blikk.it/angebote/modellmathe)

첫 번째, 집중적 농업의 적극적인 이용으로 높은 생산량과 양질의 작물을 얻을 수 있었지만, 작물 생산과정에서 야기된 환경에 대한 영향은 종종 무시할 수 없을 만큼 심각했다는 점과 두 번째로, 생산량이 많아지면서 농부에게 잔여 생산물을 처리해야 할 필요가 생겼고, 이는 세계 시장에서 작물의 가격 하락으로 이어져 농부의 소득을 줄어들게 하는 문제를 가져왔다는 것이다.

반면 저소득 국가의 상황은 선진국과 완전히 대조적이다. 세계 인구는 지난 50년 동안 30억 명에서 80억 명(2025년 1월 현재, 82억 3천만 명)으로 여전히 가파른 상승세를 보여주고 있고, 이 인구 증가는 약 20억 명이 더 증가할 2100년 전까지 멈출 수 없어 보인다. 대부분의 인구 증가는 가난과 기아가 만연한 저소득 국가에서 일어나는 경향을 보여주고 있다는 점에서도 문제점이 심각하다.

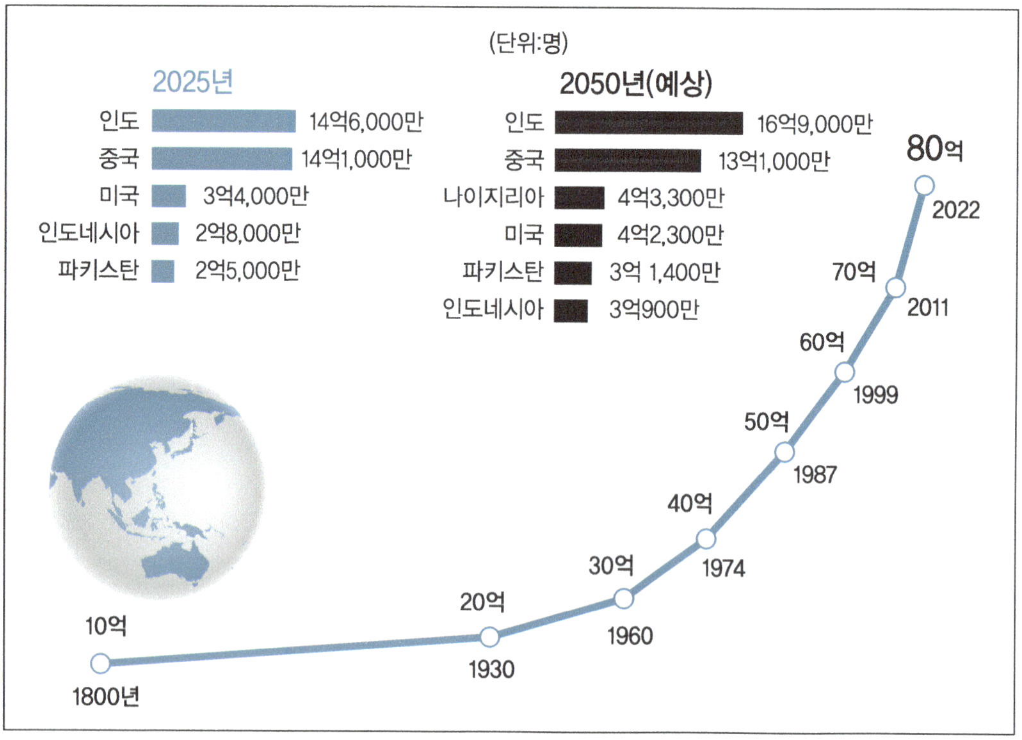

그림 3. 세계 인구 증가 추이와 인구 대국(출처: UN)

2025년 1월 현재 세계 인구는 82억 명을 넘어섰고 UN의 예측에 따르면 2050년쯤에는 최대 110억에 이를 것으로 추정한다. 인구 증가는 여전히 진행형이며 그에 따른 곡물의 증산은 여전히 인류의 생존을 위한 필수적인 과업이다. 따라서 미래는 식량의 안보화 또는 식량의 무기화가 최대의 화두가 될 수밖에 없다.

우리나라에서 녹색혁명이라 할 만한 것은 통일벼의 개발이라 해도 과언이 아닐 것이다. 통일

벼의 개발은 학문적으로 보아도 세계 벼 육종의 역사에서 획기적인 사건이었다. '보릿고개'로 대변되는 식량부족, 먹을거리가 숙명의 과제였던 시기가 아주 오래전의 일이 아니라 불과 100년도 채 지나지 않은 얼마 전의 이야기인 셈이다. 따라서 품종개량과 재배 방법의 개량을 기반으로 이루어졌던 녹색혁명의 효과가 얼마나 지대했는지를 쉽게 가늠할 수 있을 것이다.

현대는 이러한 양적인 생장을 넘어 질적인 것에 더 큰 가치를 두는 시대가 되었다. 먹을거리에서도 다양한 기능성이 가미된 식품을 요구하게 되고 다양한 외형과 식감을 요구하는 소비자의 욕구를 채워주는 시대가 도래한 셈이다. 제2의 녹색혁명이라고 할 수 있는 생명공학기술이 농학, 원예, 식품, 의학 등의 전 분야에 없어서는 안 될 산업적 자원이 된 지 오래다. 특히 식물생명공학은 근래 엄청난 진전을 이루었다.

그림 4. 통일벼 보급과 공동 모내기(출처: https://www.redian.org/news/articleView.html?idxno=40472)

1970년대 초반 통일벼 시범 포장의 모내기 장면과 GM의 기법으로 개발된 골든 라이스(golden rice)는 비타민 A의 전구체인 베타카로틴(beta-carotene) 생합성 관련 유전자를 형질전환 하여 만든 쌀이다. 형질전환 시에도 벼의 뿌리나 줄기가 아닌 알곡 쌀에만 베타카로틴의 생합성이 일어나도록 하는 것 또한 중요한 생명공학기술 중 한 부분(part)이다. 벼의 잎에서도 자연적인 베타카로틴이 존재하며 광합성작용에 관여한다. 그러나 쌀의 배유(endosperm) 부분에는 광합성이 일어나지 않기 때문에 베타카로틴이 존재하지 않는다. 골든 라이스 개발의 목표가 세계적으로 약 2억 명에 달하는 비타민 A 결핍증(vitamin A deficiency, VAD) 환자들에게 결핍된 비타민 A 문제를 해결하기 위한 것이었음을 상기할 필요가 있다.

그림 5. 비타민 A가 보강된 황금쌀(오른쪽) (출처: https://m.dongascience.com/news.php?idx=32744)

따라서 골든 라이스는 이전에 없는 대중적 관심을 끌게 되었다. 불행하게도, 이런 관심 대부분은 유전자 변형(genetically modified, GM) 작물을 둘러싼 매스컴의 부정적인 관심으로부터 일어났다. 식품 안전성 문제나 환경에 대한 우려에 대한 언론의 보도는 이 기술에 대한 대중적인 반감으로부터 지지를 얻기 위한 것들뿐이다. 결과적으로, GM에 대한 논의는 잘못된 정보로 점철되었고 사태를 더욱 악화시켜 왔다. 일반적으로 미국은 상업적 GM 작물의 원조라고 말할 수 있고 유럽은 GM 작물에 대한 반감이 심한 지역이라고 이해해도 큰 무리는 없을 것이다. 예를 들면 영국의 GM 식물 관련 연구비가 상당한 폭으로 줄어들고 있는 현상은 이를 뒷받침한다고 볼 수 있다. 반면에 개발도상국을 중심으로 이러한 GM 작물의 활용도는 계속 높아질 가능성이 높다. 이런 상황에서 우리나라는 세계 최고 수준의 GM 작물에 대한 안전성을 요구하고 있는 나라이다. 식물생명공학과 농업에 대한 깊은 고찰은 GM 작물의 순기능을 깊게 이해할 기회가 될 것이다.

생명공학기술 Biotechnology

제1편 유전과 변이

제1장 유전자원과 생명공학

1. 유전체계와 변이성

생장과 관리에서 특정 환경에 의한 형태학과 생리학에 특별한 변화가 보이는 데 그런 변이의 근원을 찾고 야기된 반응에서 선발을 가능하게 만든 것을 찾는 것이다. 식물에서 그 원인은 많고 다양하다. 식물의 세포핵과 세포질 변화, 그들의 조합과 개체 분리 번식에서의 수정 작용, 염색체 조직과 수적인 변화를 포함한다. 자연종의 진화에 있어 동일한 범위와 다양한 환경에 적응한다는 것을 알게 되었다. 육종가들은 연구를 통해 유용한 변이 범위의 진가를 알아내고 빠르게 이용할 것이다. 주로 식물 육종가에 의한 특별한 목적을 이루기 위한 신중하게 고려된 우연한 선발의 결과는 때에 따라서는 물론 좋은 결과를 가져오기도 한다.

2. 변이의 근원

자연계에 있는 생물들은 정도의 차이는 있지만 변이성을 지니고 있다. 변이 중에 서도 육종의 소재로 대상이 되는 것은 유전적 변이(genetic variation)이며 자연계에서 발견할 수 있는 유전적 변이는 오랫동안 자연돌연변이나 자연교잡에 의한 변이가 누적된 것이다. 따라서 이들 변이를 찾아낸 다음, 이 중에서 유용한 변이를 놓치지 않고 포착해야 할 것이다. 자연계에서 생긴 변이로 그 목적을 이룩하지 못할 때는 인위적으로 변이를 창성해야 할 경우도 있다. 교잡육종법이나 최근 활발한 연구 대상이 되는 인위돌연변이의 작성 등은 모두 변이를 창성하는 데 중점을 두고 있다. 변이 중에서 우량한 변이를 선택해야 하는데 이와 같은 목적으로 변이를 감정하는데 정밀하게 감정하기 위해서는 개체선발을 해야 한다. 자가수정을 하는 작물에서는 주로 개체별 감정으로 우량한 변이 개체를 선발하고 우량한 개체의 후대를 개체별로 채종하는 수가 많지만, 수집한 집단의 개체에 대하여 선발해야 한다. 타가수정을 하는 작물은 일정 집단의 특성에 대하여 우량성을 감정하는 경우가 많다.

신종이 결정되면 그 작물의 수정양식에 따라 적당한 방법으로 증식한다. 육종은 생물진화의 방향을 인류가 희망하는 방향으로 지시하고 촉진시키는 것이라고 말할 수 있다. 생물이 진화하고 있다는 생각은 이미 아리스토텔레스(Aristotle) 때부터 알려졌다고 하며 자연과학적 인식은 린네

(Linne, 1707~1778) 때부터이다. 그 이후에 라마르크(Lamarck, 1744~1829)의 용불용설, 다윈(Darwin, 1809~1882)의 자연도태설, 멘델(Mendel), 모르간(Morgan, 1866~1945) 등의 유전학설, 요한센(Johannsen, 1890~1967)의 순계설과 더 브리스(De Vries, 1848~1935)의 자연변이설, 그리고 뮐러(Muller, 1890~1967)에 의한 인위적 변이의 창출로 변이에 대한 지식이 밝혀졌으며 이후 많은 연구자가 관여하여 작물육종에 대한 다양한 지식이 밝혀졌으며 지금에 와서는 개체에서의 유전적 변이의 생성, 개체군에서 새로운 유전조성의 형성, 새로운 유전조성의 고정 등 3단계를 거쳐 진화가 이루어지는 것으로 생각되고 있다.

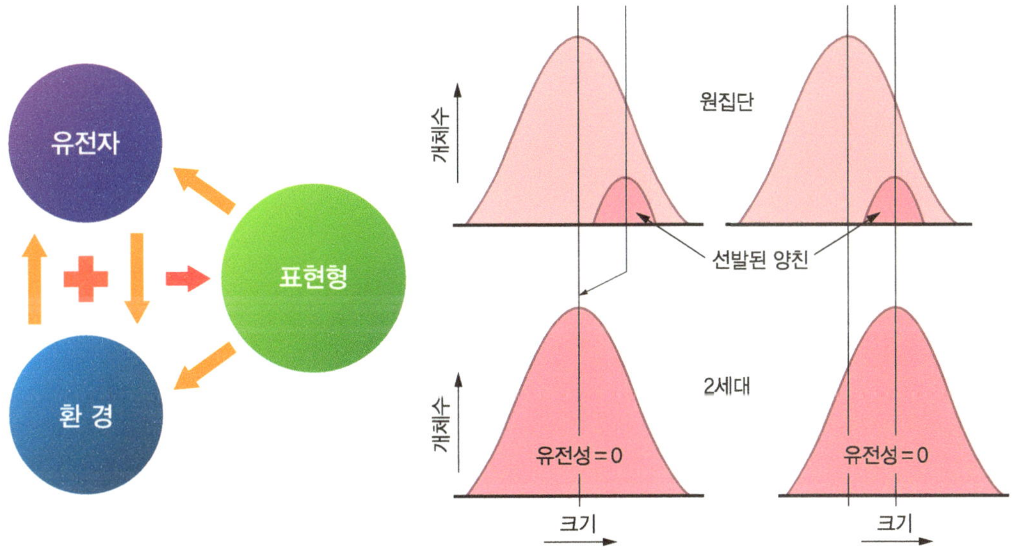

그림 1-1. 유전과 환경(출처: http://putso.com.ne.kr/breeding/breed1.html)

유전력의 차이에 의한 선발 효과 : 우리가 현재 보고 있는 작물은 유전자형(genotype)과 환경의 상호작용의 결과이다. 즉, 표현형(phenotype) = 유전자형(genotype) + 환경(environment)이다. 여기서 환경적 변이는 유전이 되지 않기 때문에 육종 대상은 유전적 변이 뿐이다. 또 꽃의 색깔이나 모양, 내병성 등은 소수의 유전자에 의해 지배되고, 환경 영향을 적게 받기 때문에 육종 과정이 비교적 쉽지만, 육종목표가 되는 수량이나 품질 등은 많은 유전자가 관여하는 폴리진(polygene)에 의해 지배되고 양적형질은 환경에도 영향을 쉽게 받기 때문에 그런 형질의 선발은 그만큼 어렵다고 볼 수 있다. 유전력이란 어떤 형질 변이의 분산에 있어서 표현형 분산에 대한 유전분산의 정도를 말하며 그 형질에 대한 선발의 어려움과 결정의 기준이 된다.

3. 유전체계의 조작

자연적으로 유전적 시스템의 구성요소에 의한 변이는 기회의 문제이지만 식물 육종가에게는 그렇지 않다. 이전의 육종가인 셔리프(Shirreff), 나이트(Knight), 난딘(Nandin), 빌모린스(Vilmorins)에 의해 조작은 교잡에 비중을 둔 전통적 육종방법에 반대되는 측면이 많았다. 변이성은 두 중요한 근원으로부터 파생해서 세워졌다.

① 국내나 국외의 종간의 수확물로부터 얻을 수 있다.

② 교잡. 오늘날 새로운 변이의 대부분은 매우 같은 두 근원으로부터 파생하는 변이 때문에 선발한 것으로부터 육종된다. 육종방법의 다른 요인의 조작은 데이터의 경우에서보다 식물 육종의 실용적인 것에 더 공헌했다. 그 같은 조작의 가능성과 기대는 조합에 관하여 고려되어야 한다.

4. 재조합의 조작

유전자형이 AaBb인 F_1에서 Ab, aB의 배우자가 생기는 것은 상동염색체끼리 부분 교환을 하기 때문이며 이것을 염색체의 교차 또는 유전자의 조환(recombination)이라고 한다. 유전자의 조합, 그들 유전자의 중요한 효과, 혹은 다유전자(polygenic, 복합)를 구성하고 있는 것은 식물 육종에 있어서 중요하다. 육종가의 목표는 잡종에 따른 선발로 이루는 것과 그의 목표에 꼭 맞은 유전자 결합에 의한 그들의 번식이다. 속도와 효과는 유전자에 싸여 있는 수에 따라 조성될 것이고 실제로 유전자에 결부되어 있다. 더 큰 것은 선발의 더 큰 효과와 신속한 그런 키아스마(chiasma) 형성에 있을 것이다.

1) 상관반응(correlated response)

육종가는 자주 일어나는 높은 염색체 교차하고 식물의 유전자형 조합을 선발하기 때문에 가장 짧게 일어나고 가장 빠른 조합이다. 자주 일어나고 또한 키아스마(chiasma)의 분배도 물론 유전자의 조절(control) 하에 있다(Rees, 1961). 이 한 가지 이유는 육종된 변이를 구성하고 있는 이 식물의 차대검정, 원래의 모집단보다 아주 빈번하게 일어나는 키아스마가 기대되기 때문이다.

① 고도로 분화한 퍼레니얼라이그래스(*Lolium perenne*)의 단명한 모집단과 메도우페스큐(*Festuca pratensis*)는 그들의 숙근의 원종보다 고도의 키아스마가 자주 있었다.

② 집중 육종된 퍼레니얼라이그래스(*Lolium perenne*)의 변종 이탈리아(Irish) 호밀 같은 것은 자연 방목의 생산물을 실질적으로 재연한 켄트(Kent) 호밀의 변종보다 높은 키아스마가 나타난다.

③ 분열시키는 선발, 늦은 개화에 순무(*Brassica campestris*)의 이계교배 모집단에 따라 선발은 키아스마 발생의 증가를 동반한다. 육종 자체가 의미하는 것은 육종방법의 조합을 구성하는 경우나 변화에 유효한 효과를 주는 것이며 그것은 목표를 달성하기 위한 규제된 선발에 대한 우연한 결과이다. 같은 시기에 선발 효과가 가져오는 변이조합 증가의 효과도 확인되었다.

2) 밀의 변이종

밀의 변이종인 '중국의 봄' 밀(*Triticum aestirum*)은 줄무늬녹병균(*Puccinia striiformis*) 균류에 의한 노란녹병에 민감하다. 자생의 이배성 아이길롭스 코모사(*Aegilops comosa*)는 병에 대한 저항을 가지는 유전자를 운반한다. '중국 봄밀(Chinese Spring) × 아이길롭스 코모사(*Aegilops comosa*)' 잡종의 반복에 의해 양친을 되풀이하는 중국 봄밀(Chinese Spring)의 여교잡(backcross)을 사용하고 병에 저항성이 있는 계열은 42염색체의 보충인 '중국 봄밀(Chinese Spring)'으로 가득 참에 더하여 하나의 아이길롭스 코모사(*Aegilops comosa*) 염색체를 함유하고 격리되었다. 추가의 염색체는 M2. M을 지시한다. 왜냐하면 아이길롭스 코모사(*Aegilops comosa*)는 돌연변이 유전자와 그를 운반하고 'Chinese Spring'의 2개의 상동염색체 그룹을 배상하기 때문이다. 돌연변이 2대(M2)가 병저항을 위한 유전자를 운반하는 동안 그것은 또한 많은 다른 원하지 않는 효과를 가져왔다. 병저항을 위한 유전자를 바꾸는 것은 밀에 원하지 않던 아이길롭스 코모사(*Aegilops comosa*) 유전자는 매우 작기 때문에 두 상동염색체 그룹의 밀 염색체의 조합에 의해 얻어질 수 없다. 왜냐하면 '중국 봄밀(Chinese Spring)'의 보완은 Ph 유전자좌(locus)를 운반하고 염색체접합을 억누르고 처음에 분명히 상동염색체로부터 구별된 상동사이의 감수분열 중기에 키아스마(chiasma)가 형성된다. 이러한 특정의 방해는 아이길롭스 펠토이데스(*Aegilops speltoides*)에 한 라인이 첨가된 M2의 교차에 의해 극복되었고 14번 염색체의 보완을 가지고 있는 이배성이 순차적으로 Ph locus의 활동을 억누른다. 이 29번 염색체 잡종은 'Chinese Spring'에 반복해서 여교잡되었다. 감수분열에서 이가 염색체를 가진 식물은 노란녹병에 저항성을 가진 자손에 따라 분리되었다. 녹병으로부터 Yr8의 지배적인 유전자를 위한 이형접합체를 가진 식물이다. 조합의 조절을 위한 방법은 하나의 얻어진 유전자, 가능한 유전자, 상동염색체 사이의 효과적인 염색체 접합을 촉진하는 것이다. 특유의 우수성을 지닌 유전자를 요구하는 데 있어서 그들의 교배된 종을 전송시키는 데 문제가 생긴다.

5. 가능성과 전망

앞에서 언급한 것처럼 감수분열의 많은 양상은 유전적 조절하에 있다. 많은 변이, 예를 들어 키아스마는 유전적인 조절(control) 하에 있고 따라서 중요한 것은 유전자에 의해 조절된 경우보다 조정하는 것이 더 어렵다.

1) 이질배수성(allopolyploid)

우리에게 가장 유용한 농작물은 이질배수체이다. 다른 종류의 게놈을 동일 개체에 보유시켜 보다 실용적 가치가 높은 신종을 창성하려고 하는 방법이다. 여기에 속하는 가장 간단한 방법이 복이배체를 창성하여 이용하려는 복2배체의 이용이다. 밀 육종에 있어서 두 가지 특성은 Ph locus의 활성에 크게 의존하고, 5B염색체에 Ph locus가 있다. 그것의 효과는 상동염색체로부터 분리된 상동사이의 감수분열에 첫 번째 중기의 염색체접합을 억제한다.

참고내용 1. Ph locus

유전자 자리(Ph locus)는 유전학에서 특정 유전자의 위치 또는 특정 유전자의 집합체를 가리키는 일반적인 용어이다. 특히, 밀에서 'Ph1 locus'는 염색체 5B에 위치하며, 생식세포의 염색체 배아 과정에서 이염색체 형성(bivalent pairing)을 강제적으로 조절하는 유전자 집합체로 알려져 있다. 이 유전자 집합체가 정확히 어떤 메커니즘으로 작용하는지는 아직 정확히 밝혀지지 않았지만, 이 유전자는 밀의 생식 과정에서 중요한 역할을 한다고 보고 있다.

지금까지는 육종가에 의해 합성된 유용한 배수체를 얻는 데 실패했는데 거기에는 이수성 유전자를 효과적으로 얻는 데 실패했기 때문이다. 밀속(*Triticale*)과 쥐보리속(*Lolium*) 잡종은 예외이다. 감수분열의 염색체 반응에 있어서 규칙성을 가지지 않은 것은 많은 '자연적(natural)' 배수성의 특성이다. 밀에 있어 유전자 자리(Ph locus)가 떨어진 귀리속(*Avena*)와 김의털속(*Festuca*) 배수체의 유전자좌(loci)는 비교할 만하다.

쥐보리속(*Lolium*)과 아이길롭스속(*Aegilops*) 종은 놀랍게도 이수성 요소에서 여분의 염색체가 발견되었다. 예를 들면 독보리(*Lolium temulentum*) X 페레니얼라이그래스(*Lolium perenne*) 4수성 잡종에 B염색체의 도입은 다가염색체를 가진 자가4수성의 전형적인 것으로 상동접합체를 구성하는 이가배수체의 특징을 가진 감수분열로 바뀐다. 이종간으로부터의 우수한 배수성의 창조와 상호유전자간의 교배는 육종가의 끊임없는 노력을 요구하게 된다.

〈두 종간의 교배로 만들어지는 이질배수체〉

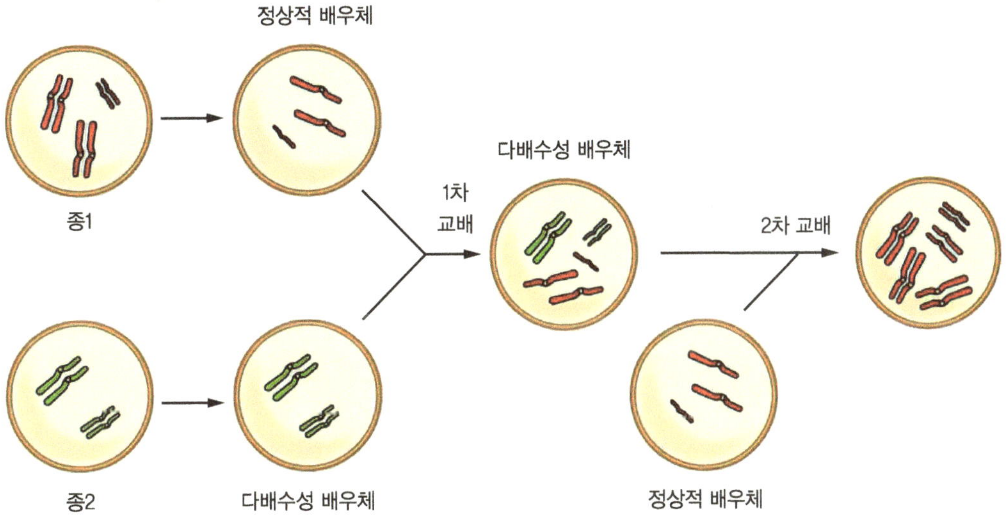

그림 1-2. 염색체와 교배(출처: https://figures.boundless.com/19029/full/figure-18-02-08.jpe)

(1) 이질배수체의 형성

복2배체(amphidiploid) 육종으로써 신종을 창성하는 방법이다. 이질배수체의 특징은 동질배수체에서와 유사한 특징들을 보유하지만 세포 크기가 증대되고 열매의 크기가 증대된다. 양친 종의 중간적 특징을 나타내며 임성은 정상으로서 후대를 생성할 수 있다. 진정복2배체이면 유전분리도 이론적으로 2x와 같이 정상을 나타낸다. 이질배수체의 육종 시 고려할 사항으로는 두 게놈간 친화성에 따라 육종목표를 달리해야 한다는 점이다. 교배 조작이 복잡하고 성공률이 극히 낮으며 특히 속간교잡은 더욱 어렵다.

그림 1-3. 4배체 딸기인 왼쪽 딸기와 2배체 딸기의 비교 (출처: http://putso.com.ne.kr/breeding/breed1.html)

(2) 배수체 딸기의 비교

위 그림과 마찬가지로 일반적인 생물의 염색체 수는 일정하지만 특정한 품종이나 개체간, 근연종인 품종 사이에서 염색체수가 상이하거나 규칙적인 수전관계를 맺고 있는데 이와 같은 염색체의 배가현상을 다배수성(polyploidy)이라 한다. 일반적으로 배수성이 증가하면 크기가 커진다.

많은 사료작물은 이러한 배수성을 가지며 벼과의 70%, 콩과의 23%가 배수성을 갖는 것으로 알려져 있다. 일반적으로 배수성 작물은 2배체에 비하여 각종 부위가 커지거나 생육이 왕성하여 식물체의 크기에 따라 수량이 결정되는 사료작물에서 수량이 높은 경우가 많다. 작물에 있어서 세포유전학적인 기초지식은 사료작물의 분류와 생태적인 위치를 밝혀줌과 동시에 사료작물 개량에 응용할 수 있는 기초지식을 제공함으로 이를 연구하고 이해하는 것은 육종에 있어 매우 중요하다 세포학적 변이의 정도, 이수체와 배수 계열의 유무, 교배의 성공 여부 등에 따라 다르다.

2) 이배체(diploid)

생물의 개체인 접합체는 배우자 염색체 수(n)의 2배의 염색체 수(2n)를 가지므로 이것을 2배체라고 한다. 이배체 세포는 각 염색체의 두 쌍의 상동염색체(homologous chromosome)를 가지며 하나는 모친(female parent), 다른 하나는 부친(male parent)으로부터 전달받은 것이 된다. 이배체 배수성으로부터 떨어진 것은 육종에 있어서 공통으로 생산된 것과 같은 종간이 수체의 조합을 증대시키기 위해 이용된 유전자의 가능성 또한 고려되어야 한다. 어려운 것은 적합한 유전자를 발견하는 것이다. 비접합현상의 실례를 제외하면 키아스마(chiasma)의 대부분 변이는 앞에서 언급한 것처럼 다인자유전(polygenic inheritance)에 의해 조절되는 것은 어렵다. B염색체는 여기에서 유용하게 증명할 수 있었다. 많은 종에서 키아스마(chiasma) 발생에 영향을 미치는 결정적인 것을 운반한다.

6. 유전자와 형질전환

배수성과 유전자의 감수분열의 특징은 다음과 같다.

① 유전자의 분리와 클로닝(cloning)의 형질전환에 따른다.

② 트랜스포존(transposon)을 이용할 수 있다.

③ 클로널(clonal) 체세포의 영양번식과 조직재생에 의해 생장한 식물을 생산한다.

④ 화분(pollen)에 의한 재생을 이용한다.

⑤ 원형질체 접합과 계속되는 재생력을 이용한다.

⑥ 세포질 잡종(cybrid)을 형성하거나 이용한다.

그 외에도 핵산과 다른 세포질 사이의 접합성 수반 등과 같은 새로운 기술은 형질전환의 예를 들면 원하지 않았던 유전자 물질의 발생이 일어나지 않는다면 다른 성질의 종으로부터 결합된 유용한 유전자를 얻을 수 있다. 참고 내용1에서 보는 것처럼 유전자 자리(Ph locus) 혹은 B 염색체로부터 이수성 요소가 유용하게 되었다면 조합과 형질전환에 따른 새로운 배수체 구성을 조절하는데 가치가 있을 것이다. 이것은 농작물의 유전적 시스템과 그들을 촉진시키는데 관련된 새로운 방법으로써 고려할 만한 가치가 있다. 6가지의 모든 새기술은 조절이 가능하다. 전이인자는 돌연변이를 감소시키는 기회를 제공한다. 세대의 형질전환은 이질의 유전자 염색체로부터 조합, 재조합의 변이에 의해 이루어졌다. 원형질체 융합과 세포질 잡종(cybrid)은 화분(pollen)의 재생과 체세포의 영양계와 조직에 있어서 새로운 종이다. 유전적으로 다른 메카니즘에서는 변이성이 나타나지 않는다. 전형적인 육종방법은 다른 종의 새로운 기술적 의미의 변이를 유전시키지 않았기 때문이라고 말할 수 있다. 그전 것이나 새로운 기술은 전형적인 절차에 유용한 양식을 첨가하여 앞으로 많은 진전을 보일 것이다.

제2장 변이의 유기와 창출

1. 식물의 유전자원

식물 유전자원은 농업 발전의 기초이고, 환경 변화에 대한 완충물로 유전적 적응성을 의미한다. 이러한 식물 유전자원의 침식은 위협적인 세계 식량 문제, 소멸해 가는 자연자원 등 예측할 수 없는 미래에 대해 고찰할 수 있게 해준다. 그러나, 최근 몇 년 동안 개발된 새로운 기술에 의해 지역(local)의 자리바꿈, 새로운 땅에 정착, 재배 기구들의 변화, 빠른 식물 유전자원의 침식 원인과 아직 미개발된 소중한 물질의 소멸을 초래했다. 그러므로, 식물 유전자원의 보호와 효과적인 이용, 식품의 생산성, 질적인 향상을 위해서는 보호, 평가, 조사, 변화되어야 한다.

1) 유전자원의 중요성

유전자원은 오늘날까지 많은 식물에서 육종재료로서 유용하게 이용되어 우량품종을 육성하는 데 기여했다. 식료생산의 확보와 환경의 보전 등 농업에서 유전자원을 적극적으로 이용할 때 육종의 역할은 커지며, 또 육종목표에 알맞은 재료가 발견되었을 경우 그 효과는 아주 클 것이다. 그러나 유전자원을 이용하여 우량품종이 육성되고 보급됨에 따라 유전적으로 다양한 재래품종 집단은 급속히 잃어버리게 되고, 유사한 다수성 우량품종의 장려 보급으로 재배품종의 구성이 단순화되게 된다. 또한, 산업화 과정에서 급속한 지역개발은 풍부한 식생을 파괴함으로써 귀중한 식물 유전자원들이 지구상에서 매일 사라져 가고 있다. 오랜 진화 과정을 거쳐서 각 지역에 정착한 다양한 식물 유전자원은 도태를 통하여 축적되어 온 자연적인 자산이며 인류가 후손에게 계승시켜야 할 귀중한 보물이며 한 번 잃어버리면 다시는 재생시킬 수 없으므로 많은 유전자원을 효율적으로 찾아 수집하여 안전하게 장기간 보존하고 앞으로 많은 이용을 위해 평가하며, 그 정보를 알맞게 관리하는 것이 매우 중요하다.

2) 유전적 침식과 유전자원의 고갈

인류 사회는 농업과 함께 발달하여 왔다. 인류가 생활해 오는 동안 재배에 의한 선발과 도태로 야생종으로부터 많은 작물이 생겨났고, 다른 작물의 밭에 자라고 있던 잡초로부터 진화된 작물도 있으며, 원산지로부터 떨어져 각 지역에 전파되어 그 지역의 고유한 기후 풍토나 재배 방법에 맞는 변이가 선발되어 재래종(native variety)으로 정착하였다.

진화 과정에서 작물 집단은 돌연변이나 교잡 등의 요인에 의하여 변이가 확대되고 다양화되었는데 오랜 세월 동안 사람들은 유전변이가 무진장 존재하는 것으로 생각하였고 유전변이가 인류의 귀중한 유전자원임을 인식하지 못하여 중요하게 생각하지 않았다. 그러나 근대과학의 토대에 의한 조직적 육종의 성과로 넓은 지역에 적응하는 다수성 품종이 육성되어 농사의 주축이 되었던 재래종도 없어지게 되었는데 이것을 토양침식에 비교하여 유전적 침식(genic erosion)이라 한다. 유전적 침식이 진행되어 유전자원이 고갈되면 아무리 육종방법이 과학적으로 발달하여도 육종사업은 정체되고 만다. 제2차 세계대전 후, 녹색혁명에 의한 다수성 품종의 출현으로 주요 작물의 재래종들이 근대품종으로 대체되므로 유전자원이 고갈될 위험이 더 커졌다. 예로 ① 그리스는 밀 재배에서 재래종의 95%가 없어졌다. ② 남아프리카는 수수 유전자원이 잡종 옥수수로 대체되었다. ③ 영국은 미니양배추(방울양배추) 재래종이 1대 잡종 품종의 보급으로 없어졌다.

3) 식물 유전자원의 분포

재배 식물의 유전적 변이성은 전 세계에 걸쳐 임의로 구분할 수는 없다. 1920년대에 바빌로프(Vavilov, 1926, 1951)는 주요한 재배종을 통해 최대로 변이성을 낳이 가졌을 때 비슷한 자연 지리학적인 특징을 가진 지형을 처음으로 확인하였다. 바빌로프(Vavilov)는 유전자중심설을 제창하였는데, 그 내용을 보면 ① 발생중심지에는 변이가 많이 축적되어 있고, 유전적으로 우성형질을 가진 형이 많으며, ② 지리적 진화의 과정은 중심으로부터 멀어짐에 따라 우성형질이 점차 탈락하는 형이고, ③ 2차 유전적 중심에는 열성형질을 가진 형이 다량 존재한다고 하였다. 그의 견해 핵심은 식물종의 원시적 우성유전자들의 분포가 많은 중심지를 원산지로 추정하는 것이기 때문에 유전자중심설(gene center theory)이라고 한다. 그는 재배 식물의 발생중심지를 다음의 그림에서 보는 바와 같이 8개 지역으로 분류하였다.

① 중국 지구(Chinese center)

중국의 평탄지와 중부 및 서부의 산악지 대를 포함한다. 세계에서 가장 오래되고 가장 큰 재배식물 발상지로 보고 있다. 곡류로서는 피류, 수수, 쌀, 보리, 메밀, 사탕수수, 각종 대나무류, 근채류는 무, 마, 돼지감자, 토란류, 특용작물로는 모시, 앵속, 인삼, 채소류에는 가지, 오이, 호박, 상추류. 과수로는 배, 복숭아, 살구, 감, 감귤류 등이 있고 기타는 차 중심지의 것도 많이 볼 수 있다.

② 힌두스탄 지구(Hindustan center)

인도의 대부분과 미얀마, 아삼(Assam) 지역을 포함하는 지방을 벼, 기장, 동부, 이집트콩, 가지의 일종, 인도 상추, 무의 일종, 목화, 동양면, 삼, 아라비아고무, 쪽풀, 오렌지, 감귤 등의 원산지이다.

③ 중앙아시아 지구(Centeral Asiatic center)

서북인도, 아프가니스탄, 튀르키예(터키), 우즈베크, 수부 청정지방을 포함하는 지역으로 두류, 소맥류의 고향으로 보고 있다. 소맥류, 완두, 잠두, 렌즈콩, 강낭콩, 참깨, 아마, 해바라기, 삼의 일종, 목화의 일종, 사철무, 부추, 시금치, 포도나무, 호두나무, 올리브, 살구나무, 복숭아나무의 일종 등의 원산지이다.

④ 근동 지구(Near Eastern center)

소아시아의 내륙, 튀르키예(터키), 이란의 전 지역 및 튀르키예(터키)의 고원지대를 포함하는 지역으로 밀속의 수종, 주요한 곡류, 유료작물, 과수 등의 원산지이다. 즉, 1립계 및 2립계 밀, 각종 보통계 밀의 몇 종, 맥주, 보리, 귀리의 6배체, 알팔파, 몇 종의 베치, 참깨, 아마, Brassica의 각종 2차 중심의 것이 많음, 사과, 배, 양앵두 등 과수류의 몇 종을 포함하고 있다.

⑤ 지중해연안 지구(Mediterranean center)

지중해 연안으로 각종 채소류 및 목초류의 오래된 품종의 원산지로서 그 외에 각 종의 2립계 밀, 귀리의 몇 종, 두류, 화이트 클로버, 베치, 각종 십자화과(Brassica) 채소 및 유료작물을 포함하고 있다.

⑥ 아비시니아 지구(Abyssinian center)

아비시니아밀, 보리의 각종 형의 원산지로서 기타 아마, 해바라기, 기장, 각종 두류가 포함되어 있다.

⑦ 중앙아메리카 지구(South Mexican and Central American center)

남부 멕시코, 중앙아메리카 등으로 옥수수, 고구마 등의 원산지로 두류, 후추, 육지면, 카카오 등의 원산지이다.

⑧ **남아메리카 지구(South American center)**

페루, 에콰도르, 볼리비아를 포함하는 지역으로 감자, 담배의 원산지로서 중요하고, 감자의 각종 야생종 두류, 이집트면, 바나나 등을 포함하고 있다. Zeven과 Zhukovsky(1975)은 주요 재배식물을 12개 지역으로 나누어 나타내지는 차이를 보여주었다.

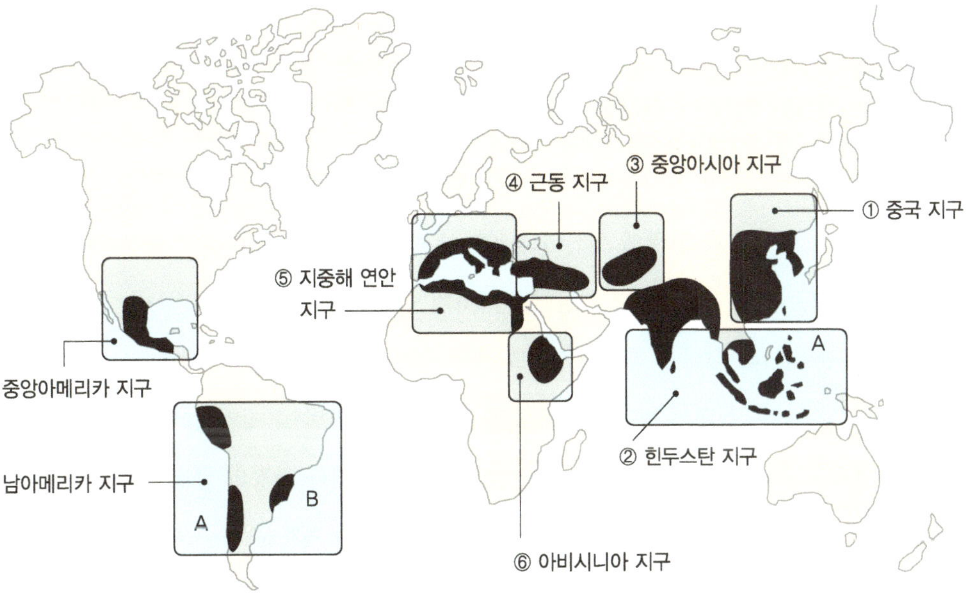

그림 2-1. 재래식물의 기원지(출처: https://www.hort.purdue.edu/newcrop/default.html)

4) 유전자원의 수집

유전자원의 수집은 새로운 것이나 특정한 자원을 구하기 위해 조사되어 있지 않은 지역을 여행하면서 우수한 형의 개체를 채집해야 하는 데 이에 대한 방법으로는 집단의 유전적 변이를 폭넓게 조사하는 탐색형과 특정한 식물이나 특정한 지역을 대상으로 조직적인 조사와 채집하는 수집형으로 나눌 수 있다.

유전자원의 수집 대상은 ① 최근의 장려품종과 다수성 품종 ② 과거에 장려품종이었던 품종 ③ 특수한 목적에 알맞은 품종 또는 형 ④ 우수한 유전자를 가진 육성 계통 ⑤ 돌연변이체, 유전 검정용 재료, 배수체, 이수체 등 ⑥ 재래종 ⑦ 유용한 세포질 변이체 ⑧ 근연 야생종 및 야생속 ⑨ 종간, 속간잡종 등이다.

유전자원을 채집할 때 표본추출(sampling)이 중요한데 ① 각 지점에서 채집 개체수 ② 채집할 지점수 ③ 지역 내에서 지점의 선택 방법 등을 고려해야 한다. 마샬과 브라운(Marshall과 Brown, 1975)은 자원 수집 목표를 대상 집단 내의 5% 이상의 빈도로 존재하는 유전자를 95% 확률로 채집하기 위하여 표본의 크기를 각 지점에서 50,100개체로 정하였다. 또한 유전자원의 수집은 시간적, 경제적, 인적 제약을 받기도 하여 채집된 자료의 유전자원으로서의 가치는 채집 시의 부수적으로 조사한 정보의 양에 크게 영향을 받는다. 유전자원의 유지, 보존 방법은 식물의 생활환, 생식 양식, 식물체의 대소 등에 따라 다르다.

(1) 현지 보존

임목, 목초 등은 자연의 생태계에 있어서 집단 그대로 현지 보존(in situ conservation) 하는 경우가 많다. 또 야생종 특히 열대 원산의 영양번식 작물의 경우에는 다양성 중심지에 그대로 유지하는 것이 좋다. 이들 식물은 저장기관이 부패하기 쉽고, 운반에 지장이 많으며, 바이러스의 침입이 쉬울 뿐만 아니라 재배에 특정한 일장조건이 필요하여 유지 증식이 어렵다. 자연조건 하에서 유전자원 보존에는 집단의 변이를 유효하게 유지하고, 개체수를 장기간에 걸쳐 안정시키면서 유지해야 한다. 그러나 생태계에서 유전자원의 보전은 공업화나 환경의 급변에 따라 유전자원을 잃어버릴 위험이 크다. 특히 재래품종은 유전적 침식 때문에 새로운 품종으로 급속히 대체되어 잃어버리는 경향이 있다. 그래서 원래의 생육지로부터 채집하여 포장, 식물원, 온실, 시설 등에서 유지, 보존하는 것이 필요한데 이것을 외지 보존(ex situ conservation)이라고 한다.

(2) 종자 보존

종자 번식성 식물에서는 종자 상태로 저장하는 방식이 가장 쉬운 보존 방법이다. 종자 등 유전자원을 조직적으로 보존하는 저온 저장시설을 유전자은행(gene bank)이라고 부른다. 종자의 수명은 식물의 종이나 속에 따라 다른데 클로버, 루핀, 연꽃 등과 같이 수백 년 이상 발아력을 가지고 있다는 것과 수확 후 1개월 이하의 발아력을 가지고 있다는 종 등 여러 가지가 있다. 보존 중의 종자의 수명은 온도와 수분 함량에 따라 영향을 많이 받는데 온도를 낮게 하거나 수분 함량을 적게 하면 보통 종자의 수명은 연장된다.

국제식물 유전자위원회(IBPGR) 종자의 수분 함량을 5±1%까지 낮게 한 후 밀봉하여 −18℃ 이하에서 저장하는 것을 추진하고 있다. 적당한 조건에서 저장된 종자에서도 서서히 발아력을 잃어가므로 일정 기간 이후에는 종자를 증식하여 갱신하여야 한다. 종자 증식을 할 때는 원 집단의 유전자를 될 수 있는 한 잃어버리지 않게 해야 하는데, 환경 스트레스나 자연도태가 일어날 수 있는 요인을 피하고 다른 집단과의 자연교잡이 일어나지 않도록 해야 한다. 증식하는 집단의 크기는 100개체 이상으로 하는 것이 좋은데 개체수가 너무 적으면 유전적 부동이 생겨서 유전자의 고정이나 소실이 일어나가 쉽다. 또 장기간의 종자 저장 중에 염색체 이상이나 돌연변이가 생길 수도 있으므로 극저온(-192℃)에서 저장하는 것이 좋다.

(3) 영양체 보존영양

번식성 식물은 괴근, 괴경, 구근, 근경, 삽수 등으로 보존한다. 영양체는 종자에 비교하면 단명이고 용적이 크므로 저장이 어렵다. 영양번식성 식물은 일반적으로 유전적인 잡종(hetro)이 높고, 염색체의 이수성이나 구조 변이가 많으므로 종자 증식에서 유전적 분리가 일어나므로 보존의 효율을 높이기 위해 종자나 화분으로의 저장도 검토되고 있다.

(4) 시험관 내 보존

수명이 짧은 종자나 영양번식성 식물의 장기저장을 위하여 조직배양 기술을 응용하여 시험관 내에서 유전자원을 보존하는 방법이 이용된다. 유전자원 보존을 위한 배양에는 생장점 또는 생장점에서의 소식물체를 배양의 재료로 이용하여 저온, 특정한 배지 성분의 제거, 배지에 생장억제제 첨가 등으로 배양 중의 생장을 억제하도록 하는데, 이 방법은 돌연변이, 염색체 이상, 염색체 변화 등이 높은 빈도로 생기므로 좋지 않다.

(5) 동결보존법

① 완만동결법은 기내 배양된 식물조직이나 세포를 직접 초저온에 저장하지 않고 일정온도까지 동결온도를 서서히 강하시킨 후에 액체질소 내에 동결시키는 방법으로 주로 현탁배양된 세포의 동결법으로 많이 이용되고 있다. 완만동결법은 저장될 식물세포가 저온에 대해 어느 정도의 내성을 갖도록 함과 동시에 동결 장해의 주원인인 세포 내 결빙을 최소화해 세포의 생존율을 증가시킨다.

② 급속동결법은 급속동결법은 식물조직을 직접 초저온에 동결 저장하거나 온도 강하속도를 급속도로 진행해 동결 저장하는 방법으로 주로 경정 부위(shoot tip)과 같은 분화된 조직(organized tissue)의 동결보존에 많이 이용되고 있다. 급속동결법은 동결과정에서 동결

장해의 원인이 되는 세포 내 결빙을 유발하는 한계온도(critical temperature)가 순간적으로 빠르게 경과하게 됨으로써 결빙이 방지되어 세포의 활력이 유지될 수 있게 한다.

③ 건조동결법은 수분 함량이 높은 종자는 저온 장해를 받기 쉽다. 그러나 건조기나 진공장치로 일정 수준까지 건조한 식물 재료는 저온 장해에 대한 내성이 훨씬 높다. 건조동결법은 이러한 특성을 이용하여 식물 화분의 동결보존에 주로 이용된다.

④ 점적동결법은 이 방법은 카사바(cassava)의 생장점(meristem)을 동결 보존하기 위해 개발된 방법으로 기본 원리는 완만동결법과 비슷하다. 점적 동결과정은 살균된 페트리 디시(Petri dish, 샬레)에 알루미늄 포일(aluminum foil)을 깔고 그 위에 2~3㎕의 동결보호제(DMSO 15% + Sucrose 3%)를 점적하고 그 각각에 생장점(meristem)을 옮겨놓은 후 페트리 디시(Petri dish)를 냉각기에 넣어 1분간에 0.5℃씩 −20℃~−40℃까지 냉각시킨 후 액체질소에 저장하는 방법이다.

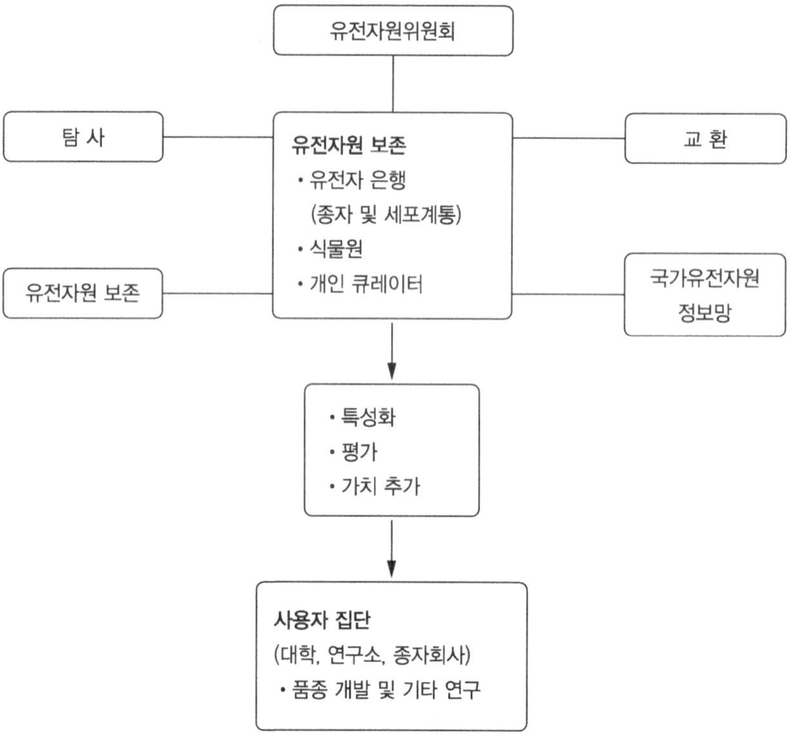

그림 2-2. 한국의 식물유전자원 운영체계도

5) 유전자원의 평가

수집된 유전자원을 효율적으로 이용하기 위해서는 내력과 특성에 대한 기록이 있어야 하는데, 이러한 특성과 내력을 조사하여 두는 것을 유전자원의 평가라 한다.

(1) 1차적 특성의 평가

중요한 형태적 형질, 유전율이 높은 형질을 평가하는 것을 말한다.

(2) 2차적 특성의 평가

2차적 특성은 1차 형질 이외 여러 가지 생태적 형질이나 각종 장해, 저항성 등으로 육종 소재로 이용하는 데 중요하고, 특성 평가를 하는데 특수한 시설이나 장기간을 요구하는 형질을 말한다. 많은 육종 소재를 모두 동시에 조사하기에는 곤란하여서 특수한 시설을 요하지 않는 간이 검정법의 개발이 중요하다.

(3) 3차적 특성의 평가

3차적 특성으로 특히 유용하다고 생각되는 계통에 대해 수량성 등 환경 변동을 받기 쉬운 형질이나 품질 등의 특수한 평가 방법이 있어야 하는 특성을 말하며, 취급하는 소재의 수에 제한이 있고, 많은 시간이 소요된다.

6) 유전자원과 정보 교환

유전자원의 소재로는 종자 보존 목록이 정보 교환의 매체로 기여하여 왔고, 이 목록은 등록번호, 과, 속, 종명, 품종, 유래, 보존 상황 등과 같은 패스포트(passport) 정보의 주요 부분을 인쇄하는 것으로 국, 내외를 막론하고, 유전자원의 소재를 나타내어 교환을 도와주기 때문에 중요한 역할을 하고 있다. 국제적인 유전자원의 교환은 때에 따라 다르나 국익과 관련돼 완전히 자유로운 국가 간 교류는 이루어지지 않고 있지만 산업의 보호, 신품종 육성자의 권리보호 등에 관여하는 자유로운 국제 교류가 이루어지고 있다. 우리나라에서는 한국 수륙도 유전자원의 특성, 보리 유전자원 등 각종 작물의 유전자원에 대한 특성 정보를 발간한다.

그림 2-3. 농업유전자원센터에서 발간한 작물유전자원 보존 목록집
종자은행 창립 20주년 기념으로 2007년에 발간되었으며 총 4권으로 구성되어 있다.
제1편 벼, 제2편 보리, 제3편 콩, 제4편 밀(출처: 농업유전자원센터)

7) 유전자원 보존의 전망

기내 배양된 식물조직을 유전자원으로 보존시켜 신품종의 육성이나 대량증식 자원으로 활용한다는 것은 종자번식이 되지 않는 영양번식계나 종자 보존이 어려운 식물 및 교잡(hetro) 상태로 유지되는 수목류나 잡종 식물에서는 매우 중요한 의미가 있다. 식물조직 절편을 배양하여 그들을 유전자원으로 이용하는 분야는 두 가지로 분류될 수 있는데, 그 하나는 배양조직에 여러 가지 물리, 화학적 처리하여 조직의 생장을 최대한 억제하거나 지연시켜서 상당 기간 생존력이 유지될 수 있도록 하는 생장 억제 배양에 의한 보존법이고, 다른 하나는 기내 배양된 식물세포나 조직을 초저온(−196℃)에 동결하여 생장 활동을 중지시켜 보존하는 초저온 동결보존법이다.

생장 억제 배양에 의한 식물조직의 보존은 주로 영양계로 번식되는 식물에서 많이 연구되고 있고 일부 열대작물에서는 이미 실용화되어 감자, 딸기 등에서 무병주의 대량증식이나 신품종 육성 자원으로 이용되었다. 식물에 따라서는 생장 억제 배양법이 단기보존책으로는 이용 가치가 높지만, 유전자원의 장기 보존이라는 측면에서는 이용의 어려움이 많고, 현탁 배양된 세포나 캘러스를 보존시키는 데는 비실용적인 요소가 많으며, 경정의 억제 배양에서도 식물의 종류나 유전자형(genotype) 간에 최적 보존 조건이 서로 다르고, 배양 과정이나 보존기간에 보존조직의 생리적 변화나 유전적 변이가 일어나기 쉬우며 계대배양을 거듭할수록 변이는 더 많이 유발된다.

최근 식물 유전자원의 장기 보존책으로 연구되고 있는 초저온 동결보존법은 짧은 연구 기간에 비해 상당한 연구 성과가 얻어지고 있는데, 최근까지 약 60종 이상의 식물에서 기내 배양된 조직의 동결보존에 관한 연구가 되고 있다. 바자이(Bajaj, 1979)은 영양번식계나 희귀종 및 멸종위기에 있는 식물 유전자원의 장기 보존책으로 초저온 동결보존법이 가장 이상적인 방법이라고 하고, 액체질소 내에 보존된 식물조직을 자원화하여 이용하는 생식질 은행(germplasm bank)의 확립 체계를 제안한 바 있다. 최근 10여 년 동안 초저온 동결보존에 대한 중요성이 인정되면서 그 연구 성과 또한 크게 발전하고 있으나 아직도 유전자원 장기 보존책으로 체계화시켜 이용하기에는 미흡한 실정이다. 그러나 초저온 보존과 관련된 저온생물학과 조직배양 분화가 급속하게 발전되면서 일부 식물에서는 장기간 동결 보존된 조직으로부터도 정상 식물체를 재생시키고 있으므로 앞으로 이 분야에 관한 연구 성과는 더욱 커질 것으로 전망되고 있다.

2. 돌연변이 유기

생물에서 볼 수 있는 여러 가지 유전적 변이는 유전물질의 총채 즉 유전인자형의 차이에 기인한다. 이러한 차이는 생물의 진화 과정에서 유전물질에 생긴 결과이며, 자손 개체에 영구적으로 유전되어 가는 인자형의 변화를 돌연변이(mutation)라 하고, 돌연변이의 결과 생긴 개체나 세포를 돌연변이체(mutant)라고 부른다. 돌연변이는 변화할 때 생기는 인자형의 단위를 기준으로 하여 크게 인자돌연변이와 염색체돌연변이 두 가지로 나뉘며 염색체돌연변이는 다시 수적 변이와 구조적 변이의 2가지로 구분된다. 그리고 자연적으로 일어나는 자연돌연변이(natural, spontaneous mutation)와 인위적으로 유발되는 유발돌연변이(induced mutation)와는 본질적으로 차이가 없다. 그리고 자연선택을 통해서 환경에 가장 잘 적응된 유전자 조합을 보존하도록 작용하며 집단 내에서 변이(variability)를 일으키는 기초가 된다. 전혀 돌연변이를 일으키지 않은 유전자좌위는 발견하기 어렵다.

1) 돌연변이의 일반적 성질

유전자 돌연변이(gene mutation)란 유전정보를 보유하고 있는 DNA의 염기서열에 생긴 어떤 변화를 말한다. 유전자 DNA는 세포분열을 위한 증식 과정에서 유전정보가 정확히 자기 복제되는 특징을 지니고 있어서 딸세포가 모세포를 닮고 자손이 부모를 닮는다. 그러나 유전자는 자기복제 능력을 유지하면서도 스스로 또는 외부자 극을 받아서 변화하는, 즉 돌연변이가 나타나는 특징도 지니고 있어 생물계의 유전적 다양성이 유지되고 있다. 넓은 의미의 돌연변이에는 염색체의 구조적 변이 및 수적 변이가 포함되지만 보통 돌연변이라고 하면 유전자 돌연변이를 말한다. 돌연변이는 모든 종류의 생물 세포 및 유전자에서 나타날 수 있고, 자연계에서 발생하며, 인위적인 방법으로도 유발할 수 있다. 생식세포에서 발생한 돌연변이는 후대에 전달되어 다양한 유전변이를 유발하고, 이것이 생물계의 다양성 유지와 진화를 가능하게 하는 기본 재료가 된다.

돌연변이가 일어난 개체를 돌연변이체(mutant)라고 하는데, 대부분의 돌연변이체는 적응과 번식에 불리한 특성을 보여 자연 도태되기 쉬우며 이에 따라 자연계에서는 돌연변이체가 낮은 빈도로 발견된다. 유전자 돌연변이가 발생하면 식물의 녹색 잎에 노란색 줄이 생기는 것처럼 맨눈으로 구분이 확실한 것도 있지만, 성숙하기 전에 죽어버리는 것도 있고, 변화가 미비하여 표현형으로 알아낼 수 없는 것 등 매우 다양한 변화가 뒤따른다. 돌연변이가 일어 난 유전자는 돌연변이가 일어나지 않은 원래의 유전자에 대하여 열성인 경우가 대부분이므로 동형접합(homo) 상태가 될 때까지는 표현형으로 나타나지 않는다. 돌연변이 유전자가 우성일 때에는 그 영향이 곧 표현형으로 나타난다. 자연생태에서 유전자 돌연변이가 나타나는 비율은 생물 및 유전자의 종류에 따라 다르나 고등식물의 경우 1개의 유전자가 한 세대를 지나면서 일어날 수 있는 돌연변이율은 대개 10^{-6}~10^{-4}이다.

2) 자연돌연변이

자연스럽게 일어나는 돌연변이로 인위적인 유발돌연변이와는 대응적으로 말하지만, 돌연변이체의 특성으로는 쌍방에 본질적 차이가 없다. 자연돌연변이는 영양 조건이 좋을 때는 주로 DNA의 복제착오에 의하지만, DNA 복제가 없을 때나 현저히 저하할 때는 복제와는 무관하게 시간에 비례하여 아마도 자연적으로 일어나는 DNA 손상이 원인이 되어) 일어난다는 견해가 유력하다. 자연 돌연변이 유발(spontaneous mutagenesis)에 대해 가장 중대한 3가지 메커니즘은 ① 복제 동안에 발생하는 오류 ② 염기의 자연적 변화 ③ 전이인자(transposable element)의 삽입과 제거에 관련된 현상이다.

3) 유발돌연변이

환경요인들이 돌연변이를 증가시킨다는 최초의 신빙성 있는 증거는 1927년 뮐러(Hermann Muller)에 의해 제시되었다. 그는 X선이 초파리에서 돌연변이를 유발한다는 것을 보여주었다. 그때 이후로, 다양한 성질을 가진 수많은 물리적 요인과 화학 시약들이 돌연변이율을 증가시키는 것으로 밝혀졌다. 뉴클레오타이드 사슬 구조에 영속적인 변화를 주는 물리적 요인 또는 화학물질을 유발 물질(mutagen)이라고 하며 잘 알려진 변이원 중 물리적인 것으로는 X선, 방사성동위체로부터 나오는 γ선, 입자가속기나 원자로에서 얻을 수 있는 중성자(neutrons)와 같은 전리방사선(ionizing radiation) 및 자외선이나 열 등이 있다. 이 돌연변이 유발원(mutagen)의 사용은 분리될 수 없는 돌연변이체 수를 많이 증가시키기 위한 수단을 제공하였다.

(1) DNA를 변형시키는 화학물질

많은 돌연변이 유발원들은 DNA와 반응하는 동시에 염기들의 수소결합성을 변화시키는 화학물질이다. 이 돌연변이 유발원들은 복제 DNA와 비복제 DNA 양쪽 모두에 작용하며, 이것은 DNA가 복제할 때만 돌연변이를 유발하는 염기유사체와 구별된다. 아질산과 하이드록실아민 같은 화학적 돌연변이 유발원 중 몇 가지는 자세히 알려져 있는데 그들이 일으키는 변화는 매우 특이하다. 그 외의 것을 예로 들면, 알킬화제는 여러 가지 다양한 방식으로 DNA와 반응하며 또 광범위한 스펙트럼 효과를 이룬다. 돌연변이를 유발할 수 있는 화학물질에 대한 반응도 생물의 종류, 처리 부위, 처리 당시의 온도, 수분 함량, 광선 등 여러 가지 요인에 의하여 영향을 받는다. 따라서 화학물질 처리 방법은 처리 약제의 농도와 처리시간이 중요한 것은 물론이고 처리 용액의 pH, 처리 대상 생물에 대한 전처리 및 후처리도 돌연변이체 출현에 큰 영향을 끼친다. 식물의 돌연변이유발에 이용되고 있는 화학물질은 주로 알킬화 물질과 아지드로서 종자 생체 및 배양세포에 모두 처리할 수 있다. 종자로 번식하는 식물은 처리의 간편성 때문에 주로 종자에 침지처리를 하지만 유묘기에서 개화기 이후까지의 생육기간에 생체 처리를 할 수 있다. 영양번식만 하는 식물은 생체 처리를 해야 하므로 돌연변이 유기에 가장 효과적인 발육단계와 처리 부위를 찾아야 한다. 그리고 화학적인 돌연변이 유발 물질(mutagen)은 목표로 하는 세포와 관련된 불확실한 침투, 재생력이 약하고, 처리한 물질에서의 그것이 물질대사 또는 유발 물질(mutagen)의 영속성, 그리고 결정적으로 안전하게 다루는데 주의해야 한다.

(2) 자외선 조사

자외선(UV)은 가시스펙트럼의 청색 영역에서의 파장보다 더 짧은 파장을 가지며 이것은 바이러스와 세균, 그리고 진핵생물 세포의 치사작용과 돌연변이 유발효과의 두 가지 성질을 가진다. 돌연변이 유발성과 치사성은 DNA의 염기가 광선의 에너지 흡수에 기인하는 화학적 효과이다. 또 UV는 낮은 침투력을 가지고 있고, 화분(pollen)과 같은 물질과 얇은 층에서 배양된 세포를 생체 내(*in vitro*)에서 효과적으로 사용할 수 있다.

(3) 방사선 감수성과 처리

방사선 감수성이란 방사선에 의하여 유발되는 생물의 돌연변이, 세포적 이상, 생장 억제, 불임 또는 치사 정도를 종합해서 나타내는 용어이다. 그러나 방사선 감수성은 보통 반치사선량(LD50), 즉 방사선을 처리한 후 일정 시간 내에 50%가 치사 되는 선량으로 표시한다. 이와 같은 방사선 감수성은 생물의 종류, 처리 부위, 품종, 연령, 영양상태 등의 생물적 요인과 온도, 수분 함량, 산소 및 질소 농도 등의 환경적 요인에 따라 변경되므로 돌연변이를 유발하기 위해서는 이 감수성에 영향을 끼치는 요인들을 자세히 검토해야 한다.

참고내용 2. 전리방사선

전리방사선(ionizing radiation)은 X선으로 알려진 고에너지 방사선은 스펙트럼보다 1/1,000 이하의 짧은 파장을 갖는다. 생물학적 효과에서 X선은 전리방사선(ionizing radiation)의 대표적인 것으로, 여기에는 방사성 원소에 의해 방출되는 α와 β입자 그리고 γ선이 포함된다. 모든 전리방사선 형태는 모든 세포와 바이러스에서 돌연변이 유발효과와 치사 효과 양쪽 모두를 갖고 있다. X선은 물질을 통과하면서 상당한 양의 에너지를 방출한다. 그로 인하여 공유결합은 절단하면서 짝짓지 않은 전자들 이온과(자유라디칼, free radical) 많은 에너지 전자를 가진 분자들의 하전된 단편들을 형성한다. 그리고 X에 의하여 유도된 돌연변이 빈도는 방사선 선량에 비례한다. 전리방사선에 의한 돌연변이유발과 치사 효과는 일차적으로 DNA의 손상에 기인한다. DNA의 3가지 손상 유형은 전리방사선에 의해 생성된다. ① 단일 가닥 절단, ② 이중가닥 절단 그리고 ③ 뉴클레오타이드 염기들의 변화 등이다. 전리방사선의 또 다른 효과는 염색체 절단을 일으키는 것으로, 이들은 대개 치사 적이다. 어떤 생물체에는 절단 부위들을 재구성(reannealing)하기 위한 체계가 존재한다. 그러나 재구성은 흔히 전좌, 역위, 중복 그리고 결실로 이끌어간다.

방사선의 선량은 뢴트겐(R)이나 래드(rad)로 나타내는데, 1 rad는 약 1.07R이다. 일반적으로 방사선 처리 선량이 증가하면 돌연변이율이 비례적으로 증가하지만, 처리 선량을 너무 증가시키면 치사 되는 개체가 너무 많아지기 때문에 반치사선량(LD50)으로 처리하는 것이 생존할 수 있는 돌연변이체 확보에 유리하다. 식물의 경우 종자 생체 배양세포 등에 방사선을 처리하여 돌연변이를 유기시키고 있다.

4) 돌연변이의 이용

자연발생 돌연변이는 생물진화의 근본 원인을 제공하였으며, 멘델(Mendel)식 유전연구의 기본 재료를 제공하였다는 면에서 중요한 의미를 지닌다. 분자 수준에서 유전물질의 구조와 유전정보에 따른 형질발현이 탐구되고 있는 오늘날에도 돌연변이는 유전학을 연구하는 데 중요한 도구로 이용되고 있다. 즉, DNA 분자 내부에서 일어나고 있는 변이의 종류와 변이 발생의 메커니즘을 밝히고, 그것이 형질발현에 어떤 영향을 끼치는가를 구명하는 등 생명현상 탐구에 유용하게 쓰인다. 실용적인 측면에서는 자연돌연변이 및 유발돌연변이가 동식물의 육종에 유용하게 쓰여왔다. 육종의 소재로서도 직접 이용할 수 있는 유전자원으로서 돌연변이체는 육종에서 소중한 자원이 된다. DNA 재조합 기술이 개발된 이후 유전자 돌연변이는 새로운 기능을 가진 생명체를 개발하는데 더 유용하게 쓰이고 있다.

그림 2-4. 방사선 돌연변이 기술을 이용한 작물육종

방사선 돌연변이 육종 기술을 이용한 친환경 산업 소재용 신작물 케나프 국내 최초 품종(장대) 국산화는 1960년대에 가마니 대체용 포대(마대) 생산을 위해 케나프 도입재배에 관한 연구가 진행되었으나 1970년대 초에 화학소재 포대의 등장으로 중단된 바 있다. 최근 다시 케나프 소재를 이용한 제품 생산에 관심이 고조되고 관련 연구도 산발적으로 이뤄지고 있으나 국산 종자가 없어 곤란을 겪어 왔다. 국내에 수입되는 케나프 종자는 우리나라 기후에서도 비교적 잘 생장해서 바이오매스 생산성은 뛰어나지만, 아열대나 열대 기후에서만 개화하는 특성 따라서 국내에선 씨앗을 얻는 게 불가능해 연속 재배에 어려움이 있었다. 방사선 돌연변이 육종 기술로 개발한 케나프 신품종 '장대'의 개발로 국내 기후 환경에서도 채종 재배할 수 있어 친환경용 산업 소재 및 기능성 소재로 활발한 활용이 가능해졌다. 또한 품종을 국산화함으로써 해외 종자 로열티(royalty, 사용료) 지급을 줄이고 농가 소득 증대에 기여할 뿐만 아니라, 수출을 통한 로열티 수입도 기대할 수 있게 됐다. 한국원자력연구원 정읍 방사선과학연구소는 국내 생산에 적합한 신품종을 지속적으로 개발하고 대량생산 체계를 구축할 것이며 연구원내 다른 연구팀과 바이오 플라스틱 개발과 바이오연료 활용 등 친환경용 산업소재 및 기능성 소재 개발 연구도 수행할 계획이라고 밝혔다.

이 재료중 하나인 '케나프(Kenaf, 양마(洋麻), *Hibiscus cannabinus* L.)'는 서부 아프리카 원산의 무궁화과(Malvaceae) 1년생 초본식물로 세계 3대 섬유작물의 하나이며 다양한 바이오 소재용 식물자원으로 각광을 받고 있다. 생장이 빠르고 이산화탄소 흡수량이 많을 뿐만 아니라 고급 제지 및 친환경 벽지, 건축용 보드, 바이오 플라스틱, 자동차 프레임, 기능성 의류, 숯, 사료, 기름 흡착제, 축사 깔재, 버섯 식물재배용 배지, 바이오 에탄올 등의 생산을 위한 친환경 산업 소재로 다양하게 이용될 수 있어 최근 세계적으로 크게 주목받고 있는 작물 중 하나이다.

3. 생식 수단으로서의 종간교잡

농작물에 있어서 종속 간 교잡의 중요한 것은 한 작물에서 다른 작물의 특징들을 매우 다양하게 개량할 수 있기 때문이다. 신품종, 신종을 창설하는 것은 토마토 야생종으로부터 잎마름병 저항성을 가진 푸사리움(*Fusarium*)이 발견되어 세계의 모든 장소에서 대량 생산되는 재배품종이 점점 더 많아졌다(Goodman et al. 1987). 내염성, 내충성의 특성이 근본이 되는 잠두(faba bean, *Vicia faba*)에서 선택 교배를 통하여 거의 순수한 것들이 개량되었다. 이 농작물에서 다른 종의 유전자를 들여오는 것이 쉽지 않다. 종속 간 교잡으로 쉽게 생산될지 쉽게 생산되지 않을지 육종가(breeder)의 태도에 영향을 받을 것이다. 한 작물에서 성질이 다른 극세포질을 이용하여

할렌(Harlen, 1971)은 유전자풀(gene pool, 특정 종의 개체군이 가지고 있는 모든 유전자의 집합을 의미하고 종이나 개체군 내 모든 유전자와 대립 유전자의 총량을 말하며, 유전자 풀이 클수록 유전적 다양성이 높고, 환경 변화에 대한 적응력이 높아짐)을 소개했다.

육종가(breeder)는 작물의 유전자원을 이용한 실험에서 1차 유전자풀(gene pool)의 획득 종은 교잡이 쉽고, 종자를 얻기 쉬웠고 2차 유전자풀(gene pool)은 종의 작물교배는 어렵고, 잡종은 일부는 종자를 얻지 못하였다. 3차 유전자풀(gene pool)의 종은 배를 유지하는 것과 같이 특별한 테크닉을 사용하여 교배할 수 있으며, 그 잡종은 부분 혹은 전부가 불임이었다. 육종가들은 종속 간 교잡 때문에 얻어지는 것이 어렵다고 하였다. 그래서 F_1 그 후에 여교잡(backcross)으로 유전자 재조합을 이따금 정확하게 조절할 수 있다. 전체 염색체나 염색체 분절조차도 단일 유전자(single gene)가 아니고, 작물의 유전자형(genotype) 속에 종종 나타난다. 불필요한 야생형(wild type) 유전자를 없애고, 중간치의 질을 관련시킨 유전저형(genotype)을 만드는 데에는 매우 긴 시간이 필요할 것이다. 야생종 토마토에서 선충류의 저항성을 가진 것을 분리하는 데 12년이 걸렸다. 이것의 유전자를 성공적으로 이동하여 생산하는데 필요로 하는 선발과 교배에 더 긴 시간이 걸릴 것이다. 그러므로 때때로 종간교잡을 통해 한 발달은 종내 육종(intraspecific breeding) 프로그램보다 더 긴 시간이 필요하다. 종속 간 교잡을 택하던 돌연변이 육종, 형실전환으로 생산될 수 있다. 하지만 모든 작물이 가능한 것은 아니다.

그림 2-5. 배추와 무의 속간교잡종의 사진

배추(*Brassica pekinensis* spp. 2n=20)와 무(*Raphanus sativus* 2n=18)를 속간 교잡하여 만든 배무체(X Brassicoraphanus 2n=38): 배추와 무를 합친 세계 최초의 신종 식물로서 항암력이 뛰어나고, 헬리코박터도 죽이는 항균성의 설포라판(sulforaphane, 십자화과 채소인 브로콜리, 배추, 양배추 등에 함유된 생리활성 물질로, 항암, 항산화, 항염 효과가 뛰어난 것으로 알려져 있음)을 다량 함유하고 있다. 자연계에서는 속(genus)이 다른 식물 간에는 교잡이 일어날 수 없으나 육종가들의 집념으로 완전한 유전체 간의 배수체가 된 속간교잡의 대표적인 예이다.

1) 종간교잡의 장벽

종속 간 교잡에는 각각의 교배에 영향을 주는 많은 종류의 장벽 요인을 가진다. 그러므로 종속 간에 교잡을 하기 위해서는 여러 기술이 필요하다. 화분관은 성질이 다른 암술머리에 관통될 수 없으며, 꽃가루관의 생장을 향상시킬 어떠한 기술이 필요하다. 열매는 이종 간의 수분으로 자랄 수 있는 종자가 결핍될지도 모른다. 수정이 되더라도 종자가 수정 후에 퇴화하기도 한다. 배주배양은 자랄 수 없는 종자로부터 배를 보호하여 생장을 가능하게 할 수 있으며, 수정 작용 후 배를 보호하며 생산한다.

(1) 주두와 암술대의 장벽

이종 간의 수정은 자주 실패한다. 꽃가루관과 암술에서 자가수정이 불가능하고, 그들이 배주에 도착하기 전에 생장이 멈춘다. 종간 불화합성은 두 가지 다른 점이 있는데 판데이(Pandey), 호겐본(Hogenborn)에 의해 각각 증명되었다. 판데이(Pandey, 1981)은 S 유전자(S gene 혹은 super gene)의 다양한 영향이라고 하였다. 불화합성의 조절은 이것에 의하여 조절된다고 하였다. 한편 호겐본(Hogenborn, 1984)은 다른 종의 암술과 꽃가루가 또 다른 것으로 적절히 보충되지 않았을 때 이종 화분(alien pollen)은 거절된다고 하였다. 이것은 자체 화분(pollen)의 능동적 거절(active reject)과는 다르며 그는 다른 용어(different term) 사용을 주장하였다. 암술머리에 꽃가루가 수분되고 계속 진행되어도 이동 경로(transmitting tract)에서 꽃가루관의 신장은 꽃가루관이 아래로 신장하는 암술대(style), 유전자 조절은 따라서 복잡하다고 생각되고, S 유전자로부터 간단하게 조절에 되지 않는다. 이는 판데이(Pandy)에 의한 가정적 주장이라고 하였다.

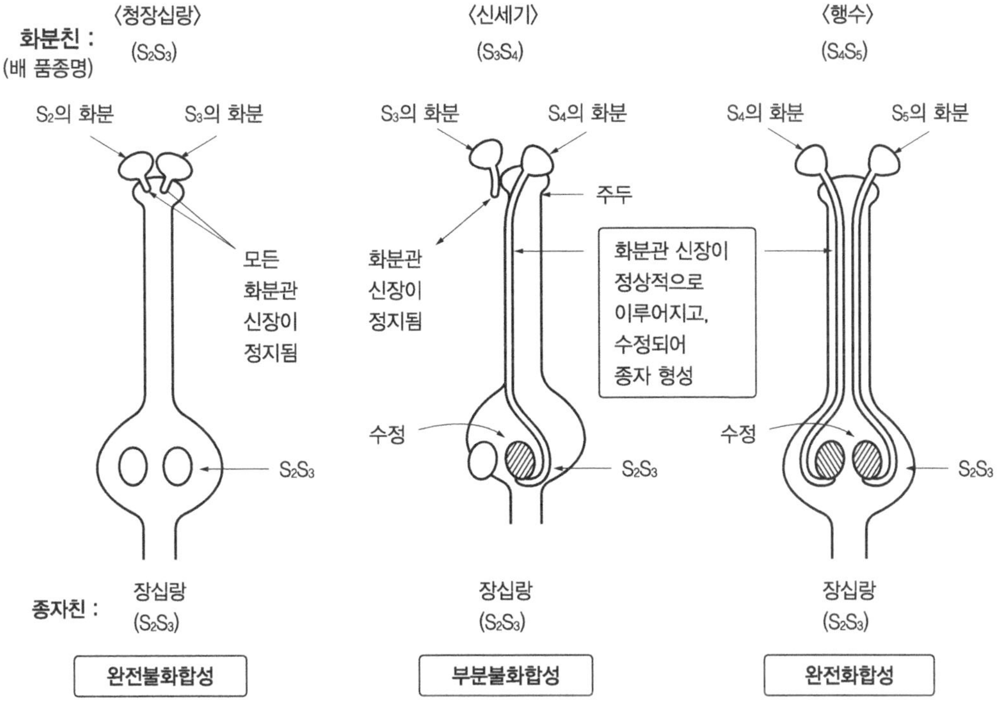

그림 2-6. 장십랑 배 품종의 암술대에서 일어나는 자가불화합성 모식도 (출처: 나주배연구소)

식물에서는 자웅생식기관이 형태적 또는 기능적으로 완전한 양성화 혹은 자웅동주의 단성화에서 같은 꽃, 같은 개체에 있는 꽃, 같은 계통간의 수분에 의해서 결실을 못하는 현상을 자가불화합성(self-incompatibility) 이라고 한다. 배(장십랑 품종)와 같이 다른 품종의 꽃가루에 의해 결실되는 식물들은 자가 화분(자기의 가루)에 의해 수정되면 후대(자식들)에 불리한 현상이 나타날 수 있기 때문에 자기 꽃가루보다는 다른 꽃가루를 받아 결실할 수 있도록 스스로 조절하는 현상이 자가불화합이다. 이러한 조절 기능은 자가불화합 유전자라고 불리는 유전자에 의해 이루어지며 근친교배를 막아 후대가 빈약해지는 것을 막기 위한 자연의 지혜이다. 이들 유전자는 2개가 한 쌍으로 존재하게 된다. 통상적으로 S 유전자라 표기하고 종류가 다른 유전자는 s_1, s_2 등으로 나타낸다. 장십랑 배의 경우 S1에서 S7까지의 유전자가 밝혀져 있다

(2) 주두의 구조와 기능

암술머리 위에 꽃가루가 발달하기 전에 점착되어서 분에 흡수되어야 한다(Heslop-Harrison, 1987). 가지과(Solanaceae)에서 촉촉한(젖은) 암술머리는 쉽게 수화가 되어 꽃가루가 타화수정

에 쉽게 유동적인 분비물에 덮여 있다. 배추과(Brassicaceae)는 수화가 쉽지 않은 마른 암술머리를 가지고 있다. 큐티클(cuticle)에서 단절되어 암술머리로 물이 회수되어 외관적으로 꽃가루가 타화수정이 된다. 때때로 암술머리는 축축하거나(wet) 건조(dry)한 범주에 정확히 고정되어 있지는 않다. 콩과의 개화는 과실이 되기 전에 '트리핑(tripping)'을 요구한다. 강낭콩(*Phaselus coccineus*)과 잠두(*Vicia faba*)의 재배종 대부분은 꽃이 개화해 열매를 맺기 위해서는 곤충에 의해 수분(충매화)이 된다.

예를 들면 곤충류의 마찰 때문에 큐티클(cuticle)이 파열되고 배출될 때 큐티클 아래의 주두(암술머리)에 있는 분비물에 붙는다. 단백질(Protein)은 농작물의 꽃가루의 벽에 옮겨지고 작물의 수화물에서 배출된다. 그리고 암술머리 위에서는 단백질의 인지반응에 영향을 받을지도 모른다. 만약 꽃가루가 타화수분에 이용되면 암술머리에서 화분관이 신장한다. 타화수분의 경우에는 수분이 쉽다고 하더라도 암술머리에서 신장하는 것은 실패할지도 모른다. 암술머리의 안쪽에서는 꽃가루가 계속 신장하고 이동을 한다. 이동 경로(transmitting tract)에서 세포는 꽃가루관을 통해 배주로 계속해서 자란다.

2) 주두에 의한 장벽 극복에 관한 기술

효과적인 수분(effective pollination)은 교배 실험에서의 화분은 정상적인 수분이 아니라 교배자에 의하여 이동된다. 첫째 꽃가루는 적당한 장소로 이동이 되어져야 한다. 배추 속(Brassica)에서처럼 암술머리가 크다면 이것은 문제가 되지 않는다. 하지만 어떤 종은 작은 암술머리를 가지고 있어서 받아들여지는 장소가 적어 정확한 수분이 어려울지 모른다.

둘째, 적당한 수분 시기에 이동이 되어져야 한다. 암술머리는 몇 시간에서 10일 정도까지가 수분이 가능한 시기이다(Sedigley and Griffin, 1989). 적당한 시기만큼 적당한 장소에서 에스터레이스(esterase, 에스터 가수분해효소) 효소 활동이 나타나는 것이 보일지도 모른다. 병아리콩(chickpea, Turano et al. 1983)에서 그린버드(green bud)의 암술머리에서는 에스터레이스(esterase)의 활동은 잘 나타나지 않는 것으로 보인다.

화이트 버드 단계(white bud stage)에서 암술머리의 말단에는 작은 돌기가 있지만 개화 시간이 충분하지 않으며 에스터레이스(esterase) 효소의 활동은 쇠퇴하게 된다. 화이트 버드 단계(white bud stage)에서 교차 수분(cross pollination)은 완전히 개화한 것보다 더 효과적이다.

셋째, 꽃가루는 적당하게 수화가 되어야 한다. 젤라틴 캡슐(gelatin capsule) 혹은 다른 것들에 둘러싸여 있어서 암술머리에서 수분 되는 것을 막는다. 암술머리에서 수화물이 적당히 나와 파열돼야 하며 수분하는 동안 적당한 습도가 유지되어야 수분 발달이 향상된다. 여기에 물, 화분 배양액을 적당히 분무(spray)하는 것도 도움이 될지 모른다.

참고내용 3. 개화단계

개화 단계는 그린버드 단계(green bud stage)는 장미와 같은 식물에서 개화 전 초기 단계로 녹색이면서 단단한 꽃의 모습이 보일 때이고 화이트 버드 단계(white bud stage)는 꽃망울이 흰색이 보이는 단계로 꽃잎(petal)이 피기 시작하는 단계이며 개화기(full bloom stage)는 완전히 개화한 상태의 시기를 말한다.

4. 체세포 잡종

원형질체 융합은 근본적인 성적 장벽(sexual barrier)을 제거함으로써 새로운 잡종의 생산을 가능하게 하는 방법으로 제시되었다. 종 내 불화합성은 발아 후에 유목이 되었을 때뿐만 아니라 수정(fertilization) 과정 동안과 그 후에도 즉 암배우자 조직(maternal tissue)인 배와 배유(endosperm)가 동일하게 다른(co-different) 데서도 나타난다는 것도 알았다. 최근 고등식물의 원형질체(protoplast)는 세포융합에 의한 체세포 잡종 작성의 연구 재료로 많이 이용되고 있다. 또 원형질체[(원형질(protoplast)]는 DNA 바이러스(virus) 등의 고분자물질을 받아들이는 성질을 가져 유전자 도입의 숙주계로서 기대되고 있다. 식물 원형질체에는 이와 같은 유전 육종학적 응용이 기대되며 세포 생화학의 기초적 연구 재료로서도 종종 이용되기 위해 먼저 목적하는 식물의 조직이다. 배양세포 등에서도 원형질체(protoplast)의 대량 조제 기술이 필요하다.

원형질체 융합기술을 이용한 포마토 개발은 원형질체 융합기술이란 서로 다른 형질을 가지는 두 개 이상의 원형질 세포를 융합시켜 각 세포가 갖고 있는 유용한 특성을 모두 가진 하나의 세포를 만드는 세포융합기술의 하나로 매우 빠른 속도로 증식하는 암세포와 특정한 항체를 생산할 수 있는 형질을 지닌 정상세포를 융합시키면 암세포와 같이 단시간 내 많이 증식되며 또한 목적하는 항체를 대량으로 생산할 수 있는 세포를 얻을 수도 있다. 위의 그림에서 토마토와 감자의 세포를 융합시켜 토마토와 감자가 한 식물체에서 동시에 생산되는 포마토가 개발되었다.

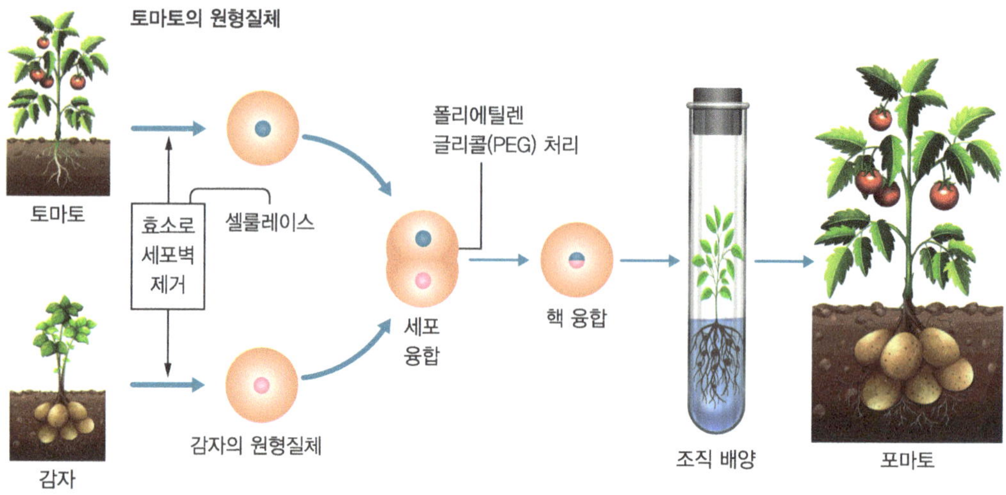

그림 2-7. 원형질체 융합기술을 이용한 포마토 개발(출처: https://weekly.khan.co.kr/)

1) 체세포 교잡

체세포 교잡을 시키기 위해서는 다음과 같은 단계를 거친다.

① 생체 원형질체의 분리(isolation of intact protoplast) 시에는 원형질체(protoplast)가 손상되지 않게 분리한다.

② 분리된 원형질체(protoplast)를 융합시킨다.

③ 선발되어 재생(regeneration)된 개체의 융합물(fusion product)의 지속적인 분열. 재생산된 개체에서의 세포 게놈(cell genome)들은 그 부모 개체로부터 각각 다른 세포 게놈(cell genome)들을 받는다. 예를 들어 핵(nucleus), 플라스톰(plastome, 식물 세포내에 존재하는 세포기관인 플라스티드의 유전체로 단일 원형 DNA 분자로 엽록체, 색소체 등으로 존재), 콘드리옴(chondriome, 기능적 단위로 생각되는 세포 내의 미토콘드리아의 총합체)의 혼합체들이다.

2) 식물 원형질체 분리

세포벽의 보호로 세포가 삼투압에 대한 압력을 견딜 수 있다. 그러나 세포벽이 제거되었을 때 액포로의 높아진 삼투압을 견딜 수가 없어서 터져버린다. 따라서 세포벽이 제거된 개체에서 배지(media)는 삼투퍼텐셜(osmotic potential)을 다음과 같이 인위적으로 맞추어야 한다.

참고내용 4. 효소(enzyme)

① 효소는 크게 셀룰로스(cellulose) 성분을 분해하는 효소류 즉 셀룰라아제(cellulase)와 헤미셀룰라아제(hemicellulase) 그리고 펙틴(pectine)질을 분해하는 펙티나아제(pectinase)가 있다.

② 삼투압 조절제로 만니톨(mannitol, 마니톨)은 빈번히 이용되며 농도는 0.4~0.8M이다. 무기염류 KNO_3, KCl, $CaCl_2$가 쓰이기도 한다.

③ 인큐베이션(incubaion, 배양)의 조건으로 담배 배양세포를 이용할 경우 22~37℃의 온도에서는 원형질체[원형질(protoplast)]의 수량에 유의한 차가 인정되지 않았다. 조건은 조직이나 세포의 종류에 따라 다르다. 짧은 것은 토마토의 엽육 원형질체로 2시간, 긴 것은 12시간 이상을 배양(incubation, 인큐베이션)해야 하는 것도 있다.

④ 세포의 단계(stage)로 담배의 배양세포를 사용하는 경우 새로운 배지에 치상한지 4~5일째의 세포분열 초기의 세포가 적합하다. 그 외의 효소의 종류, 농도, pH 세포 종양과 효소액의 비율, 온도, 진동 유무 등과 각각의 사용 재료에 대해서도 검토할 필요가 있다.

⑤ 식물체의 생육조건으로 온실 또는 생장상(growth cabinet)과 같이 균일한 환경하에서 식물체를 키우는 것이 좋다. 얻어진 원형질체의 80% 이상이 형태적으로 안정된 것을 배양에 이용하는 것이 바람직하다.

⑥ 액체배양법은 극히 소량의 배지라도 원형질체(protoplst)가 배양된다. 배양혈의 웰(well)에 극히 미량(약 1㎕)의 원형질체[원형질(protoplast)] 현탁액을 분주하여 1개의 이핵세포(heterokaryon)만을 배양할 수 있는 이점이 있다.

⑦ 한천 플레이트(plate)법은 액체배지에 현탁한 원형질체(protoplst)를 45℃ 정도로 보이는 한천배지와 혼합하여 페트리 디시(Petri dish)에 배양판에 배양(plate)하여 한천배지의 가운데 원형질을 넣어 배양하는 방법이다. 군체(colony) 형성 등을 눈으로 관찰하기 쉬운 이점이 있다.

⑧ 피더(feeder)법은 세포 배양(nursing) 작용이 있는 것으로 생각된다. 레베(Reveh) 등은 미리 X-선을 처리한 담배 엽육 원형질체(protoplst)를 먹이(feeder)로 하여 한천배지에 주입(plate)하고 그 위에 X-선을 처리하지 않은 원형질체(protoplst)를 주입 배양(planting)하여 10^3~10^4 원형질체/ml의 농도에서도 군체(colony)를 형성하는 것을 보고했다.

⑨ 세포층 보존법(cell layer-reservoir)은 페트리 디쉬(Petri dish)의 대칭이 되는 두 곳에 리저버(reservoir)가 되는 배지를 넣고 나머지 두 곳에는 세포층(cell layer) 배지를 넣는다. 이 위에 한천에 현탁한 원형질체(protoplst)를 주입(plate)한다.

① 농도는 0.5M-만니톨과 소르비톨(manitol and sorbitol)을 사용한다.

② 원형질체 분리(protoplast isolation)는 각기 다른 단계에서 미네랄 농도(mineral solution)로 한다.

고농도의 염화칼슘과 염화칼륨(calcium and potassium chloride high ionic coccentration)

① 단기간 사용되어야 한다.

② 확실한 세포대사와 세포막(plasmalemma, 세포질과 외부 환경을 구분하는 막으로, 세포의 물질 이동을 조절하고 세포를 보호하는 역할을 함) 구조의 확립에 작용한다.

원형질분리의 효과는 세포벽으로부터의 원형질분리와 소화(digestion), 대사 과정(metabolic process) 동안의 셀룰로스 세포 효소들(cellulolytic enzymes)의 기능을 높이기 위한 것이다. 이는 최적의 삼투퍼텐셜(optimal osmotic potential)은 쓰여지는 식물체에 따라서 다르다. 어린조직(young tissue)로 높은 광도(high light intensity)와 일정하게 수분을 공급한 재료가 가장 이상적인 재료라고 생각된다.

(1) 세포벽(cell wall)

① 순수 셀룰로스(pure cellulose)로 20~30%가 구성되고 나머지는 ② 헤미셀룰로스와 펙틴(hemicullulose and pectin) 성분으로 구성되어 있다. ③ 이러한 성분들은 상업적으로 시판되고 있는 효소들에 의해서 제거할 수 있다. 이런 효소들에는 셀룰라아제(cellulase)와 헤미셀룰라아제(hemicellulase), 펙티나아제(pectinase) 등이 사용되고 있다.

(2) 원형질체 분리(protoplast isolation)

첫 번째로 담배 엽육세포(tobacco mesophyll cell)를 25℃ 정도의 차양이 되었던 온실에서 자란 것을 준비하고 상위 1/3은 좋은 잎 재료를 사용한다. 소독 과정은 다음과 같다.

① 70% 에틸알코올(EtOH)에 몇초간 침지한다.

② 2.5% 차아염소산칼슘(calcium hypochloride)에 5분간 처리한다.

③ 다음으로 증류수에 헹군다.

④ 이후 무균적으로 집게(forcep)를 이용해서 하표피(lower epidermis)를 분리한다.

⑤ 마지막으로 침용(maceration, 고체를 액체에 담가서 연화시키거나 분해하는 과정) 배지 위에 놓아둔다.

(3) 침용 배지(maceration medium)

침용배지는 다음과 같이 처리한다.

① 0.1% 셀룰라아제(cellulase)를 사용한다.

② 0.02% 마세로자임(macerozyme)을 이용한다.

③ 005% 드리젤라제(driselase)에서 16시간 동안 밤새 소화(over night digestion)시킨다. 여기서 드리젤라제(driselase)는 식물 세포벽을 소화하여 식물 재료의 마세레이션, 프로토플라스폼 형성 및 추출 과정을 촉진하는 데 사용되는 자연적인 효소활성(균질 탄수화물)의 혼합물이다.

④ 침전물(debris)들은 50~80의 필터(filter)로 걸러낸다.

⑤ 연속적으로 100g에서의 원심분리(centrifuge)를 2번하고 효소(enzyme)가 없는 순수한 배지(fresh media)에서 행한다.

원형질체 재료(source protoplast)는 기내 현탁배양(supspension culture)에서의 재료를 사용한다. 이때 ① 배발생 캘러스로 배아세포 현탁액(embryogenic cell suspension)은 계속적인 세포분열과 식물 재생산이 가능하다. ② 어두운 암실 상태에서 행하는 것이 세포분열에 효과적이다.

3) 원형질체 융합

원형질체는 ① 반발력(repulsion force)에 의해서 자발적인 융합(spontaneous fusion)이 일어나지 않는다. 따라서 ② 빠른 형성을 위한 환경설정으로 이온 환경(ionic enviroment) 조절이 중요하다. 체세포 잡종(somatic hybrid)은 질산나트륨(sodium nitrate)의 등삼투 용액(iso-osmotic solution)이 첨가된 배지에서 생성된다.

융합방법은 아래와 같다.

① 50mM Ca^{2+}+0.4M 마니톨(mannitol), pH 10.5에서 세포질 융합(cytoplasm ic fusion)을 시킨다. 이때 PEG ① 20~40%에 담궈둔다. 원형질(protoplast)에서 접착력을 보인다. 하지만 높은 농도의 Ca^{2+}과 높은 pH에서 PEG에 의해 실제 융합이 일어난다.

② 독성물질(toxic material)이 때때로 식물에 독성성분으로 작용한다. PEG를 탈이온화(deionization) 시키거나 낮은 농도의 DMSO(dimethylsulphoxide)의 첨가로 극복할 수 있다.

③ 전기융합(electrofusion)은 500~1,000V/㎝, 마이크로초(microsecond)에서 50% 이상의 효과의 증대를 가져온다. 엽육원형질(mesophyll protoplast)이 캘러스(calli)나 뿌리 원형질(root protoplast)보다 융합(fusion)의 재료로 좋다.

4) 원형질체 배양과 식물체 재분화

이때 배지 성분의 차이는 크게 없다.

① 초기에 적절한 삼투퍼텐셜(osmotic potential)이 필요하다. 마니톨(mannitol)이나 소르비톨(sorbitol)이 필요하다.

② 높은 양(doses)의 생장조절물질이 필요하다. 예로 담배(tobacco) 3㎎/l (15μM) NAA (naphthalene acetic acid), 1㎎/l (5μM) BAP를 첨가한다.

③ 분할(division)은 조건적(conditioned) 배지(medium)에서만 가능하다.

④ 세포 밀도(cell density)는 혈구계(haemocytometer)에 의해서 카운터(counting)가 가능하다. 이는 세포 크기(cell size)와 상관이 있다. 담배(tobacco)는 60,000개/ml, 반수체 담배(haploid tobacco)는 이배체 원형질체(diploid protoplast)의 세포 밀도(cell density)가 1/2이다.

⑤ 재분화(regeneration)는 2~6일 정도 소요(품종에 따라서 다름)된다.

(1) 개별적 원형질(protoplast) 관찰을 위한 방법

① 아가로스(agarose)를 넣은 고체(solid) 배지(medium)에 심는다. 일차 분열(first division)이 적다. 다음 분열(division)과 원형질(protoplast)로부터 떼어낸 미세 군집(microcolonies)의 생장에 더 나은 결과를 관찰할 수 있다.

② 미세액적(microdroplet)에서 개별적 원형질(protoplast)를 키울 수 있다. 세포 밀도(cell density)와 옥신(auxin)을 낮춘 배지(medium)에 계대배양을 한다.

③ 담배(tobacco)에서는 1 cell/㎖로 변이체의 화학적 선발을 가능하게 한다. 형질전환체는 세포질 잡종에 대한 긍정적인 영향을 보여준다.

(2) 두가지 형태형성 경로(two morphogenetic pathway)

원형질(protoplast)에서 완전한 개체로의 2가지 형태형성(morphogenetic) 경로를 거친다.

① 엽육원형질(mesophyll protoplast)은 군체(colonies)에서 발아기의 새로운 눈의 형성이 옥신과 같은 생장조절제(PGR)없이 가능하다.

② 배아(embryogenic)의 능력을 지녀 배(embryo)를 형성하여 유지하는 군체(colony)를 얻을 수가 있다.

원형질(protoplast)에서 시작되어서 얻어진 식물체의 유전적 적합성(genetic conformity)은 최적화(optimize)된다. 그래서 배(embryo)나 생장점은 3~5주 후에 형성한다. 최적화되지 않은 조건(non-optimal conditions)에서는 염색체 숫자가 가장 큰 차이점이다. 이배체 감자(dipolid potato)의 원형질(protoplast)은 재생산이 10%이고 나머지 4배체(tetraploid)가 된다.

5) 원형질체 융합 생산물의 선발

이형핵형(heterokaryocyte)의 원형질체 혼합은 엽록체(chloroplast), 미토콘드리아(mitochondrion)의 핵(nuclei)인 양쪽 형을 가지는 것을 기본으로 한다. 이상적인 이형핵형은 각각의 부모로부터 하나의 핵(nucleus)를 받는 것이다. 핵융합(nucleus fusion)은 이형핵 형의 조작에 의해서 생긴다.

잡종개체의 재생산성을 높이기 위한 방법은 ① 이형핵형의 증식 ② 잡종세포 선발방법 마크유전자(marker gene)는 유전자 이동(gene transfer)이나 돌연변이 유발(mutagemesis)에 의해서 융합(fusion)하고자 하는 부모 개체에 넣을 수 있다. 유전자 이동(gene transfer)에 의해서 도입된 제초제 내성이나 항생제 내성 혹은 auxotrophic mutation의 genotype의 조화로 fusion된 개체는 후에 제초제나 항생제 저항성이 있는 배지(medium) 사용에 의해서 선발이 가능하다.

6) 핵 잡종

(1) 균형잡힌 잡종

① 이수성의 무균배양에 의해서 잡종이 얻어진다.

② 잡종 캘러스(callus)로부터의 분화는 한 종에서 염색체(chromosome)가 완전히 없어질 때까지 생기지 않는다.

③ 성적 교잡과 자방배양(ovary culture)에 의해서 유사한 잡종이 나온다.

④ 체세포잡종의 예로 포마토(pomato)가 있다. 이는 토마토와 감자의 잡종이다.

⑤ 3배체 배추, 겨자, 청경채(three diploid *Brassica oleracea*, *nigra*, *campestris*)의 선구 물질이다.

⑥ 3배체 종(Triploid species)은 융합(fusion)으로 가능, 유채(*Brassica napus*, 4n)와 흑겨자(*Brassica nigra*, 2n)에서 가능성을 보여준다. 기존의 방법에 의해서는 불가능한 완전히 다르다. 이질 이배체(heterozygous diploid)에 대한 시도는 1963 체이스(Chase)에 의해서 행해졌으며 이것은 체세포잡종에 의한 동질 4배체(autotetraploid)에 가능성을 제공한다.

(2) 비대칭 융합

대칭융합(symmetrical fusion)의 반대되는 개념으로 몇 개의 염색체(chromosome), 하위 염색체(sub-chromosome) 혹은 극소수의 염색체(chromosome)가 제공자(donor) 종에서 수령자의 파트너(partner)에게로 옮겨지는 것이다.

(3) 비대칭적 유전자 전달

수평적 유전자 전달 (horizontal gene transfer) 중에서 비대칭적 유전자 전달(asymmetric gene transfer)은 한 방향으로만 유전자가 전달되는 현상을 가리킵니다. 즉, 유전자가 한 개체에서 다른 개체로 이동하지만, 반대로 이동하지 않거나 이동 확률이 매우 낮은 경우를 의미한다.

① 제공자 세포(donor cell)이 광선 조사를 받는다.

② 기증자 세포의 광선조사와 돌연변이체(mutant)가 선택 가능 마커(selectable marker, 형질전환된 세포를 비형질전환된 세포와 구분할 수 있도록 하는 유전자를 말함)로 사용되어진다.

③ 제공자(donor)가 아그로박테리움(*Agrobacterium*) 계통에 의해 조작되고 융합(fusion)되기 전에 세포에 광조사가 있었다. 제공자(donor)가 아이소자임(isozyme) 작용을 잃음으로써 비대칭적 교잡(asymmetric hybrid)이 나타난다.

그리고 대칭적 융합염색체(symmetric fusion chromosome) 숫자의 감소가 있다. 비대칭적 유전자 전달(asymmetric gene transfer)은 광조사와 생화학 마크에 관련이 있다. 어느 세포나 핵이 없는 세포질체를 융합하는 방법인데 세포질 잡종 형성법(cybrid ization)이라고 하며 만들어진 세포는 세포질 잡종(cytoplasm ic hybrid)이라고 불리며 이 방법에 의해 어느 세포는 자기의 핵 및 세포질 외에 새로 융합된 세포질을(동종 또는 이종을) 획득한다. 핵체를 분리하거나 핵체 샘플(sample) 내의 생체 세포(intact cell)나 다수의 파편들을 정제할 필요가 없다. 세포질 잡종(cybrid)법에서는 세포질체의 분리를 충분히 하면 좋다. 그러나 세포질 제공자 세포는 클론 선별을 위해 여러 가지 유전적 마커 특히 세포질 유전변이 마커를 갖는 세포를 이용하는 것이 많다. 따라서 자기의 실험 목적에 맞는 세포로 또 유전적 마커를 이용하면 여러 제약이 생긴다.

7) 원형질체 융합과 세포질 교환

만약 실험의 목적이 한 부모의 핵(nucleus)를 다른 부모의 세포질(cytoplasm)과 결합시키거나 핵 잡종의 빈도가 높다면, 공여 세포질(donor cytoplasm)에 X선이나 감마선(gamma ray)을 융합(fusion)하기 전에 조사한다. 이렇게 조사한 후에 원형질의 후대에는 돌연변이 효과(mutagenic effect)나 결실(deletion)의 발생이 없는데 이것은 식물세포에서 원형질(protoplast)의 복제(copy) 수가 많기 때문이다. 조사된 부모 개체의 세포질 소기관의 유지를 위해서 포유류 세포 유전공학에 쓰인 대사 억제(metabolic inhibition) 방법이 제안되었는데 이것은 다른 부모 개체의 소기관을 제거하기 위해서이다. 화학적으로 요오드아세테이트(iodoacetate)나 요오드아세트아마이드(iodoacetamide)가 이러한 목적에 사용되었으며 세포질 공여 양친(cytoplasm donor parent)의 조사 방법과 핵(nuclear) 수령 양친(parent)의 대사 불활성화(metabolic inactivation)가 합쳐진 방법이 쓰이고 있다.

(1) 소포체 게놈의 재조합

융합산물(fusion product)에서의 혼합된 플라스티드(plastid) 모집단(population)의 최고의 빈도는 계속적인 세포 세대교체(cell generation)에서의 부모 타입(type)의 부분적 분리를 의미한다. 종래의 섞여진 색소체 게놈(plastid genome)의 집단(population)은 오랫동안 모계와 부계의 접합체에서 유전되는 플라스티드(엽록체 등, biparental plastid inheritance)와 같은 의미로 쓰여졌다. 또한 담배 속(Solanum)에서는 항생제 혹은 독성 저항성과 백색증(albinism)에 대해서 특히 하였다. 분자 플라스티드 게놈(molecular plastid genome)의 형태학적 분석은 높은 빈도의 담배 속(Nicotiana) 재조합은 교차형(crossover)으로부터 계산되었다.

(2) 미토콘드리아 게놈의 재조합

① 세포질 웅성불임(CMS) 조합은 넓은 종에 걸쳐서 발견되는 특징이다.

② 미토콘드리아 게놈(mitochondria genome)에 의해서 암호(encode)화되어 알려져 있는 유전적 마크(genetic marker)이다.

③ 원형질 융합(protoplast fusion)에서 미토콘드아 게놈(mitochondria genome)의 실험을 위해서 쓰인다.

양친 간의 재결합(interparental recombination)은 높은 빈도로 나타난다. 피튜니아(Petunia)와 배추과(Brasica)에서 미토콘드리아 제한 단편(mitochondria restriction fragment)은 세포질 잡종(cybrid)을 통해 양친 간 DNA(interparental DNA) 교환의 확실한 증거를 보여준다. 그 결과 각각의 재생산된 후대의 세포질 잡종(cybrid)에서는 미토콘드리아 게놈(mitochondria genome)이 새로운 양친의 순서를 보여준다. 미토콘드리아 게놈(mitochondria genome) 간의 이러한 재조합의 형태는 종간의 진정한 미토콘드리아 유전자(mitochondria gene)의 교환을 보여준다.

8) 작물에서의 세포소기관 융합조작

플라스티드 게놈(plastid genome)은 단세포(single cell)에서 플라스티드 게놈(plastid genome) 재조합이 진행 중이거나 세포분열을 위해서 분열을 하고 있는 것은 제외한다. 때때로 어떤 것은 양친형(parental type)과 비교해서 경쟁적이고 어떤 것은 비경쟁적인 것이 있다.

미토콘드리아 게놈(mitochondria genome)은 자주 양친 간(interparental) 재조합이 된다. 다음에 분리(segregation)가 된다. 재생산된 세포질 잡종(cybrid) 식물이나 혹은 그것의 산물에서 가끔 찾아진다. 따라서 가장 흔한 세포질 잡종(cybrid) 구성은 미토콘드리아 게놈(mitochondria genome)들이 하나 혹은 다른 하나의 양친 플라스티드 게놈 HRK(plasid genome)과 관련되어 있다.

(1) 다른 품종으로의 웅성불임 세포질의 이전 (transfer of male sterile cytoplasm to different cultivars)

원형질 융합(protoplast fusion)은 웅성불임 세포질에서의 전이는 다른 불화합성 종류와 성적 방법(sexual method)에 필요한 여교잡의 여러 단계를 줄일 수 있는 도구로 생각된다.

이들에 대한 사례(for example)로는 다음과 같다.

① 벼(rice)에서 불임종의 핵과 양쪽 부모로부터 세포질 웅성불임(CMS) 기질을 가진 개체

에서 떼어낸 미토콘드리아(mitochondrion)의 세포질 잡종(cybrid) 재생산의 성공을 양(Yang)과 아카기(Akagi)가 증명하였다(1989).

② 담배(tobacco)에서 새로운 세포질 웅성불임(CMS) 타입(type)을 생성하였다. 담배(Nicotiana tabacum) 원형질(protoplast)+조사된 아프리카 담배(Nicotiana africana) 원형질(protoplast)을 사용한다. 성적 불화합성이 있는 것이다.

③ 감귤류(Citrus)는 웅성불임 감귤종에 적용이 된다면 씨가 없는 감귤종 생산에 한몫할 것으로 추정된다.

(2) 십자화과에서 세포질 웅성불임의 진전
(improvement of cytoplastmic male sterility system in Cruciferae)

배추과(Brassica)는 오일(oil) 생산과 이용 등 경제적으로 아주 중요한 작물이다. 팜(palm)과 콩(soybean) 다음으로 오일 생산의 중요성을 보인다. F_1 잡종들은 자가불화합성을 이용해서 생산되었지만 그 양이 한정되어 있었다. 그래서 세포질 웅성불임(CMS)의 방법이 사용되었다. 세포질 웅성불임은 오구라(Ogura, 1968) 무(radish)에서 발견되었다. 이것은 야생 양배추(*Brassica oleracea*)와 유채(*Brassica napus*)에 적용되었다. 낮은 온도에서의 엽록소(chlorophyll) 부족과 화아형성이 좋지 못했다. 체세포 융합(somatic fusion)이 배추과 원형질(Brassica protoplast), 오구라(Ogura)는 무(radish) 소기관을 포함한 것)과 배추과 소기관(organelle)을 포함하는 것을 융합시켜 정상적인 엽록소를 형성하게 하였다.

제3장 변이의 평가에서 생명공학

1. 집단의 생화학적 특성

작물육종은 야생종을 수집하여 농경을 시작한 이래로 오늘날의 사회개념과 경제 사회에 맞도록 생산성이 더 높고 더 맛이 좋고, 더 좋게 보이는 개체들을 선발함으로써 작물 개량을 수행했다. 또한 생물학의 발전과 더불어 유전자 조작기술의 발전으로 식물 과학의 이해가 확대되어 작물육종의 새로운 전기를 마련하고 있으나 아직은 농업적으로 중요한 수량, 품질 등 실용성이 있는 유전자를 클로닝(cloning)하고 전환하는 유전 공학 기술이 일반화되고 있지 못한 실정이다. 이러한 원인은 유전 공학 연구가 아직 시작 단계에 불과하여 연구 성과의 집적이 적고 기술개발이 미진한 점을 들 수 있으며, 한편으로는 이러한 농업형질들 대부분 복잡한 유전 양식을 갖고 있으므로 유전적 특성이나 유전자 발현 과정이 밝혀지지 못한 원인도 있다. 작물육종은 지금까지 필요한 표현형을 선발하여 실용성 있는 품종을 개발 보급했기 때문에 유전적 배경의 규명이 현실적으로 이용하는데 필요 불가결한 요인이 아니기 때문인 것도 이 분야 연구 발전이 부진한 이유이기도 하다. 그리고 식물의 표현형은 유전자뿐만 아니라 그 식물이 자라는 환경의 영향도 무시하지 못할 정도로 작용하고 많은 경우 식물 유전자가 환경적 효과에 묻혀 표현형의 검정이 불확실하고 따라서 식물의 유전적 검정이 불확실하게 표현되고 있다.

이러한 문제점을 해결하기 위하여 통계학을 기초로 한 육종 기술이 발전됐으나 노력과 비용이 많이 들기 때문에 새로운 품종을 육성하는 실제적 적용이 어려웠다. 따라서 대부분의 품종 개발은 인공교배를 시행하여 유전적 변이를 확대하였고, 분리세대에 대한 지속적인 표현형 선발을 거듭함으로써 낮은 선발 효율을 극복하였으며 결국 한 품종을 개발하는 데는 10년 이상의 오랜 기간이 소요되었다. 여기서 개체군(population, 모집단)이라는 단어를 때때로 재배된 식물들을 위한 용어로 잘못 이해한다. 이 단어는 경작자들, 품종들, 심지어 수집의 취득을 위한 이름으로 더 정확히 되어 있을 것이며, 농업의 관점에서 그것은 이들 독특한(단일의) 그룹들의 일반적 관계로 이 chapter에서 사용될 것이다. 모집단(population)에 가장 포함되는 정의는 보통 유전자 풀(gene pool)로 나누는 독특한 군락이다.

이 정의의 의미로 예를 들어, 중국 봄밀('Chinese Spring' wheat), 부드러운 녹색 콩('Tender

Green' bean)은 비록 그들이 어디에서 자란다고 하더라도 같은 각각의 집단들로 언급할 수 있다. 다른 유용한 정의는 집단이 같은 토지에서 같은 종류들로 나뉘는 독특한 그룹이고, 그것은 농업에서 포장(field)이나 수집이나 수확하는 지역으로 의미할 수 있다. 첫 번째 정의는 농민들, 순수한 품종들과 영양체(clone)에 더 적합하고, 후자는 지역(local)과 재래품종과 그들의 수집 표본을 위해 더 적합하다. 모집단(population)의 유전적 변이의 특성은 집단과 종들 안에서 적합한 진화의 비율과 전통적 작물 발달에 반응의 범위를 결정하는 유전적 다양성 그 이후에 관련된 내용이다. 보통 특성과 부표본의 경작이 포함된 모집단에서 변이(변화)의 형식에 대한 용어로 이해하는 것은 곤란하다.

이런 이유로 숫자상의 분류학적 기술은 이들 복잡한 변이의 형식을 단순화하고, 처리할 필요가 있다. 농업경영학의 특징은 활력, 병에 대한 저항성과 추위에 대한 내성과 같은 것은 관심사항이고 보통 유전형과 환경과의 상호작용 교잡을 포함한다. 그와 같은 특징들의 모집단(population) 가치들의 확실한 평가는 단지 많은 환경의 복제나 표준조건들하에서 얻은 측정들로부터 얻을 수 있다. 모집단(population) 변이성의 형태학상과 농업경영학의 평가는 생화학적 마커(marker)의 분석에 따라 게놈(genome)의 더 직접적인 연구로 보충되고, 일반적으로 능가할지도 모른다. 이들 마커는 특별한 동질효소(isozyme, 동종효소)들이고, 모집단(population)들이 유전적 구성(합성, 성분)에서 우리의 지식 향상과 식물 모집단(population)들의 유전적 농업의 특성을 다양한 진화적인 힘들을 포함한 크기(양, 특성)를 결정하는데 아주 유용하다. 이미 DNA 다형성(polymorphism, 동종개체들 가운데에서 2개 이상의 대립 형질이 뚜렷이 구별되어 나타나는 것) 형태의 연구들은 더 나아가고 있고, 그런 지식을 획득한 완성된 단계이다. 생화학적 마커들은 일단 환경적 용인들과 막대한 자료에 의한다면 덜 영향을 주었고, 유전적 변화의 형식들의 용어에서 취급되고, 통계학적으로 분석할 수 있다. 적어도 이들 동질효소의 여러 종류는 식물 모집단(population)들의 특성으로 사용되었다. 이들 마커는 3가지 부류로 나눌 수 있다.

① 페놀(phenolic), 알칼로이드(alkaloid), 시아노겐(cyanogen), 단백질 비생성성 아미노산(non-proteinogenic amino acids, 단백질의 생합성을 위해 생명체의 게놈에 자연적으로 암호화되어 있는 22가지의 단백질 생성성 아미노산이 아닌 아미노산들을 지칭함) 등을 포함하고 있는 생화학적 화합물들에서 이질의 유전자원 풀(heterogeneous pool)이다. 여기에서 낮은 분자량 마커(low molecular weight marker)들로써 표시된다.

② 효소들(enzymes)과 저장 단백질(storage proteins) 양쪽을 포함하고 있는 단백질들이다.

③ PCR 기술과 기본 시퀀스(sequences)에 의한 제한효소를 가진 침지에 의해 얻어진 변화하기 쉬운 길이의 절편들(fragments)을 포함하고 있는 DNA 마커들이다.

2. 생화학적 과정

모집단(population) 연구는 높은 각각의 다수를 분석해야 하므로 간단한 확실한 기술 들을 요구한다. 따라서 저분자량(low molecular weight)과 단백질 마커(protein marker), 1차원과 2차원 크로마토그래피(chromatographic) 기술들을 사용한다. 대개 2차원 기술들은 더 높은 차원의 분석을 하므로 다른 표현형들을 깔끔하게 동정한다. 어쨌든 크로마토그래피 판(chromatographic plate)이나 겔(gel)에 대한 단지 단순한 표본(single sample)을 연구하고 있다. 그들은 또한 한 개의 표본계(sample system)를 분석하는 그것보다는 오히려 복잡하고, 시간을 낭비하는 모집단(population) 분석에서 부적합하게 되어 손해를 보았다. 1차원 기술들은 비록 분석은 낮아도 여러 표본을 동시에 연구하기 위해 사용하는데 그들은 더 빠르고 확실하다. 그러므로 1차원 방법들은 계속 변종의 동정과 모집단(population) 연구를 위해 가장 널리 사용된다.

1) 저분자량 마커

첫 번째 그룹은 이질의 생화학적 합성물들, 식물들의 2차 대사산물 생산의 계역을 포함한다. 이들 합성물은 비교적 저분자량(low molecular weight)을 가진 페놀(phenolic), 플라보노이드(flavonoid), 안토시아닌(anthocyanin), 비단백성 아미노산(non-protein amino acids), 시아노겐(cyanogen), 폴리 아세틸렌(ploy acetylene), 알칼로이드(alkaloid) 안에 분류된다. 이들 합성물의 대두분은 특별한 특성들을 가지고, 식물에 적합한 성질을 증여한다. 흔히 피토알렉신(phytoalexin)으로 동물들에게 유독성을, 유해물들에 저항성으로 관여하거나, 식물들에서 특징적인 냄새나 맛, 또는 둘 다를 준다. 페놀(phenolic) 화합물들은 식물화학들로 때때로 과산화효소(peroxidase)와 과일 갈변에 관여하는 효소인 폴리페놀산화효소들(polyphenol oxidase)과 함께 대부분 공통으로 저항성에 관여한다. 그것은 집단(population)들이 유해 물질들과 질병들에 대항한 저항성 반응을 포함한 물질들을 이동하는 것을 확인하고, 독립된 것들 사이의 표현 빈도와 수준을 중요시한다. 어쨌든 이들 물질의 많은 것들은 동물들에게 독성을 또는 식용식물들에서 바람직하지 못한 맛이나 냄새를 준다. 그런 경우들은 물질이 주는 낮은 수준들을 가진 독립된 것들이나 집단들의 동정이 육 종가들의 임무이다. 이들 물질은 화학적으로 매우 이질의 성질을 가졌기 때문에 집단(population) 수준으로 그들의 동정과 분석을 위한 여러 기술을 가진다.

대부분 적합한 기술들은 크로마토그래피(chromatography)이다. 분류하면 박막 크로마토그래피(TLC: thin layer chromatography, 혼합물이 정지상과 이동상에 분배되는 정도가 달라서 물질별로 분리되는 원리를 이용하는 것)이나 더 새로운 액체 크로마토그래피(newer liquid chromatography)로 HPLC(high pressure liquid chromatography)나 FPLC(flow pressure liquid chromatography)가 있다. 유기용매들은 보통 식물 물질을 둘러싼 화합물들을 추출하는데 요구되고 특별히 그들의 퇴화를 피하는데 주의해야 한다. 고순수와 비싼 용매들은 HPLC 분석을 위해 필요하다. 집단(population) 때문에 이들 기술의 불편한 연구들은 퇴화 크로마토그래피(chromatography)에 앞서 표본(sample)의 추출과 정제는 힘이 들고, 시간이 많이 소비된다. 크로마토그래피는 그것 자체가 또한 매우 느리게 진행된다. 특히 2차 박막(thin layer) 크로마토그래피 기술의 이점은 질적일 뿐만 아니라 양적 자료를 산출할 수 있다는 것이고 그것은 유독물질과 다른 물질들을 분석할 때 매우 중요하다.

2) 단백질 전기영동

단백질 전기영동(protein electrophoresis) 기술들은 식물 집단들의 생화학적 특징을 짓는 기술들로 가장 넓게 사용된다. 그리고, 더 많은 종과 집단들과 어떤 다른 기술보다 표본(sample)에 사용된다. 효소적, 비효소적 단백질들은 일반적으로 종자 저장 단백질이고, 이 목적을 위해 분석한다. 전기영동적(electrophoretic) 기술들의 폭넓은 수들은 일반적으로 모집단 표본(population sample)을 비용과 시간에 알맞게 분석할 수 있게 하려면 비교적 값이 싸고, 빠르게 이용한다. 전기영동(electrophoresis)은 전기장(electric field)에 용매를 통해 기본적으로 다르게 움직이는 분자들을 분리하기 위한 기술이다. 분자들과 용매는 일반적으로 분자들이 움직일 수 있는 비활성의 지지 배지(supporting medium)에 흡수된다. 생물학적 폴리머(polymer)들 때문에 적합한 지지 배지들(supporting media)은 완충(buffer) 용액에 전분(starch), 폴리아크릴아마이드(polyacrylamede)나 아가로스(agarose)와 함께 겔(gel)들을 만든다. 가장 넓게 사용되는 기술은 존 전기영동(zone electrophoresis, 존이나 밴드로 분리한 전기영동법)이다. 첨가해서 겔(gel)의 이점은지지 배지(supporting media)뿐만 아니라 분자채로 행한다. 그러므로 분자들은 그들이 크기와 모양에 결과로써 분리되고, 첨가해 순 전하(net electric charge)는 이동성을 결정하는 중요한 요인이다. 전기영동(electrophoresis)은 튜브(tube)나 슬랩(slab)에 겔(gel) 형태로 수행할 수 있고, 후자는 수평이거나 수직이다.

단백질 전기영동(protein electrophoresis)을 위해 가장 일반적으로 요구되는 것은 전분(starch), 폴리아크릴아마이드(polyacrylamide)이다. 핵산은 따로 된 제한 파편들이나 시퀀스(sequences)를 파편으로 가질 때 폴리아크릴아마이드(polyacrylamide), 아가로스(agarose)를 사용하여 녹인다. 전분(starch gels)의 특성은 전분 한 묶음에 의존하고, 그 방법은 겔 제조하는 데 사용한다. 그러므로 이것은 기공 크기(pore size)에 결정되는 것은 아니다. 반면에 폴리아크릴아마이드 겔(polyacrylamide gel)의 기공 크기(pore size)는 완충용액(buffer) 안에 녹아있는 폴리아크릴아마이드(polyacrylamide)의 총비율(%)에 의해 조정되거나, 가교제(crosslinker)의 양에 의해 미리 결정된다. 그리고, 물질의 분자 무게들의 범위가 넓을 때, 겔(gel)의 기공(pore)는 변화한다. 약간 다른 기술로 등전점전기영동(isoelectric focusing, IEF)이 있다. 이 방법은 단백질(protein)을 그들의 등전점(isoelectric) 위치에 의해 분리하는 것이고, 그들의 순 전하(net electric charge)가 0이 되는 pH는 값이다. pH의 변화는 폴리아크릴아마이드 겔(polyacrylamide gel)을 첨가한 저분자량(low molecular weight) 합성의 다중양성 전해질(polyampholytes)에 의해 초래된다. 2차 겔 전기영동(gel electrophoresis) 기술은 다른 단백질(protein)들을 분리하는 높은 분석능을 가지고 있고 그것은 전통적인 1차 전기영동(electrophoresis)에 가능성보다 더 많은 화합물 안에서 단백질(protein)들이 복잡하게 혼합된 것을 분리하는 데 사용된다. 다른 특성에 의한 단백질들의 각 차원 분리에서 첫 번째 차원은 튜브겔(tube gel)에서 하고, 그다음은 폴리아크릴아마이드(polyacrylamide)나 전분 판(starch slab)의 위에 수평으로 놓는다.

(1) 동질효소 전기영동

생체의 대사에는 여러 가지 효소가 관여하고 있는데 동일한 생물종에 있어서 동일한 촉매반응을 하는 효소가 2종 있을 때 이것을 '아이소자임(isozyme)'이라고 1959년 마커트와 몰러(Markert and Moller)에 의해서 정의되었다. 이들은 구성 단백질의 1차 구조가 상호 간에 다르고 다른 유전자에 의해 지배되고 있다. 이 아이소자임(isozyme)의 함유 비율이 그 생물종의 군생태형 재래종, 지방종 등에 따라 달라서 동질효소(isozyme) 분석이 품종군의 유연관계 추정에 이용된다. 저분자량(low molecular weight) 마커(marker)와 닮지 않은 동질효소(isozyme)

와 저장 단백질 변이성의 유전적 기본은 왜 이들 마커(marker)가 그들이 개체군 특성을 얻기 위한 그것만큼 널리 사용된 원인 중의 하나이다. 비록 특성과 동정이 전기영동 밴드의 패턴(electrophoretic band pattern)들이 다른 표현형적인 기본을 수행할 수 있다고 할지라도 동질효소(isozyme)의 이점은 이들 패턴(pattern)을 보통 자리와 대립형질의 용어로 해석할 수 있다. 특성과 비교하는 개체군들에 다가가는 표현형은 그것이 유전적 정보를 제공하지 않기 때문에 비난당하여져 왔다. 그런데도, 동질효소(isozyme)는 평가하는 유전적 변이성과 특성 되는 식물 개체군들이 있을 때 유전적 마커(marker)로 이상적이다. 다른 생화학적 마커(marker) 이상으로 동질효소(isozyme)의 이점은 다음과 같다.

① 대립형질의 표현은 일반적으로 공우성(codominant)이고, 상위성(epistasis) 상호작용에 자유롭고 보통 환경적 영향에 의해 변하지 않는다.

② 다른 위치의 대립형질들은 일반적으로 구별할 수 있다.

③ 효소적 체계(system)를 연구하는 것은 보통 그들의 유전적 변이성 수준의 기술적 원인 독립을 위해 선택한다. 이것은 그들이 게놈(genome)의 무작위 표본(sample)을 표현할 수 있는 결과이다.

④ 대립형질의 차이는 흥싱 유동직 차이로서, 기능의 독립과 각 효소 체계(system) 변이성의 수준으로써 검출된다.

2가지 주요한 결점은 동질효소(isozyme)의 사용과 분석된 단백질(protein)들, 개체군과 발달적 연구들에 반대되는 논증을 사용하는 것이다.

① DNA 수준에서 발생하는 유전적 변화들이 모두 단백질 수준에서 검출되는 것은 아니다.

② 유기체의 구조적 유전자의 단지 한 세트(set)는 이들 단백질에서 표현되고, 이 세트는 전체 게놈(genome)을 대표하지는 않을 것이다.

이들 불이익을 발전적 연구에 단백질(protein)의 가치를 확실히 제한하지만, 그들은 개체군의 특성에 조금 관련되어 있다. 개체군은 단지 표현형, 형태학 또는 생화학의 기본으로 해서 특징될 수 있다. 그리고 그것은 단백질이 유전형의 생존할 수 있는 소개와 대립 유전자의 특징과 개체군, 종들의 구별을 묘사한다. DNA 기술들에 이르기까지 개체군과 발전의 연구들, 단백질 전기영동(protein electrophoresis)의 소개는 가장 알맞은 기술이고, 그것은 매우 힘 있는 수단이었다. 개체군 연구들에 있어 동질효소 시스템(isozyme systems)의 제한적인 특성은 그것이 겔 전기영동(gel electrophoresis)과 특별한 염색(staining) 때문에 실제로 관찰될 수 있는 수는 비교적 낮았다. 식물에서 알려진 약 3,000개의 효소 이상에서 단지 약 60개만이 동질효소 다형성(isozyme polymorphism)을 위해 분석할 수 있다. 그것의 한계에도 불구하고 녹말 겔 전기영동(starch gel electrophoresis)은 개체군의 동질효소(isozymatic)의 특성을 위한 방법으로 보통 공통으로 사용한다. 그것은 대부분 용도가 넓고, 간단한 전기영동(electophoretic) 기술이다. 그러나 확실한 기술들은 개체군 연구를 위한 일/결과의 비율로 표현된다.

보통 전분 겔(starch gel)은 여러 개의 얇은 슬랩(slab, 판)의 나누기에 충분하고, 다른 동질효소계(isozyme system)를 위해 각각 염색(staining)을 한다. 이것은 각 식물 분석으로부터 여러 개의 자리에서 동시에 자료를 얻기 쉬운 방법이다. 이것은 많은 자리에 있는 정보에서 개체군의 유전적 구조에 있는 더 놓은 자료를 준다. 그리고 이 구조가 개체군에 알맞은 중요한 규칙에 보존되고 행해지는 육종되지 않는 종들을 위해 특별히 관련이 있다. 식물 연구에 있어 주의는 많은 식물종의 배수체 성질 때문에 종종 필요하다. 그런 종들은 유전자들의 중복 때문에 모양의 유전적 연구들은 동형(homologous), 대립형질들 사이에서 구별할 필요가 있고, 그러므로 결과에서 풍부한 유전적 이해를 얻을 수 있다. 아이소자임(isozyme)은 형식의 유전적 연구들, 유전 지도(genetic mapping), 개체군과 발전의 연구들, 양적 및 특색 안에 유연관계, 경작과 변이의 동정, 유전적 자원들이 이용, 그리고 육종에 마커(marker)로써 사용된다.

여러 식물종은 겉씨식물들과 속씨식물들에 속새와 양치류로부터 모든 주유한 계통을 포함한 아이소자임(isozyme) 연구들에 지배를 받는다. 연구의 대부분은 작물 종들과 그들의 넓은 관계들, 산림 나무들과 잡초들로 충당했다는 것은 놀랄만한 일이 아니다. 이것들로 식물 동질효소(isozyme)에 다수를 보고하였지만, 작물 개체군 유전적 변이성이나 특성들, 또는 둘 다를 다루었다. 또 심슨과 위더스(Simpson and Withers)의 보고에 의하면 동질효소 전기영동(isozyme electrophoresis)에 의해 식물 특성을 특별히 연구하였다.

(2) 저장 단백질 전기영동

식물들의 비효소 단백질을 이용하는 모집단의 전기영동적(population electrophoretic) 연구는 종자의 저장 단백질을 가지고 수행한다. 대부분의 전기영동적(electrophoretic) 기술들이 겔에 구별된 밴드(band)의 높은 수들을 산출하고, 대개 어떤 단일 아이소자임(isozyme) 형식을 가지고 얻는 것보다 크다. 그러므로 저장 단백질들의 폴리아크릴아미드 겔 전기영동(polyacrylamide gel electrophoresis, PAGE)은 유전적으로 독특한 식물 변화를 동정하기 위한 가장 힘 있는 단일 체계(system)로 생각된다. 동질효소(isozyme)에 관한 기술은 분석을 위해서 충분한 단백질을 얻기 위해 조직의 작은 양을 단지 필요로 한다. 비교적 큰 종자들을 가진 이 종들 때문에 배유나 자엽 부분에서 추출된 단백질들을 사용할 수 있다. 또 후에 사용하기 위해 종자에 저장시켜서 남겨둔다. 추출은 때때로 더 나은 정제 없이 폴리아크릴아마이드 겔(polyacrylamide gel) 안에 끼워 넣는다. PAGE는 SDS(sodium dodecyl sulfate)를 포함하거나, SDS를 포함하지 않고도 전도할 수 있다.

SDS-PAGE의 이점은 단백질을 그들의 분자 무게에 의해 분리할 수 있고, 그것은 종자 저장 단백질 분리를 위한 기술이고 가장 널리 사용하는 것 중의 하나가 되었다. 효소적 활성이 약한 저장형 단백질은 일반적으로 단백질 염색(protein staining) 기술에 의해 겔(gel)에 나타난다. 가장 큰 분석은 2D-PAGE와 등전점 전기영동(IEF)으로 수행할 수 있다. 2차 전기영동(electrophoresis)은 더 높은 분석을 제공하지만, 그것의 사용은 일반적으로 단백질 성분이 주는 특별한 연구를 위해 보존된다. IEF 기술의 더 큰 밴드(band) 분석에도 불구하고, 그것은 PAGE만큼 사용되지 못했다. 아마도 그것의 높은 비용 때문일 것이다. 전기영동에 첨가해 역상(reserved phase, RP) HPLC 기술은 곡물 단백질의 세인(sein), 옥수수(corn) 종자 저장단백질, 그리고 수수 속 식물의 글루텔린(glutelin)의 변종 연구의 사용하고 있다.

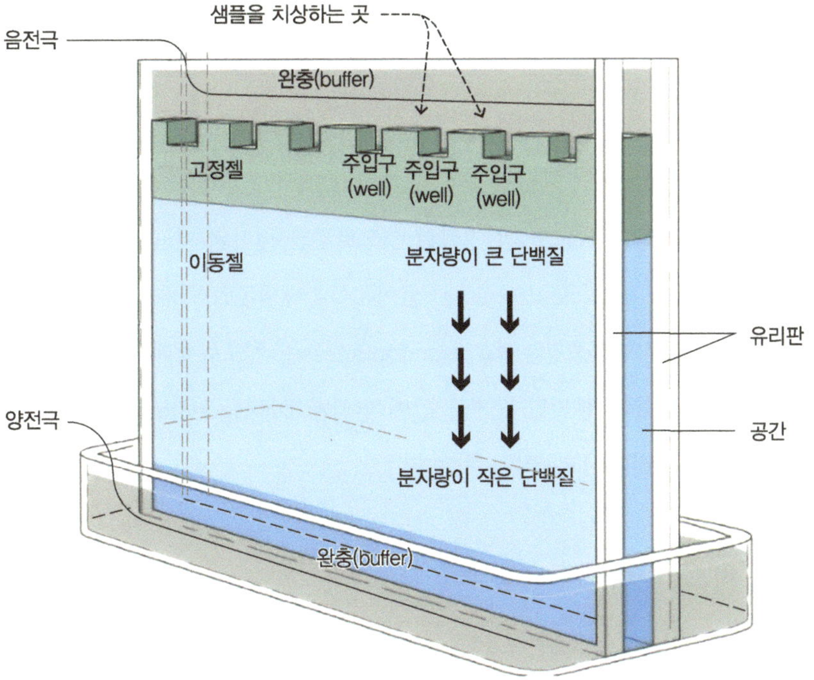

그림 3-1. 전기영동 기구와 원리(SDS PAGE 장치) 모식도 (출처: https://ww2.chemistry.gatech.edu/)

3. 핵산의 전기영동

전기영동(electrophoresis)을 이용한 핵산의 분석은 놀라운 발달을 보았다. 염색체(chromosome)만큼 긴 파편이나 뉴클레오타이드(nucleotide, 핵산을 구성하는 단위체로, 당, 염기, 인산으로 구성된 분자)의 10배만큼 짧은 파편의 분리를 위해 이 기술들의 적용이 가능해졌다. 이들은 단일 뉴클레오타이드(nucleotide)에 의해 길이가 다른 뉴클레오티드 배열(nucleotide sequences)의 분리를 정확하게 참작한다. 모집단(population)에서 유전적 변이의 특성과 평가 때문에 핵산(nucleic acid)의 전기영동(electrophoresis)은 단백질의 전기영동보다 더 힘들고 값이 비싼 기술이며, 적어도 분류하지 않았거나 단백질 추출의 정제가 낮은 것을 이용할 때 사용한다. 그러므로 그들은 핵산 기술들과 단백질과 핵산 전기영동(nucleic acid electrophoresis) 양쪽에 의해 되돌릴 수는 없다. 그리고 그들은 상보적인 기술들이고, 아마도 오랜 시간이 걸릴 것이다. 핵산은 분자에 따라 전기영동적 전하(electrophretic charge)의 균등한 밀도를 가진다. 그리고 전기영동적(electrophretic) 분리는 그들의 길이를 기본으로 한다.

전기영동적 기술들은 RNA, 염색체 DNA(genomic DNA, 유전체의 DNA로 생물의 유전정보를 담고 있는 DNA), cDNA에 적용할 수 있다. 군락(population) 수준에서 가장 공통적인 기술들은 RFLP에 의한 분석이고, 염색체 DNA(genomic DNA), 상보적 DNA 배열(cDNA sequencing)이다. 양쪽 경우 그것은 프로브(probe)로써 사용하거나 배열(sequence)로써 사용하기 위해 알맞은 양과 순도 수준에서 DNA 조각의 획득이 필요하다. 이것에 앞서 단편은 플라스미드(plasmid)나 바이러스(virus)의 적당한 운반체(vector)에서 클론(clone)을 해야 하고, 그리고 보통 클로닝(cloning)된 벡터(vector)의 정화된 것으로부터 절단된 세균(bacteria)에 복제한다. 최근 PCR 기술은 클로닝 단계(cloning step) 없이 DNA 배열(DNA sequence)의 기내 증식을 따른다. 핵산 증식은 제한 핵산중간분해효소(endonuclease, 엔도뉴클레이스)의 사용으로 또한 가능해졌다. 각 제한효소들은 분리된 단편들 안에 염색체 DNA(genomic DNA)를 분열시키고, 그것은 클론(clone)과 분리(isolated)할 수 있다.

1) 중합효소 연쇄 반응(PCR)

중합효소 연쇄 반응(PCR)은 1983년 미국의 세터스(Cetus) 회사의 캐리 뱅크스 멀리스(Kary Banks Mullis)가 1983년 중합효소연쇄반응을 이용한 DNA 증폭 기술을 개발하였다. 그 공로로

1993년 노벨 화학상을 수상하였으며 2019년도에 사망하였다. 그에 의해 고안된 PCR은 DNA 중합효소로 클레노우 단편(Klenow fragment, 대장균의 DNA 중합효소가 프로테아제 서브틸리신에 의해 효소적으로 절단될 때 생성되는 큰 단백질 단편)을 사용하여 실시하다가 1988년 사이키(Saiki)가 호열성 세균(thermophilic bacterium)인 더무스 아쿠아티쿠스(*Thermus aquaticus*, Taq)에서 열에 안정적인 Taq 중합효소(Taq polymerase)를 분리하여 중합효소 연쇄반응에 사용하게 되었다. PCR 방법은 식물 게놈 중에 어떤 특정 부위만(보통 2~3kpb의 크기임) 선택하여 증폭시키는 데 사용할 수 있다. PCR을 이용할 때 약 20mer 크기에 올리고뉴클레오타이드 프라이머를 사용하는데 이 프라이머(primer, 시발체)는 우리가 원하는 염기서열 끝의 반대편 DNA 가닥과 상복이 된다.

만약에 우리가 원하는 염기서열 부분이 이미 어떤 생물체에서 연구가 되었을 경우 프라이머 합성에 필요한 염기서열 정보를 쉽게 얻을 수 있다. 그리고 만약 다른 생물체에서 공통으로 상존하는 염기서열 부위가 이미 밝혀져 있는 경우에도 이런 알려진 염기서열을 이용하기도 한다. 이상에서 기술한 것과 같이 얻어진 염기서열 정보로부터 PCR 프라이머로 사용될 가능성이 있는 올리고뉴클레오타이드 프라이머가 선발된다. 프라이머가 얻어지고 나면 이것들을 이용하여 비교하고자 하는 식물의 특정 부위를 증폭시킨다. PCR을 통한 다형현상은 몇 가지 방법을 통하여 결정하게 되는데 만약 프라이머 사이의 염기서열 부위가 비교하려는 식물체 중 어느 하나에서 삽입이나 결실로부터 비롯된 부위를 포함하고 있을 때 최종 PCR 산물을 전기영동 함으로써 다형화 현상을 탐지할 수 있다. 증폭된 부위가 염기서열의 차이에서 비롯되었으면 여러 가지의 네 개의 염기를 인식하는 제한효소를 사용하여 PCR 최종산물을 잘라서 고농도 아가로스 겔(agarose gel)을 이용한 전기영동을 통하여 다형화 현상의 차이를 볼 수 있다.

PCR에 의한 증폭은 증폭하고자 하는 어느 특정한 DNA 단편의 양 말단 부위와 결합하는 2개의 올리고뉴클레오타이드 프라이머(oligonucleotide primer)를 사용하는데 먼저 DNA를 변성시킴(denaturation, 단백질이나 핵산이 외부 요인(열, 산, 염기 등)에 의해 원래의 구조를 잃고 기능이 손실되는 현상)으로 한 가닥이 된 DNA에 프라이머(primer, 시발체)를 상보적인 DNA 시퀀싱[DNA sequence, DNA 분자를 구성하는 뉴클레오타이드(A, T, G, C)의 순서를 결정하는 것을 의미]에 붙이고 DNA 어닐링 중합효소(DNA annealing polymerase)를 이용하여 시발(annealing)된 프라이머(primer)로부터 다시 연장(extension)하는 것으로 이와 같은 주기(cycle)를 반복하면 소량의 DNA가 다량으로 증폭될 수 있다.

2) 제한효소 절편 길이 다형성(RFLP)

최근에는 생물학의 많은 분야에서 기초적인 기술 발전이 급진적으로 이룩되고 있는 특히 유전자 클로닝(cloning) 기술은 염색체 DNA를 유전자 마커(marker)로 사용하여 대부분의 주요 작물에서 유용한 유전자를 직접 선발할 수 있는 RFLP(제한효소 절편 길이 다형성 맵핑 체계(restriction fragment length polymorphisms mapping system)을 개발하였다. 이 기술은 DNA 염기서열의 자연적 변이를 자료로 하여 핵 내 염색체를 특정 제한효소로 처리함으로써 크기나 길이가 서로 다른 DNA 단편을 만들고 이것을 마커(marker)로 하여 교배 후대를 검정함으로써 작물이 갖고 있는 모든 염색체상의 위치를 표지하는 RFLP 지도를 작성하여 이용하는 기술이다. 고등생물의 유전 분야에서 RFLP의 이용가능성에 대해서는 1980년 인체 유전연구 분야에서 주창되었으며 최근에는 인체에서 RFLP 지도가 처음으로 작성 발표되고 있다. 이 RFLP 지도는 유전학의 기초개념과 유전공학적 기술이 포괄되어 있다.

식물의 어떤 종이나 유전자 단편을 복제하여 프로브로 만들 수 있고 교배 후대의 분리, 개체들을 검정함으로써 유전 양식을 쉽게 알아볼 수 있으며, 따라서 한 조합에서 수없이 많은 연관 관계를 검정할 수 있다. 그뿐만 아니라 검정하는 유전자 단편을 얼마든지 얻을 수 있기 때문에 유전자 지도를 세밀하게 작성할 수 있다. RFLP 유전자 지도를 작성하는 데 가장 초보적인 필수조건은 ① 작물이 유성생식을 해야 하고 ② 유전자 단편을 만들 수 있는 재료가 필요하다. 단일 염기쌍 변화나 다수의 염기쌍(base pairing) 변화는 역위, 전좌, 결실 및 전위 등에 의하여 일어날 수 있다.

고등식물 세포에는 수많은 양의 DNA가 있지만 어떤 식물도 DNA 염기 서열(DNA base sequence)가 똑같은 것은 없다. 자연군락 상태의 식물에는 막대한 양의 DNA 변이가 존재하고 있지만 식물유전학에서 이들 변이를 이용할 수 있는 직접적인 방법은 없었다. DNA 서열(DNA sequence)의 자연적 변이체를 몇 가지 방법으로 찾을 수 있는데 그 한 가지 방법은 물론 DNA를 직접 배열(sequence)해서 세부적으로 비교하는 것이다. 그러나 불행히도 이 방법은 매우 어려운 일이며 시간이 많이 소요된다. 이러한 변이체를 찾는 다른 방법은 제한효소라 불리는 효소의 특성을 이용하는 방법이다. 어떤 미생물이 생산하는 핵산분해효소(nuclease, 핵산의 뉴클레오타이드 사이의 인산다이에스터 결합을 절단할 수 있는 효소)들은 DNA에서 특정 염기서열에 대한 제한효소인지 부위(restriction sites)라 불리는 목표 부위(target site)를 인식하는 능력을 갖추고 있다. 만일 필요한 염기서열이 target DNA에 존재한다면 제한효소는 목표 부위(target site)에서 DNA를 전달할 것이다. 그래서 큰 DNA 단편들은 크기를 분류함에 따라서 본래 DNA의 제한

효소인지 부위의 분포를 알 수 있다. 생성된 단편들은 제한효소인 각각의 목표(target) DNA에 대한 특이성을 가지게 된다.

이들은 ① 개별 식물에서 DNA 추출 ② 제한효소를 통한 DNA 소화 ③ 아가로스 겔(agarose gels)에서 전기영동을 시행한다. 이들은 삭제와 삽입, 영향을 받는 절편의 이동성을 변경한다. 그리고 조각의 수와 상대적 이동성을 변경한다. 핵 DNA의 RFLP는 직접 조사하기 어려우므로 일반적으로 염색체 DNA의 작은 조각을 이용하여 각각의 제한효소 단편을 탐색하는 방법을 사용한다.

DNA-DNA 혼성화(hybridization)의 높은 특이성을 이용함으로써 그와 같은 프로브(probe)는 제한효소 절단으로 생긴 복잡한 핵 DNA 단편 혼합체에서 개개의 제한효소 단편을 찾아낼 수 있다. 이러한 기술을 이용하기 위해서는 한 세트의 염색체 DNA 단편들이 프로브로써 이용할 수 있도록 준비되어야 하는데 이와 같은 프로브의 한 세트를 '라이브러리(library)'라고 부른다. 분석하고자 하는 종으로부터 분리한 DNA를 제한효소로 처리하여 절단하여, 비교적 작은 2~5kb의 단편들을 DNA 혼성화 프로브(DNA hybridization probe)로 이용하게 된다. 각각의 제한효소 단편들은 프로브로써 이용될 수 있으나 순순한 형태로 각각의 단편들이 공급되어야 한다.

각각의 제한효소 단편들을 직접 분리한다는 것은 매우 어렵다. 그러나 다행히도 이렇게 하려고 할 필요는 없다. 대신에 우리는 유전자 클리닝(gene cloning) 기술과 매우 정확하게 DNA를 복제하는 대장균(*E. coli*)과 같은 박테리아의 능력을 이용할 수 있다. 이 기술로 제한효소 단편들은 박테리아 plasmid 속으로 흡수 결합하며, 그 플라스미드(plasmid)는 박테리아 세포 속으로 형질전환(transformation) 된다. 그런 후에 박테리아 자신이 자라서 분열함에 따라 플라스미드(plasmid)를 복제한다. 이들 형질전환 된 박테리아를 배양해서 플라스미드(plasmid)를 분리함으로써 우리는 식물의 혼성화 탐침(hybridization probe, 혼성화를 위해 사용되는 탐침)로 이용에 적합한 단일 DNA 제한효소 단편을 대량으로 얻을 수 있다. 유용 제한효소 단편을 지닌 박테리아 스트레인(strain, 종으로 인정되기 전 단계의 라인)은 장기간 보존될 수 있으며, 반복적으로 이용하거나 다른 실험자가 이용할 수 있도록 분양할 수 있다.

핵 DNA의 RFLP를 탐색하기 위하여 복제된 DNA를 사용하는 방법은 다음과 같다.

RFLP 차이를 비교하기 위하여 식물에서 DNA를 분리하여 제한효소로 절단한 다음에는 아가로스(agarose gel) 상에서 전기영동에 의하여 분류된 수백만의 제한효소 단편들의 형태로 존재하는데, 특정 단편들을 찾기 위한 DNA-DNA 혼성화(hybridization)를 하기 위해서는 탐침 DNA(probe DNA)와 겔(gel)의 DNA가 단일 가닥(single strand) 상태로 변성(denature)되어야만 한다. DNA를 변성시키고 '서던 블롯 전이(southern blot transfer)'라 불리는 방법에 따라 DNA가 겔(gel)로부터 얇은 막 필터(membrane filter)로 전이되는, 즉 혼성화(hybridization)를 쉽게 하기 위해서는 NaOH와 같은 염기성 용액에 겔(gel)을 침지시킨다. 이 겔(gel)과 같은 크기로 여과지(filter)를 잘라서 직접 겔(gel)에 올려놓으면 DNA는 겔로부터 필터로 용출되어 나오게 된다. 따라서 겔과 필터가 직접 접촉되므로 겔에 있는 제한효소 단편의 전기영동 패턴(pattern)이 그대로 필터로 옮기게 된다. 변성된 DNA는 매우 단단하게 필터(filter)와 결합하게 되며 그 필터는 혼성화(hybridization) 실험에 반복해서 사용할 수 있다.

서던 블롯 전이(Southern bolt transfer)에 의하여 준비된 필터는 라이브러리(library)로부터 클론(clone, 복제)된 프로브(probe)들 중 하나와 RFLP를 탐색할 수 있는데, 기본적으로 이 과정은 복제(clone)된 프로브의 변성(denaturing)과 핵 DNA 단편이 결합된 필터와 혼성화(hybridize)하는 과정으로 구성되어 있다. 적당한 온도와 염(salt) 농도 조절하에서 변성된 프로브는 필터에 결합한 제한효소 단편 중에서 상동성(homology, 구조나 형질이 유사한 것)가 있는 특정 단편과 특이성으로 혼성화(hybridization)하게 된다. 그러나 프로브(probe, 탐침)가 혼성화된 것을 관찰하기 위해서는 일정한 방법으로 프로브를 라벨(label) 해야 한다.

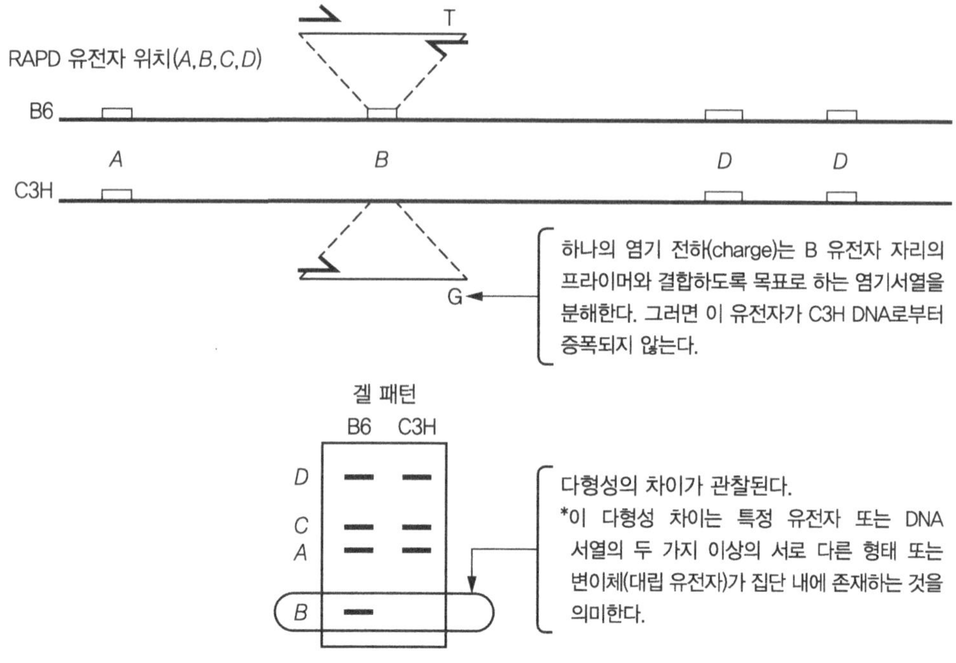

그림 3-2. 다형성의 위치를 알아낼 수 있는 RAPD 기술(출처: http://www.informatics.jax.org/)

가장 일반적인 방법은 ^{32}P 동위원소로 프로브를 라벨화(labeling) 하는 방법이 이용되고 있다. 라벨이 된 프로브의 DNA 필터를 혼성화된 제한효소 단편을 관찰할 수 있도록 자가방사선술(autoradiograph, 전자현미경에서 오토라디오그래피는 방사성 동위원소를 포함하는 물질로 표지된 생체 시료의 특정 부위를 관찰하는 방법임)을 시행한다. 이러한 방법으로 고등식물 DNA의 복잡한 단편들 속에서 개개의 제한효소 단편을 찾을 수 있다. 최근에는 동위원소를 사용하지 않는 탐침 라벨링(probe labeling) 기술을 적용할 수 있다.

3) 무작위 증폭 다형성(RAPD)

무작위 증폭 다형성(RAPD) 기법은 염색체 DNA(genomic DNA)를 주형(template)으로 하여 9~12bp의 작은 프라이머(primer)를 이용하여 DNA를 증폭시키는 방법으로 반응 산물을 아가로스 겔(agarose gel) 상에서 전기영동을 한 후 EtBr로 염색하면 증폭된 DNA 밴드 패턴(band pattern)을 알아볼 수 있다. RAPD에서 증폭된 DNA의 변이는 합성 프라이머의 염기배열을 임의로 바꾸어 이용함으로써 다양한 DNA 밴드 패턴의 변이를 얻을 수 있다. RAPD 기법은 작은 게놈(genome)을 대상으로 할 때 적당한 방법으로 알려져 있는데 이러한 RAPD 기법에 의한 다형성(polymorphism, 동종 집단 가운데에서 2개 이상의 대립형질이 뚜렷이 구별되는 것으로 사람의 ABO식 혈액형 등에서 볼 수 있음)은 한 품종에서 나타나더라도 한 품종에서는 나타나지 않거나 동일 품종에서도 재현성 변이가 있을 수 있다. 따라서 RAPD를 이용할 때 반응 용액 중에서 완전한 게놈이 주형(template)으로서 포함되도록 DNA 추출 시 유의하여야 하며 일단 다형성(polymorphism)이 찾아지면 그 재현성을 2~3회의 반복 실험을 통하여 검증하여야 한다.

표 3-1. RFLP와 RAPD의 기법 비교

RFLP(제한효소 절편 길이 다형성)	RAPD(무작위 증폭 다형성)
1. 유전자형 중 제한 엔도뉴클레아제 부위의 위치 변이를 기반으로 한다. 2. 서던 블롯 분석을 한다. 3. 무선 및 비무선 라벨 프로브를 사용한다. 4. 서로 다른 유전자형에서 유래한 동일한 크기의 제한 단편이 유전적 유사성으로 해석된다. 5. 많은 양의 DNA가 필요하다. 6. 다형성을 분석하는 데 며칠(많은 시간)이 걸린다. 7. 많은 프로브가 필요하다.	1. 삭제 및 변화에서 염기치환의 변화를 기반으로 한다. 2. 단지 젤 전기영동만 수행한다. 3. 증폭된 DNA 조각의 크기가 동일할 가능성이 높지만 항상 그런 것은 아니다. 4. 소량의 DNA만 필요하다. 5. Taq와 PCR 기계가 필요하다. 6. 다형성을 감지하는 데 몇 시간밖에 걸리지 않는다. 7. 무작위 프라이머만 필요하다.

4) DNA 시퀀싱

DNA의 염기서열을 알아내는 것은 분자생물학 연구에 있어서 가장 기본적인 정보를 제공해 주는 실험이다. DNA의 시퀀싱(sequencing)은 1977년에 이르러 거의 동시에 개발된 두 가지 방법에 의해 비로소 가능하게 되었다. 그 두 가지 방법은 생어(Sanger)와 쿨손(Coulson)이 개발한 염기서열 분석법에서 연쇄종결반응(chain termination, 1977년에 개발하여 일찍 개발되고 널리 상용화된 염기분석 방법)과 맥삼(Maxam)과 길버트(Gilbert)의 화학분해(chemical degradation) 방법이다. 초창기에는 화학분해(chemical degradation) 방법이 더 많이 사용되었으나, 점차 염기서열 분석에서 연쇄종결반응(chain termination) 방법을 선호하게 되었다. 그 이유는 염기서열 분석에서 연쇄종결반응(chain termination)이 발전됨에 따라 훨씬 긴 염기서열을 빠른시간 내에 읽을 수 있게 되었기 때문이다.

염기서열 분석에서 연쇄종결반응(chain termination) 방법의 원리는 다음과 같다. DNA 중합효소(polymerase)는 DNA 복제 과정에서 주형이 되는 DNA 가닥에 상보적인 DNA를 붙이는 역할을 하는데 이 주형(template) DNA에 상보적인 DNA를 합성할 때 사용하는 기질은 dNTP이다. dNTP의 3' 위치 탄소에는 −OH기가 붙어있는데, 이 −OH기의 산소원자에 다음 dNTP가 연결되어 이어지게 된다. 그런데 만약 3' 위치에 산소원자가 없는 디데옥시뉴클레오타이드 삼인산(ddNTP)는 DNA 시퀀싱을 위한 생어가 개발한 방법에 사용되는 DNA 중합효소의 사슬 연장 억제제이다. 리보스의 2' 및 3' 위치 모두에 하이드록실기가 없으므로 2', 3'이라고도 하며 ddNTP(ddGTP, ddATP, ddTTP 및 ddCTP)로 약칭된다. 이 ddNTP를 넣어주면 다음 dNTP를 붙일 수 없으므로 DNA 합성이 정지된다. 이 원리를 이용한 것이 ddNTP 연쇄종결반응(dideoxy chain termination) 방법이다.

즉, 기질로 dNTP(dGTP+dATP+dTTP+dCTP) 외에 ddGTP를 조금 섞어 사용하면 dGTP가 들어갈 자리 중 일부(보통 40번에 한 번)에 ddGTP가 들어가게 되고 반응이 정지된다. 따라서 G자리에서 반응이 정지된 다양한 길이의 DNA 조각들이 만들어지게 되는 것이다. 마찬가지로 A,T 혹은 C 자리에서 반응이 정지된 DNA 조각들을 얻을 수 있고 이 DNA 조각들은 전기영동을 하여 길이 순서대로 분리한 후, 순서대로 읽으면 그것이 곧 합성된 DNA의 염기서열이다.

5) DNA 다형성

분자생물학은 단백질 전기영동(protein electrophoresis)을 포함하고 있는 모든 이전의 실험 방법들보다 더 큰 분석을 가진 유전적 변화(변이)연구를 위한 더 힘 있는 수단들을 제공했다. 어쨌든 식물 개체군과 종들의 분자 변화(다양성)의 현재 지식은 아직 부족하다. 흔히 멀티 카피 유전자(multi-copy gene)는 소수의 종과 유전자들(genes)에 제한되어 있다. 주요한 원인으로 DNA 방법들에 있어 기술들의 비교적 새로운 첨가는 시간 소비와 상대적인 비용이고, 그것의 의미들은 자료 샘플(sample)의 크기 분석이 개체군 관점에서 작고, 그러므로 통계상 시험 가설의 능력은 제한되어 있다. 그러나 환경은 빠르게 변화하고 자료는 점점 축적된다. 핵산(nucleic acid) 기술들의 주요한 이점은 시퀀스(sequence)에 어떤 종류의 정보를 주고 아이소자임(isozyme)뿐만 아니라 저장 단백질들과 같은 비-아이소자임(non-isozymetic)의 높은 표현이다. 지금 전체 게놈(genome)과 그것의 성분들에 관한 정보를 얻는 것은 가능해졌고, 단백질 전기영동(protein electrophoresis)의 우수한 한계는 단지 시퀀스(sequence) 번역의 정보를 준다.

분자의 유전적 방법들은 변이의 검출이 코딩(coding) 지역의 제한이 아니라 특별히 돌연변이의 결과들의 모든 범주들을 검출할 수 있기 때문에 단백질 전기영동(protein electrophoresis)의 2가지 주요 한계들을 극복할 수 있다. 정보는 프로브들(probes)을 이용하고 제한효소들을 사용할 수 있는 수들에 의존하는 RFLP 기술을 얻었다. 각기 다른 프로브는 염색체 DNA(genomic DNA) 단편들의 다른 세트(set)를 가진 잡종들이고, 각 효소는 다른 위치에 있는 염색체 DNA(genomic DNA) 단편들을 잘라낸다. 제한 위치들은 유전적 위치에 저장하고, 자료를 해석한다.

개체군 분석의 대부분은 염색체 DNA(genomic DNA)로, 반복성의 또는 단일 복사, 또는 cDNA에서 복사할 mRNA로부터 얻은 익명의 프로브(probe)들을 가지고 수행한다. 각 무작위 유전체(genomic)나 cDNA 프로브(probe)는 단일 위치에서 표현한다. 위치의 공평한 선택과 할당은 개체군과 종들의 유전적 변이의 수준이 직접적인 평가를 준다. 염색체 DNA(genomic DNA)로부터 복제된 비암호화(non-coding) 파편의 다수는 자연적으로 선택적이고, 표현되는 시퀀스(sequences)는 cDNA 클론들보다 더 빠르게 갈라진다. 자리에 놓인 어떤 것들은 밀접하게 관련된 변이와 배양체들의 구별이 알맞다. 반면에 cDNA 프로브(probe)들은 보존된 시퀀스(sequences)가 매우 공정하게 표현되고, 그들에게 이 가능성을 교잡이 덜 연관된 분류학적 그룹들의 마커(marker)로써 사용된다.

여러 가지 수학적 모델들은 개체군과 발달의 수준이 RFLP 자료 분석으로 사용될 수 있다. 시퀀싱(sequencing) 기술들의 주요한 이 점은 그들이 우리에게 수와 뉴클레오타이드(nucleotide, 핵산을 구성하는 단위체로 당, 염기, 인산으로 구성된 분자임) 수준에서 유전적 변화의 종류를 정확히 알게 시키는 것이고, 유전적 변이의 안에서와 개체군과 종들 사이에 확실한 측정보다 더 가까이 존재한다. 시퀀싱(sequencing) 기술들은 값이 비싸고, 힘이 들고, 시간을 소모한다. 이런 이유로 그들의 힘과 유전적 정보를 얻는 능력과 식물 유전자 염기서열(plant genes sequenced)의 수의 계속된 증가에도 불구하고, 그들은 단지 소수의 개체군 인구들을 사용한다. 즉, 같은 유전자는 개체군이나 종들의 독특한 의미 있는 수에서 시퀀스를 한다. PCR은 다수의 DNA 시퀀스 변화를 검출하는데 충실한 분자 DNA 분석에 매우 유망한 기술로 표현한다. 다른 방법으로 지금까지 RFLP는 개체군이나 변이를 동정하는 가장 효과적인 DNA 기술이고, 비록 RAPD의 사용이 증가할지라도, 이 상황에서 영향을 의심하지 않아도 될 것이다. RFLP에 대해 RAPD의 이점은 RAPD는 아주 빠르고, 매우 쉬운 기술에 의해 분석되고, 그것은 몇 년 안에 아마도 개체군과 발달의 연구들에 RFLP보다 더 많은 마커(marker)로 공헌할 것이다. PCR에 의한 다형성(polymorphism) 분석은 이미 곡류들과 콩과 식물들의 동정에 그들이 유용하다는 것을 증명하였다.

제4장 유전체계와 육종

1. 웅성불임

넓은 의미에서 불임성은 제대로 결실하지 못하여 다음 세대를 계승할 식물이 생길 수 없는 모든 경우를 말한다. 그러나 좁은 의미의 불임성은 화아분화 이후 어떤 결함에 의하여 일어나는 생식만을 식물의 불임성이라고 한다. 불임성이 생기는 원인에 따라 이것을 분류하면 환경적 원인에 의한 불임성, 유전적 원인에 의한 불임성 등으로 나눌 수 있다.

1) 환경적인 원인에 의한 불임성

불임이 되는 환경적 요소로는 영양, 광선, 수분, 온도, 병충해 등을 들 수 있다. 영양이 관계하는 불임에는 영양분이 과할 정도로 좋은 나머지 생식 작용이 억제되는 경우와 그 반대인 경우가 있다. 광선이 불임성에 영향을 끼치는 것은 주로 CN 비율에 따라 좌우되는 것으로 알려져 있으며, 콩이나 목화의 경우에는 수분이 불임의 주요 원인으로 되어있다. 온도에 의한 불임성은 벼에 있어서 15℃ 이하가 되면 꽃가루가 해를 받아 불임이 되는 경우가 있는데 이러한 환경에 의한 불임성은 환경조건만 개선이 되면 극복할 수 있다.

2) 유전적 원인에 의한 불임성

불임에 관여하는 유전자에 의한 불임, 교잡에서 볼 수 있는 불임 등이 여기에 속한다. 유전자에 의한 불임은 자성불임(female sterility)과 웅성불임(male sterility)으로 나눌 수 있는데, 실제로 웅성불임이 더 큰 문제가 된다. 정상적인 양친에게서 나온 F_1에서 나타나는 불임으로는 같은 종 내(intra species) 접종으로서 벼의 자포니카(*Japonica*)×인디카(*Indica*)에서 나타나는 불임과 종 외(inter species) 잡종으로서 속간잡종인 밀(*Triticum vulgare*, n=21)×호밀(*Secale cereale*, n=7)에서 나온 F_1의 불임 등이 있으며, 같은 종류에서도 염색체의 차이에 의한 불임이 일어나는 일도 있다. 또한 생식기관의 성적 결함(impotence)이 있는 것이 원인이 되어 나타나는 경우를 배우체 불임성(gametic sterility)이라 하며, 접합체가 배나 종자의 형성 과정 중의 어떤 시기에 퇴화하여 발아력을 가진 종자를 얻을 수 없게 되는 경우, 즉 접합체 불임성(zygotic sterility), 그리고 세포질적 불임성(cytoplasmic sterility) 등이 있다. 특히 웅성불임(male sterility)은 웅성기관의 형태적 또는 기능적 이상 때문에 수분, 수정, 종자 형성이 이루어지지 않는 현상을 말한다. 웅성불임은 환경적인 일시적 변이로서 발현하는 경우와 유전형질로서 발현하는 경우가 있다. 전자는 영양 조건의 불균형, 온도, 일조 등의 이상에 의해서 나타나는 것이지만, 후자는 화분불임성, 웅예불임성, 수정불능 등에 의해 나타나는 것이다. 웅성불임은 ① 핵 웅성불임(nuclear male sterility, NMS), ② 세포질적 웅성불임(cytoplasmic male sterility, CMS), ③ 유전적인 것이 아닌 화학적 유도에 따른 웅성불임 등으로 나눌 수 있다.

(1) 핵 웅성불임

핵 웅성불임(nuclear male sterility, NMS)은 자연적인 현상으로 옥수수, 토마토, 보리 같은 종에서 이러한 돌연변이체(mutant)들이 빈번하게 나타난다. 듀빅(Duvick, 1996)에 의하면 이는 모든 이배체(diploid) 종에서 발견된다고 한다. 모든 식물이 웅성불임 개체군을 만드는 것은 아니고 웅성불임이 생길 확률은 50%이며, msms×MSms 여교배(backcross)에서 획득된다. 핵웅성불임에서 이 돌연변이(mutation)의 결과가 몇몇 중요한 곡류작물에서 유도되었고, 이 핵웅성불임은 여러 개의 열성유전자(recessive gene)에 의해서, 폴리진(polygene)에 의해서 또는 우성유전자(dominant gene)에 의해서 조절된다는 것이 발견되었다.

(2) 세포질 웅성불임

식물 자체가 유전적인 결함으로 임성의 화분을 만들지 못하는 것이 웅성불임인데, 세포질에 있는 미토콘드리아 유전자에 의하여 웅성불임이 되는 현상을 세포질 웅성불임(cytoplasmic male sterility, CMS)이라고 한다. 식물의 웅성불임성에 대하여 많이 연구되고 있는 것은 이 웅성불임을 이용하여 잡종종자의 생산이 편리하며 경제적으로 이용될 수 있기 때문이다. 세포질 웅성불임 식물들은 돌연변이에 의하여 주로 나타나지만, 교배 과정에서도 종종 나타난다. 연속적인 여교배(backcross)는 한 종의 핵 DNA를 다른 DNA로 대체시키는 결과를 가져오게 되는데, 때때로 이것이 세포질 웅성불임 식물체를 유도하기도 한다. 이러한 현상은 원래 유전자형에 존재하는 임성회복유전자(fertility restorer gene)가 제거됨으로써 나타난다. 세포질 웅성불임은 멘델(Mendel)의 유전 양식을 따르지 않고 모계유전이 되며, 140여 종이 식물에서 발견되었다. 세포질 웅성불임(CMS)은 자가가소적(autoplasmic, 자기 조직을 이용하여 손상된 신체 부위를 복원하거나 재건하는 것) CMS와 타가가소적 (alloplasmic) CMS로 나눌 수 있다. 자가가소적(autoplasmic) 세포질 웅성불임(CMS)은 대부분 미토콘드리아 게놈과 같은 세포질에서 자연적인 돌연변이(mutation) 변화의 결과로 한 종 내에서 일어나는 것을 말하는 것이고, 반면에 타가소적(alloplasmic) 세포질 웅성불임(CMS)은 종간(interspecific)이나 때때로 종내(intraspecific) 교배로 만들어지는 것을 말한다. 이 범위는 종 외 원형질(protoplast) 융해 생산에서의 세포질 웅성불임(CMS)이 포함된다. 1972년에 140여 종의 CMS가 알려졌는데 자연적인 자가가소적(autoplasmic)으로는 56%가 분류되었다. 자연적인 자가가소적(autoplasmic) 세포질 웅성불임(CMS)은 자연적인 NMS 빈도의 1/4이라고 한다.

세포질적 웅성불임(CMS)의 핵 유전 조절은 하나 또는 그 이상의 열성유전자에 의해 현저한 지배를 받지만, 우성유전자와 폴리진(polygene) 역시 CMS를 지배한다고 보고된 바 있다. CMS의 원인에 관한 몇 가지 이론들이 있는데 아타나소프(Atanasoff, 1964)는 CMS의 원인이 바이러스의 감염이라고 했다. 이는 그 당시에 자가가소적(autoplasmic) CMS를 그럴듯하게 설명했고, 피튜니아에서 이식 전이(graft transition) CMS의 보고에 적합했지만, 최근 실험에서 바이러스 감염가설이 정확하지 않고 피튜니아에서의 웅성불임은 변이 미토콘드리아 DNA의 배열과 관련되어 있다는 것이 밝혀졌다. 드물지만 예외로 잠두(*Vicia faba*)의 세포질 웅성불임(CMS) '447'은 바이러스 감염과 관련이 있는데 이는 아주 불안정하고 바이러스입자의 함유량에 많은 영향을 받는다.

세포질(cytoplasm)에서 미토콘드리아의 위치 변화가 CMS를 일으킨다고 처음 로데스(Rhoades, 1950)에 의해 처음 제안되었는데, 이는 분자 기술(molecular techniques)이 실용화되었을 때 CMS의 미토콘드리아 기원설의 뒷받침이 되었다. 다른 mtDNA 제한효소 처리(restriction enzyme digestion) 형식이 미토콘드리아 게놈에서 변이체 내(intra)나 외(inter) 분자 DNA의 재조합에 영향을 미친다는 것이 분명해졌다. 이것은 변형되어 존재하는 유전자 또는 새로 만들어진 유전자가 웅성불임의 표현형과 관계가 있다는 것을 말한다. 또한 피튜니아(Petunia)와 십자화과(Brassica)에서 CMS 체세포잡종의 미토콘드리아 엽록체(chloroplast) 게놈분석과 옥수수의 T와 S 웅성불임 세포질(cytoplasm)의 임성회복친 연구로부터의 증거가 세포질 웅성불임(CMS)은 미토콘드리아의 불균일과 미토콘드리아 게놈을 가진 CMS의 조합에 기인한다는 결론을 뒷받침하고 있다.

그러나 확실한 증거인 미토콘드리아 게놈에 연관된 세포질 웅성불임(CMS)은 몇몇 종에서만 존재하고, 때때로 세포질 웅성불임(CMS)은 cpDNA에서 변화에 연관되어 있다는 것을 제외할 수는 없다. 따라서 적어도 cpDNA는 담배 속(Nicotiana), 목화 속(Gossypium)과 수수 속(Sorghum)에서의 CMS에 기여한다.

3) 화학적 웅성불임

화학적 웅성불임(chemically induced male sterility)은 화학제(살정제) 처리 등에 의한 웅성불임 유기하는 것으로 불임 발생률이 낮고 실용화되지는 못하는 측면이 있다. 경제적으로 중요한 작물에서 적합하고 기능적인 웅성불임 개체의 부족으로 잡종 변이를 개발하는 데 어려움이 많아 화학물질을 이용, 웅성불임을 유도하는 데, 이러한 화학적 혼성제(chemical hybridizing agents, CHA)를 성공적으로 생산하려면 적합한 수의 적용과 알맞은 환경조건이 요구된다. CHA 생산의 중요한 문제점은 웅성불임 효과의 부족과 부분적인 자성불임(female sterility)이 영향과 식물의 독성이다. 또 다른 제한 인자는 발육단계의 간격인데, 이 간격이 좁거나 불리한 기상 조건이 되면 이것에 의해 방해를 받는다. 35년 전 화학적 불임으로서 웅성변이를 처음으로 시도한 이래 많은 연구를 하고 있지만 아직도 만족스러운 결과가 나타나지 않고 있다.

4) 식물육종에서의 웅성불임의 이용

식물육종에서 웅성불임의 중요한 역할은 잡종종자의 생산과 모집단(population)의 용이한 개량 도구, 여교잡(backcross), 속간잡종과 다른 육종 결과를 중재하는 것이다.

(1) 하이브리드 종자생산(hybrid seed production)

잡종종자는 전통적인 종자에 비해 여러 가지 환경적인 조건에 우수한 형질을 나타내어 생산량의 증가를 가져온다. 잡종 옥수수에서 성공한 잡종육종방법은 이제 사탕수수, 사탕무, 해바라기, 토마토, 홍당무, 양파, 그리고 몇몇 그 밖의 밭작물과 채소, 장식용 작물에서 이용되고 있다. 잡종강세를 효과적으로 이용하는 것은 양적인 면에서 잡종종자의 생산을 가능케 했고 직접 재배자가 F_1을 기를 수 있게 했다. 지난 50여 년 동안 식물육종학자들은 식물 개체군에서 다른 웅성불임을 도입했고 화기 구조의 형태학과 육종 체계(system)에 의해 부과된 큰 규모의 조절된 잡종에 대한 제한을 피하려고 웅성불임을 이용해 왔다.

(2) 핵 웅성불임(nuclear male sterility, NMS)

핵의 유전자 돌연변이에 의해 웅성기관의 기능이 저해되는 것을 말한다.

① 열성 핵 웅성불임(recessive NMS)

잡종종자의 생산에서 NMS는 이들의 이용이 매우 제한되는 단일화된 웅성불임 개체군의 생산을 인정하고 있지 않는데, 큰 규모의 잡종종자생산에서 열성 핵 웅성불임(recessive NMS)의 이용이 인정되는 이유는 msms×Msms의 여교배(backcross)로부터 생겨나는 50%의 웅성가임 식물을 솎아낼 필요성에서이다. 웅성불임 식물과 가임 식물의 안전한 분류는 개화 전까지는 알 수 없으므로 잡종종자 대규모의 경제적인 생산에서 이를 분류하는 것은 어렵고 비용이 많이 든다. 이 문제는 몇 가지 의미를 가지는데, 영양번식과 선발을 돕는 마커(marker)로, 수정능력의 일시적인 회복과 기능적인 웅성불임으로의 이용이다. 잡종종자 생산에서 웅성불임 식물의 영양번식은 주로 장식식물에서 이용되는데 이 식물의 종자는 가격이 비싸다. 하지만, 미세번식(micropropagation)의 값싸고 유용한 방법의 개발과 함께 잡종종자 생산은 영양 번식된 이형접합자 웅성불임 유전자에 기본을 둔 것으로 이는 특히 채소 작물의 증식에 중요하다.

60여 년 전 싱글턴과 존스(Singleton & Jones, 1930)가 옥수수에서 마커(marker)로써 사용되는 색깔 유전자가 웅성불임유전자와 연관되어 있다고 제안했다. 이런 마커(marker)와 함께 가임 식물에서 종자 결실은 파종 전에 제거되어야만 웅성불임 식물의 순수한 계통의 생산이 인정된다. 따라서 옥수수에서 흰 배유와 보리에서 보이는 주름진 내배유같은 종자 형질을 포함하는 마커 보조 선발(marker-assisted selection, MAS)의 선발의 몇몇 비슷한 시스템이 발달하였다. 이것은 퍼듀대학교(Purdue Univ., USA)에서 나온 새로운 토마토 세동을 제외하고 종자 마커(marker)가 열성 웅성불임과 가깝게 연관되어 있음을 보여준다.

최근에 요르겐센(Jorgensen, 1987)은 유전적 전이를 통한 연관의 합성을 제안했는데 여기에서 알맞은 웅성불임 유전자를 운반하는 수많은 식물의 각각에서 무작위적인 위치에 적당한 마커(marker) 유전자의 도입이 인정되며, 변형된 식물의 후대 연관분석에서 마커(marker)와 웅성불임 유전자 사이의 연관이 인정되었다. 어떤 잡종 육종프로그램에서도 확실한 웅성불임 유전자와 적절한 마커(marker), 유용한 변환-재생 시스템(transformation-regeneration system)을 전제조건으로 한다. 염체상의 선택할 수 있는 기작(mechanism)과 함께 조합 웅성불 임 유전자인 세포질 유전(cytogenetic) 방법은 순수한 웅성불임개체들은 생산할 수 있게 했다.

처음에 라마지와 위브(Ramage & Wiebe)에 의해 제안된 삼차삼염색체성(balanced tertiary trisomic, BTT) 체계에서 이것은 전이된 예외적인 염색체를 통해 열성 웅성불임유전자에 상응하는 정상적인 두 개의 염색체가 운반되는 동안 수행되는데, 이는 우성 웅성불임 유전자와 가깝게 연과되어 전좌의 구분점이 되는 곳으로 운반된다. 처음 BBT 체계의 조절로 여분 염색체(extrachromosome)는 웅성불임 유전자좌(locus)의 우성대립유전자와 열성치사 마커(marker)

유전자를 운반하는데, 이는 서로 가깝게 연과되어 있고 전좌의 구 분점이 된다. 3배체(trisomic) 식물같은 자가수분식물에서 여분 염색체(extrachomosome)는 난세포(egg cell)를 통해 그 계통의 생존할 수 있는 수정된 자손의 결실과 보존을 전달한다. 3배체(trisomic)가 msms 암꽃에서 수분자로서 이용될 때 여분 염색체(extrachomosome) 전달되지 못하고 따라서 자손은 100% 웅성불임이 된다.

BTT 시스템은 잡종보리변이생산을 위해 개발되었고 이는 제한된 범위에서만 사용되어왔다. 옥수수를 위한 다른 시스템이 개발되었는데, 열성 웅성불임 유전자는 염색체 결핍과의 반발작용에 연관되어 있으며, 웅성 배우자의 운송결핍으로 기능을 하지 못하면 BBT 시스템과 비슷한 결과를 초래한다. 또 밑에는 더 복잡한 XYZ-시스템이 있는데, 이는 외부 염색체의 첨가를 포함한다. 이 두 개의 어느 것도 실용적인 사용에 대해서 언급된 시스템은 없다. 어떤 환경에서 자가수분을 통한 순수한 핵 웅성불임(nuclear male sterile) 계통의 육종이 가능하다. 그러나 이것은 식물은 어떤 환경에서 다른 환경에서는 아니지만, 화분(pollen)이 불임일 것을 요구한다. 따라서 한체와 가멜만(Hansche & Gabelman, 1963)은 당근에서 부분적인 웅성불임을 발견했는데, 이는 다른 환경에서 특이한 침투성을 가지며, 한 위치에서 종자를 증가시키는 것과 다른 곳에서 잡종종자를 생산하기 위해 웅성불임 방어벽을 기르는 것이 가능하다.

이와 유사하게 양(Yang, 1988) 등은 민감한 광주기(phtoperiod)에 있어서 부분적인 웅성불임의 이용에 대해 언급을 했는데, 이는 잡종 쌀의 상업적 생산을 위해서였다. 그러나 어떤 환경적인 조건에서 증진된 화분(pollen)의 수정능력은 화분 발달의 불안정한 시기동안 얼마정도 나타나는데, 이는 잡종 종자생산에 있어서 포장(field)에서 불임분석상 위험하다. 또는 몇몇 화학적 물질이 다양한 종류의 웅성불임식물에서 일시적으로 수정능력을 회복시키는데 이용되었는데, 즉 지베렐린(GA_3)는 옥수수의 변이인 콘 그래스(corn grass)에서, 토마토의 수술이 없는 변이에서, 또한 보리의 NMS에서 pollen의 수정능력을 회복시킨 것으로 보고되었다. 웅성불임의 화학적 회복의 장점은 완전한 수정능력회복을 이룰 필요가 없다는 것이다. 또한 식물의 입장에서 보면 화학적 처리의 효과가 잡종종자가 자라는데 이용되지 않기 때문에 심각한 문제가 없다.

잡종종자 생산에서 일시적인 화학적 수정능력 회복에 의해 제공된 이 가능성 때문에 몇몇 학자들은 이것을 field에서 보충 조사할 것을 권한다. 시험관 내의 옥수수에서 두 종류의 NMS의 발달과 회복에 대한 GA_3를 포함하는 다른 12개의 식물생장조절제의 효과를 패리디(Pareddy, 1990)가 보고했다. NMS의 회복에 있어서 식물생장조절제에 더해서 영양적인 면과 환경적인 요인이 아마도 포함되었을 것이라고 결론을 내릴 수 있다. 잡종종자 생산에서 웅성불임의 기능적인 이용에 대한 시도 또한 이루어졌는데, 즉 로버(Roever, 1948)는 토마토에서 열성 유전자에 대해 설명했다. 이는 종피가 터지지 않은 약(anther)에서 정상적인 화분(pollen)을 생산하는 것으로 보통은 종피가 터지지 않으면 자연적인 수분을 방해한다. 그러나 이 변이는 손으로 약(anther)의 터짐을 유발시킬수 있어 수정시킬 수 있다. 따라서 이 웅성불임 변이가 쉽게 유지될 수 있고 거세 없이 잡종종자생산에 이용될 수 있다. 이런 유사한 변이가 옥수수, 가지, 콩에서 발견되었다. 언급한 변이의 몇몇은 잡종종자생산을 위해 가능성이 있어 보이지만, 상업적으로 이용된 것은 없다. 그러나, 최근에 기능적인 웅성불임 모계 계통과 티아민 의존성(thiamine-dependant) 부계 계통을 포함하는 잡종 토마토종자의 생산을 위한 방법이 설명되었다. 이 시스템은 헝가리 토마토 육종에 도입되어졌다.

② 우성 핵 웅성불임(dominant NMS)

우성 핵 웅성불임(NMS) 유전자는 당근, 면화, 밀과 서양유채를 포함하는 몇몇 곡류에서 나타난다. 우성 NMS가 주기적인 선발 프로그램에서 교잡을 촉진하는데 이용된다할지라도 잡종종자생산에 이것의 이용은 정상적인 유전을 방해한다. 그러나 최근에 벨기에(Belgium)와 캘리포니아 대학의 식물유전체계(plant genetic system)에서 약 타페툼 특이유전자(anther tapetum specific gene, TA29)와 리보뉴클레아제(ribonuclease) 유전자(RNase)로 구성된 가공의 유전자를 가진 담배와 서양유채를 형질전환시켰다. 이 가공의 유전자의 표현은 약(anther)의 융단세포를 파괴시켜 웅성불임 식물을 유발한다. 영향을 받고도 변형되지 않은 자성가임식물은 모든 다른 항목에서 정상이다. TA29-Rnase 유전자는 우성 제초제저항성 유전자에 대한 연관에 의해 웅성불임식물의 단일화된 개체를 생산하기 위해 상응하는 제초제로 이용이 가능하다. 이 같은 그룹은 또한 RNase 유전자의 효과가 억제된 복귀유전자와 동일시된다. 따라서 그림1에서 보여지는 계획형태에서 잡종종자개발을 위한 이 우성 핵웅성불임계(NMS system)의 이용이 인정된다. 유전적으로 조작된 우성 핵웅성불임계(NMS system)의 패턴을 정리했다. 4개의 체계 즉 미국 농무성(Agricultural Research Service, USDA), 캘리포니아 대학 식물 유전 센터(Plant Gene Expression Centre, Albany) 등에서 발달한 것은 필요할 때 스스로 파괴(자살 유전자)되는 화분(pollen)을 가진 식물의 생산을 목적으로 한다.

(2) 세포질 웅성불임(CMS)

어느 정도의 예외를 제외하고 세포질 웅성불임(CMS)은 잡종종자생산에 있어서 가장 중요한 system인데, 잡종종자를 효과적이고 경계적 양면에서 생산이 가능하다. CMS의 유전은 핵에서 조절되는 양파에서 설명할 수 있는데 이는 단지 하나의 열성유전자에 의해 수행된다. 그림2에서 보는 것처럼(이것은 단지 불임 세포질(cytoplasm)과 열성유전자 rf, (S)sfsf인 동형접합체의 조합임) 웅성불임의 결과이다. (N)rfrf구조의 인자형은 웅성불임 식물이 이 인자형에 의해 수분이 될 때 동일한 웅성불임 자손을 생산할 수 있기 때문에 유지친이라고 불린다. 양파의 CMS의 경우에서와 같이 회복친(restorer) 유전자는 아마도 열성 유지(maintainer) 유전자의 우성대립유전자일 것이고 따라서 회복친(restorer) 유전자형태는 (N)RFRF이다. 그러나 이 회복(restoration)은 빈번히 다른 핵(nuclear) 유전자의 내포와 심지어 미토콘드리아 게놈(genome)에서의 변화의 수반까지 요구한다. 그림 2에서 설명되는 것처럼 잡종육종과 종자생산은 다음에 오는 물질과 절차를 요구한다.

① 유전자형 유지(maintainer genotype, (N)rfrf)

잡종육종에서 CMS의 이용을 원한다면 유지(maintainer) 인자형을 발견하거나 그 자신의 육종재료에서 도입해야 하며 그리고나서 그들의 핵(nuclear) 인자형을 불임 세포질(cytoplasm)으로 바꾼 것을 교배하고 여교배(backcross)를 한다. 종종 B-라인(B–line)이라고 불리는 유지(maintainer) 인자형은 N-세포질(cytoplasm)과 함께 어떤 정상인 수정능력을 가진 인자형과 비슷하게 보인다. 따라서 유지(maintainer) 인자형을 검정하기 위해 수정능력이 있는 식물과 각각의 세포질 웅성불임(CMS) 식물을 검정교배(testcross)할 필요가 있고, 웅성불임을 위해 자손을 분류할 필요가 있다. 다만 100% 웅성불임 식물로 구성된 자손의 특수한 검정교배(testcross)가 있다면 그 검정교배(testcross)에서 사용된 것은 유지(maintainer) 인자형이다. 또한 유지 식물의 인자형은 보통 자가수분을 통해 보존되는데, 이것은 또한 유지 계통 개발의 일부분이고 그 목적은 항상 동족 번식된 CMS계통의 개발을 위한 것이다. 유지(maintainer) 인자형의 빈도는 한 종내에서의 다른 불임 세포질(cytoplasm)에서뿐만 아니라 종과 종으로부터 상당히 다르다. 따라서 옥수수 모든 동족번식계통의 70%는 T 세포질(cytoplasm)이 유지(maintainer)이고 40%는 S 세포질(cytoplasm)이다. 비교적으로 대부분의 사탕무 개체군에서 식물의 단지 2~5%만이 오웬(Owen)에 의해 개발된 CMS를 유지(maintainer)한다.

② **세포질 웅성불임**(CMS)

한때 새로운 유지(maintainer) 계통으로 평가되어 졌고, 그것의 육종가치가 증명되었으며, 이것의 핵(nuclear) 인자형은 교잡과 되풀이된 여교잡(backcrossing)을 통해 불임 세포질(cytoplasm)에 옮겨졌다. 그 결과 세포질 웅성불임(CMS) 계통(A-line)은 소기관 게놈(organellar genome)을 제외하고 크게 다른 유지(maintainer) 계통이 되었다. 이것은 그것의 유지(maintainer) 대조물과의 더 먼 교배(crossing)에 의해 쉽게 번식될 수 있다.

③ **회복 유전자형**(restorer genotypes)

양파와 사탕무 같은 영양번식을하는 2년생 작물은 잡종 작물에서 웅성가임이 요구되지 않는다. 그러나 수확물이 종자인 사탕수수와 해바라 기 같은 작물에서는 수분친이 세포질 웅성불임(CMS) 모계로 사용이 된다. 그러나 CMS에 기본을 둔 잡종육종은 종종 지루하고 비용이 많이 들고 때때로 비실용적이다.

(3) 화학적 교잡제(chemical hybridizing agent)

잡종종자생산을 위해 CMS가 이용될 때, 유지(maintainer)의 개발과 동등한(equivalent) 세포질 웅성불임(CMS) 계통과 회복시키는(restorer)는 잡종육종을 위해 선행되어야 한다. 이 화학적 교잡제(chemical hybridizing agent, CHA)로 조합능력의 검정교배를 할 수 있고 이것으로 잠재적인 잡종친의 조절이 가능하다. F_1 잡종결과의 성과가 아주 충분하다면 상업적인 생산은 단순한 비율증가의 문제이다. 따라서 CHA는 적당한 조합을 찾기 위한 육종도구로서 대규모의 잡종종자생산의 도구로서 양쪽 모두에게 관심을 가질 수 있다. 지난 30여년동안 수많은 CHAs가 생산되어왔다. 몇몇 예외를 제외하고 이것들 또한 자성가임의 손실 또는 그 밖의 약화를 가져왔다. 이런 CHAs들은 여전히 중간(intermediate) 육종목적을 위해 유용하지만, 이들은 잡종종자와 확실한 발아의 대규모 경제적인 생산면에서는 아직 그 효과가 미비하다. 그러나 최근 몇 년간 새롭고 개선된 CHAs가 개발되었고 검정(test)되고 있다. 매우 효과적이고 안전한 CHA가 이용가능해진다면 주요 작물의 변이 개발에 아주 유용하게 사용될 것이다.

4) 중간 육종 절차(intermediate breeding procedures

중간 육종 절차(intermediate breeding procedures)는 잡종종자생산에 더하여 웅성불임은 여교잡(backcross)의 촉진, 조합능력검정교배, 이종간 잡종 등에서와 같은 식물육종 프로그램에서 매우 유용하게 사용된다. 방대한 유전자 풀(pool)이 성공적인 육종작업에 필요조건이라고 하더라도 육종자들은 대개 매우 제한된 수의 유용한 유전적 변이만을 이용했다. 즉 미국의 옥수수 육종 노력의 90%는 130종의 복합체 중에서 단지 3개에 바탕을 두고 있고, 유전적 변이성의 2% 미만 이 보리의 육종에 이용된다. 그러나 타가수정 종에서 새로운 유전적 변이성능 쉽게 육종개체군으로 도입이 가능하고 이것은 다양한 반복선발의 방법을 통해 개선된다. 자가수분 작물에서 이런 방법의 이용은 각각 선발 주기(cycle)에서 요구되는 교잡사이에서 선발된 인자형을 많은 수로 만드는 문제에 있어서 제한을 받는다. 그러나, 길모어(Gilmore)에 의해 처음으로 제안되었던 것처럼 핵웅성불임(NMS)는 자가수분작물의 육종을 위한 유효한 반복선발에 익숙해져 있다.

미국 보리 육종가 에슬릭(Eslick)은 이 과정을 '웅성불임 이용순환선발(male sterile facilitated recurrent selection, MSFRS, 웅성불임계통을 이용하면 수꽃은 자르지 않고, 즉 제거하지 않고도 원하는 교잡종을 생산할 수 있으며 이를 이용한 세대를 거치므로써 웅성불임계통만 순환시켜 선발하는 육종과정)'으로 이름을 붙였다. 라마지(Ramage)에 따르면 이것은 가장 단순한 형태로, ① 목적형질과 웅성불임을 위한 개체분리로부터 선발된 식물여기에는 웅성가임과 웅성불임 둘 다 포함된다. ② 선발된 식물의 상호교잡(intercrossing, 타식성 작물들 사이에 임의로 교배되는 것) ③ 교잡종자의 크기와 성숙, F_1 세대의 수확을 포함한다. F_2 세대의 결실은 다음 선발 주기에서 만들어질 개체를 제공한다고 한다. 세포질의 새로운 소스(sources)는 선발된 웅성불임 식물상에서 교잡된 어떤 주기에서 개체군을 도입시킬 수 있다. 이 과정은 사탕수수, 보리, 대두, 해바라기, 쌀, 밀 등의 육종에서 적합한데 이것은 잠두(faba bean) 같은 다른 작물에서도 제안되었다.

작물과 육종 목적의 MSFRS에 의지하는 것은 다른 방법면에서 제공되어진 것이다. 일반적으로 이용되는 시스템은 반건조 기후에서 새로운 보리 변이의 개발을 위한 것이다. 기본적인 개체군은 NMS 공여자(NMS donor) 계통을 가지는 선발된 인자형의 교잡으로부터 형성된 것이다. 다중(multiple) F_2 세대에서 작물의 25%는 웅성불임일 것이고 재조합된 다음 두 세대에서는 웅성불임 대 가임의 비율 이 1:1로 분리되어진다. 이 개체군으로부터 웅성불임과 가임이 선발되고, 반복선발과정이 시작되는데 이는 다음과 같이 구성된다. 웅성 불임 후손사이에서 재조합이 일어나고 여기서 우수한 웅성불임 식물이 선발된다. 선발된 가임식물의 자손의 검정이 포장(field)에서 수행된다. 변이체는 개체군과 선발된 세포질로부터 나온 웅성불임 사이에서 교배에 의해 도입되어질 수 있으나, 이는 후에 포장에서 검정되어져야 한다. 핵웅성불임(NMS)의 결합과 같은 방법에서 자가수분작물의 육종은 타가수분작물의 육종계통분류법 개발을 위해 행해진다. 이 웅성불임 이용순환선발(MSFRS) 시스템은 또한 개량하는데 이용되고 외래 물질을 결합시켜 개체군에 순응시키고 새로운 유전적 변이를 정선된 육종 개체에 도입시킨다.

2. 무배생식

생물이 후대를 만드는 것을 생식(reproduction)이라고 하며, 여기에는 여러 가지 방법이 있다. 생물의 번식법은 유성생식과 무성생식(asexual reproduction)으로 나뉜다. 유성생식은 고등생물과 같이 암수 두 생식세포가 접합하여 다음 세대를 만드는 것을 말하며, 무성생식은 다시 영양번식과 무수정생식[아포믹시스(apomixis)]으로 나뉘고, 또한 영양번식은 생물의 영양기관의 일부를 분리하여 후대를 만드는 것으로서 분열법과 출아법으로 나뉜다.

1) 무배생식의 형태와 정의

양성혼합(amphimixis, 유성생식)에 있어서 접합체는 두 배우자의 융합으로 생긴다. 이에 반해 무배생식은 무성생식 양식으로, 이 양식은 여러 다른 형태를 취할 수 있고 식물육종에서의 이 양식의 개발은 폭넓은 전망을 보인다. 성에 가장 근접한 형태는 수정되지 않은 난구(oosphere)의 배로의 발달로 이것이 단위생식(parthenogenesis)이다. 이 경우 웅성배우자로부터 배가 유도되는 웅핵발생과 대립적으로 말하며 자성발생이라 불러야 할 것이다. 단위생식이나 웅핵발생에서 형성된 배는 반수체이다. 또한 주두의 수분과 배의 형성없이 과실이 발달하는 단위결실(parthenocarpy)은 전혀 다른 현상으로 보며, 종자를 만드는 것이 자성배우자가 아니고 배낭의 어떤 세포(세포, 난핵, 반족세포) 일수가 있는데 이런 경우 무배생식(apogamy)이 있다고 말한다. 무배생식은 감수분열을 하지 않은 2배체 조직, 즉 배주의 주심, 합점, 대포자 모세포 등으로부터 발생할 때 다른 양식을 취할 수 있다. 이와같은 형태를 무포자생식(apospory) 또는 부정배생식(adventive embryony)이라고 한다.

무성생식에는 영양기관의 한 부분을 분리하여 후계자를 만드는 영양생식과 수정 없이 발아력을 가진 종자를 생성하는 단위생식의 두 가지가 있다. 영양생식을 하는 작물에는 괴경(tuber, 감자 등), 괴근(tuberous root, 고구마 등), 인경(bulbs, 마늘 등), 포복지(runner, 딸기 등), 구경(corms, 토란 등) 등의 영양기관으로부터 새 개체가 형성되는 것이 있는가 하면 또 인공적으로 삽목, 접목, 취목 등으로서 영양기관의 일부를 분리하여 새 개체를 만들어내는 수도 있다. 이들은 모두 감수분열을 하지 않는 모체에서 분리된 영양기관이기 때문에 그 염색체수는 모체의 그것과 같다. 따라서 여기에는 핵상교번(alternation of nuclear phase)은 없다. 또 영양생식에 의하여 생긴 새 개체는 돌연변이가 일어나지 않는 한 유전적 변이를 일으키지 못한다. 그러므로 영양생식이 쉽게 되는 작물에 있어서는 유용한 유전적 변이가 일어나면 영양번식에 의하여 특성을 유지하면서 비교적 간단히 증식해서 잘 활용할 수 있는 새 품종으로 이용한다. 영양생식은 이와 같이 개체의 증식이라는 면에서 볼 때는 작물육종의 소극적 방법으로서 이용가치가 높으나 적극적으로 좋은 유전적 변이를 만들어 내는 면에서 볼 때는 유용한 생식 방법이라고 볼 수 없다. 이런 의미에서 사탕수수, 버뮤다그래스(bermudagrass) 등과 같이 영양생식 되는 것도 적극적으로 새 품종을 육성하려 할 때에는 유성생식능력을 이용하여 교잡종을 만들어낸다.

그림 4-1. 무성생식을 하는 개모시풀

2) 아포믹시스(apomixis)

성적 기관(sexual organs)이나 이에 관계되는 조직은 있으나 생식세포의 접합이 없이 종자를 형성하는 것을 말하는 것이기 때문에 아포믹시스(apomixis)으로서 생산된 종자는 근본적으로는 영양체의 한 부분이라고 믿어진다. 아포믹시스(apomixis)는 체세포적 단위생식(vegetative) 아포믹시스(apomixis)과 생식세포적 단위생식(agomospermy)의 두 가지로 가른다.

전자는 양파의 꽃차례에 생기는 적은 종자모양의 주아(bulbfil)가 새 개체로 되는 것과 같은 경우를 말하고 후자는 종자가 생성되는 것을 말하는데 여기에는 주심 및 그 부근의 체세포 (2n)에서 배가 형성되어 그것이 종자로 되는 부정배 생식(adventitious embryony)과 배낭속에서 생성된 2n의 생식세포에의 2n의 종자를 생성하여 마치 세대 교체(alternation of generation)를 한 것 같이 느껴지는 무배우자 생식(agamogony) 및 염색체의 생식세포가 수정하는 일이 없이 배가 되어 반수체 식물체를 생성하는 재발하지 않는 아포믹시스(nonreccurent apomixis)의 3가지 경우를 말한다. 부정배생식에서는 생식세포가 생성되는 일이 없이 주심 또는 그 부근의 체세포가 직접 배로 된다. 감수 분열을 하지 않고 생식 세포를 생성하나 포자는 생성하지 않고 그것이 배가 되어 발달한다. 이런 생식방법을 무포자생식(apospory)라고 하며 그 생식세포의 염색체수는 2n이다. 생식세포의 염색체수는 2n인 것은 무배우자 생식(agamogony) 같이 느껴진다. 그러나 apospory는 배가 될 생식세포가 주심에서 생기고 무배우자 생식(agamogony)는 배가 될 생식세포가 배낭에서 생기기 때문에 apospory는 또 무배우자 생식(agamogony)과는 다르다. 무배우자 생식(agamogony)는 배낭 속에서 2n의 배가 생성되는 것을 말하는데 여기에는 처음부터 이상 감수분열 때문에 감수분열이 되지 않은 배낭에서 2n의 핵이 배로 되는 것과 일단 감수분열이 되어 반수로 된 n의 핵이 두 개 접합하여 배로 되는 것의 두 가지가 있다. 후자의 경우는 원칙적으로 비반복 아포믹시스(nonreccurent apomixis)에 해당되는 것이기 때문에 무배우자 생식(agamogony)라 하면 전자를 의미하는 것이다. 그러나 2n의 배가 생성되었을 때 그것이 전자에 해당되는지 후자에 해당되는지 구별하기 어렵다.

아포믹시스(apomixis)에서 가장 많이 볼 수 있는 것이 비반복 아포믹시스(nonreccurent apomixis)이다. 이것은 원칙적으로 반수의 염색체를 가진 배를 형성하는 것을 말한다. 이것들 중에서도 가장 많이 나타나는 것이 단위생식(parthengenesis)인데 이것은 난핵이 수정되는 일이 없이 배를 형성하는 것을 말한다. 때에 따라서는 배낭 속의 난세포 이외의 핵이 배로 변하는 수도 있다. 이런 생식을 무배생식(apogamy)이라고 한다. 또 웅성세포 핵이 난핵과 수정하는 일이 없이 배로 변할 때도 있는데 이것은 동정생식 또는 안드로제네시스(androgenesis, 수정란이 발달하는 과정에서 오직 아버지의 핵 유전물질만으로 새로운 개체를 만들어내는 것) 또는 난편발생(merogony)이라고 한다. 단위생식을 통하여 생기는 종자는 성적결 합이 없이도 생기지만 배젖이 형성되려면 수분이 이루어져야 한다. 그런데 실지 수분이 되지 않아도 수분이 된 것과 같은 자극을 주면 종자를 생성하게 되는 수도 있다. 이런 것을 위수정(pseudogamy)이라고 한다.

아포믹시스(apomixis)에서 가장 많이 볼 수 있는 것이 처녀생식이기 때문에 고등생물에 있어서는 때때로 단위생식을 처녀생식과 같은 뜻으로 사용하나 엄밀히 말하면 처녀생식은 단위생식의 일종에 지나지 않는다. 자연계에서는 켄터키 블루그래스(Kentucky bluegrass)와 달리스그래스(Dallis grass)가 단위생식을 많이 한다. 육종가들은 육종실험의 오차 및 혼잡을 피하기 위하여 어떤 생물이 단위생식을 하는지 알아둘 필요가 있다. 또 단위생식하는 생물과 하지 않는 생물의 교잡에서는 일반적으로 모계를 닮은 자손이 생긴다는 것도 알아둘 필요가 있다. 따라서 단위생식은 교잡후대에 모계를 닮은 자손이 많을 때에는 단위생식이 일단 일어난 것이 아닌가 짐작할 수 있다는 점 및 단위생식에서 생긴 개체를 이용하여 이론적인 순계를 육성해 낼 수 있다는 점에서 육종가들에게 큰 도움을 준다.

(1) 반수체 단위생식(haploid parthenogenesis)

단수단위생식 배낭의 분열이 완전히 이루어지고 염색체수가 단 수(n)인 난세포에서 배를 형성하는 경우를 반수체 단위생식(haploid parthenogenesis)이라고 하며 이에 의해 형성된 식물은 단수의 염색체를 가지고 있다. 이와 같은 반수체 식물이 가시 독말풀(Datura)에서 발견된 이후 벼, 보리, 호밀, 옥수수, 감자, 담배, 달맞이꽃 등도 단수단위생식을 한다는 것이 알려졌다.

(2) 배수체 단위생식(diploid parthenogenesis)

배수체 단위생식은 단위생식의 가장 보편적인 형으로서 동물 중에는 하나의 정상적인 번식법으로 단위생식을 하는 것이 있다. 배수 단위생식에 의해 형성된 개체는 배수(2n)의 염색체를 가지고 있다. 꿀벌은 여왕벌이 산란할 때 마음대로 수정낭(seminal receptacle)의 입을 늦추면 정자가 나와서 수정(fertilization)이 되고 수정낭에서는 여왕벌과 일벌이 나오며 수정낭의 입을 닫으면 수정이 되지 않고 부수정난에서는 수펄이 나온다. 진딧물의 암컷(XX+2A)은 단위생식에 의하여 암컷으로 계속되다가 가을이 되어 수컷이 나오면 수정낭을 생성한다. 배수단위생식의 예로는 식물의 경우 개망초(*Erigeron annuus*), 민들레(*Taraxacum*), 부추(*Allium odorum*) 등이 알려져 있다.

(3) 반수체 무배생식(haploid apogamy)

식물계에서는 볼 수 있는 것으로서 체세포의 일부에서 배조직을 형성하는 경우 무배생식(apogamy)이라 한다. 고사리류에서와 같이 단수염색체를 가진 배우체의 영양세포가(trophocyte) 단독으로 새로운 개체를 형성하는 경우에는 반수체 무배생식(haploid apogamy)이라고 한다.

(4) 동정생식(androgenesis)

웅성생식세포가 단독으로 분열하여 배가 형성되는 경우는 안드로제네시스(androgenesis, 동정생식)라고 한다. 동정생식 중에는 난편발생(merogony)라고 하는 특수한 것도 있다. 정핵 생식은 동물에 있어서 정핵이 난핵과 합체하지 않고 단독으로 발달하여 난자를 형성하는 것을 말한다. 고사리류에 있어서 배우식물의 한 세포핵이 인접한 다른 세포에 침입하여 그 핵과 합해져 그

곳에서 배수염색체를 가지는 포자식물을 형성하는 위수정 생식(pseudomixis), 포자식물의 체세포에 있어서 포자를 만들지 않고 발아법에 의하여 배우식물을 형성하는 무포자생식(apospory), 곰팡이류에 있어서 동성인 2개의 성세포핵이 합해져 새로운 개체를 형성하는 자성핵융합(parthenomixis) 등도 있으나 이들은 모두 예외적인 번식법으로서 특기할 만한 것이 못 된다.

3. 무배생식 식물의 특성

단위생식(parthenogenesis)은 처녀생식이라고도 하는데 이들은 신개체의 출발점이 생식세포이고 이 생식세포가 수정을 하지 않고 단독으로 발생하지만은 유성생식에 넣고 있다. 그러나 실험에 의해서 인위적 단위생식이 알려진 후에는 난자에 어떠한 발생적 변화가 약간이라도 진행되면 이들을 모두 단위생식이라고 하게 되었다. 그리고 단위생식을 인공단위생식과 자연 단위생식(natural parthenogenesis)으로 구별되는데 단위생식에는 여러 가지가 있다. 먼저 세포학적으로는 염색체의 반수성과 배수성에 의해서 구별할 수 있다.

반수성 단위생식(haploid parthenogenesis)은 감수분열을 완료한 반수의 난자가 단독으로 발생하는 것이고 배수성 단위생식(diploid parthenogenesis)은 배수의 염색체를 가지고 있는 난자가 발생하는 것이다. 그리고 그 생물의 정상적인 현상으로 규칙적으로 볼 수 있는 단위생식을 필수적 단위생식이라 하고 이에 대해 자연 상태에서 예외적으로 볼 수 있는 것은 태생적 단위생식이라 한다. 필수적 단위생식은 부분단성(partial parthenogenesis), 계절적 단위생식(seasonal parthenogenesis), 유생 단위생식(juvenile parthenogenesis), 전 단위생식(total parthenogenesis) 등으로 구별한다. 그리고 단위생식에 유사한 현상으로는 무배생식, 무포자생식, 무핵난생식, 위무배생식 등이 있다.

무배생식(apogamy)은 배우체에 있어서 난자가 아닌 다른 세포가 발생해서 신개체를 형성하는 경우이다. 이것을 세포학적으로 생식적 반수 무배생식과 체세포적 또는 전수 무배생식을 구별한다. 이들의 예는 양치식물등에서 볼 수 있으며 또한 피자식물의 배주심의 세포가 발생해서 배낭 내에 배를 형성하는 경우에도 이와같은 현상을 볼 수 있다. 무포자생식(apospory)은 배우자가 포자에서 발생하지 않고 포자 내의 포자 이외의 다른 세포에서 발생하는 것이다. 이들은 감수분열이 일어나지 않고 포자체에서 그대로 배우체가 발생하는 까닭에 이때의 배우체는 전수가 된다. 난편발생(merogony)은 무핵난에 정자가 침입해서 발생하는 것을 말하는 데 인위적인 실험에 의해서 시작되었다.

그림 4-2. 무배생식의 대표적인 식물인 양치식물

4. 무배생식의 유전

감귤류의 무포자생산현상은 빈번한데 하나의 종자속에 주심세포에서 형성된 무포자배와 유성배가 나란히 들어 있는 것이다. 포자체의 발아만을 나타내는 부정배는 모계 이형접합성을 재현하고 흔히 자식으로부터 유래되면 내혼약세를 보이는 유성배의 발달을 억제한다(오렌지 등). 그러나 다른 종과의 인공교잡후 잡종배는 세력이 더 강하여 이 배들을 선발할 수 있다. 그레이프프루트(*Citrus decumana*, 자몽)는 타식성이기 때문에 예외이다. 열대 벼와 사료작물인 기니기장(*Panicum maximum*)에는 조건적 무배생식이 존재하는데 어떤 경우에는 배낭이 정상적으로 형성되고 수정 후에 32개의 염색체를 가진 유성배를 만든다. 또 다른 경우에는 모든 감수분열핵(n=16)이 퇴화하고 32개의 염색체를 가진 주심세포가 그들을 대체하여 32개의 염색체를 가진 난구와 함께 위배낭을 만든다. 이 난구가 수정되면 배는 48개의 염색체를 가지게 되고 수정이 안되면 무포자배는 32개의 염색체를 가지게 된다. 기니기장(*Panicum maximum*)에서 식물체의 25%가 유성형 배낭을 가지고 있다 하더라도 차후의 제거로 후대에서는 다음과 같은 비율로 나타나게 된다. 무포자생식에 의해 2n=32의 모주와 동일한 식물 97% 유성생식에서 유래하여 모주와 다른 표현형인 2n=32인 식물 2% 염색체 수가 다른 식물(환원 분열된 웅성배우자와 무포자 난구의 수정으로 얻어진 이수체, 배수체)가 1% 정도이다.

5. 환경적 영향

스테빈스(Stebbins, 1957)는 단위생식 집단들이 자주 타식종으로부터 파생된다는 것을 증명했고 페네스(Pernes, 1970)는 무배생식에 책임이 있는 유전자가 나타났던 집단의 진전을 연구하였다. 이 분석에 의하면 선발이 없을 때 그와 같은 집단은 무배생식이 범람한다는 것이 분명하다. 그러므로 성이 제거된 상태에 있게 된다.

① 역학적 관점에서 우성유전자에 있어서 전반적인 대치비용은 임의교배와 무배생식에서 동일선에 있다. 그러나 열성유전자에 있어서 무배생식은 훨씬 경제적이다. 그뿐만 아니라 유전자의 본성이 무엇이든 간에 동일 대치 수준의 실현 속도는 무배생식에서 더욱 빠르다. 이 생식 방법은 보다 빨리 그의 인력체에 반응한다. 그것은 인력권이 지속적이고 점진적인 방법으로 이어져 나가기 때문에 더욱 그러하다. 반대로 크로우(Crow)와 고무라(Komura)에 이어 리드(Reed)가 증명했듯이 환경이 갑자기 변하면 요구된 정보가 조환과 강한 우성효과를 필요로 하면서 임의교배를 조장한다.

② 무배생식 집단은 그들의 내적 구조화에서 좋은 선발가를 가진 링켓으로의 집합과 특별이 유리한 관계균형을 포함하는 이형집합체 형식으로 특성을 보여야 한다. 그다지 높지 않은 그들의 대치 비용 덕분으로 열성대립인자들을 무배생식종 안에 풍부하게 존재하게 되는 것이다.

③ 근본적으로 다음 두 가지 요인 때문에 이 집단들은 다형성을 나타낸다. 첫째, 환경조건 안에 시간적 혹은 공간적 이질성이 존재한다. 최대 적응성을 나타내는 유일한 이상 형의 정의는 따라서 불가능하다. 얼마간의 인력권은 집단을 여러 병렬된 형으로 만든다. 둘째, 가장 약한 부하를 제시하는 상황은 언제나 개체수준에서 실현되지 않고 쌍이나 개체들의 소군 수준에서 이루어진다. 무배생식은 다르나 아주 좋은 선발가의 전반적 협동을 이루는 유전자형들 연합의 점진적인 공동적응에 특별히 좋다. 그러나 그러한 집단 안에서의 다형성의 근본적인 원천은 무배생식체제로 유성(有性) 주기의 교대로부터 온다. 엄격한 무배생식은 분명히 아주 드물고 그의 진전의 의미를 많이 잃는다.

④ 그와 같은 집단의 도식화에서 나타나는 삼각형은 환경을 나타낸다. 점선원은 무배생식 집단이 특별히 잘 적응하는 점진적인 변이들을 나타낸다.

6. 미세번식과 체세포배

생산과 취급의 편이성과 내재된 잠재성의 두 가지 이유로 종자는 대부분의 작물과 산림수의 번식과 재배의 우선으로 쓰이는 매개체이다. 그러나 세계의 주요 농작물의 목록을 보면 연생산면적이 10~450백만 톤인 10~30개의 농작물이 영양생식으로 증식된다. 유전적인 자가 부적합성을 포함하는 여러 가지 이유로 인해 동종 종자가 이용될 수 없는 작물들은 영양생식으로 증식되거나 균일하지 않은 종자(non-uniform seed)로 증식된다. 무성번식의 다른 방법으로서의 조직배양(tissue culture) 기술의 적용에 대한 관심은 모렐(Morel)이 난초가 시험관내(*in vitro*)에서 생장점(shoot meristem) 재배에 의해 빨리 번식될 수 있음을 증명함으로써 고조되었다. 미세번식(micropropagation)는 대부분이 씨로 번식하는 작물에 있어서는 매우 한정된 범위에 이용되어지고 있으나 보통 영양 생식으로 증식하는 원예작물과 관상종에 있어서는 꽤 널리 이용되고 있다. 그러나 가격면이 광범위하게 재배되는 농작물의 증식효과면에 있어서는 미세번식(micropropagation)의 기술이나 특히 1980년대 중반이후 체세포배형성(somatic embryogenesis)에 대한 관심이 증가하고 있다.

새로운 유전자 조합을 가진 우수한 식물은 인공종자생산을 위한 이식체의 자원으로 이용될 수 있다. 영양생식으로 증식하는 작물에 있어 증식과 재배효율을 증가시킬 수 있고 씨로 증식하는 작물의 경우에 새로운 하이브리드(hybrid)가 이용될 수 있다. 시험관내 미세번식(micropropagation-in vitro)에서 군락 증식에 영양체(vegetative) 증식은 3가지형이 있다.

① 생장점(meristem)을 가진 조직으로부터 액아(axillary shoot) 생산

② 부정 생장점(adventitious meristem)으로부터 유도된 부정아(adventitious shoot) 생산

③ 체세포배발생(somatic embryogenesis)

번식의 4번째 타입은 ②와 ③에서 언급한 부정아(adentitious shoot)나 체세포배(somatic embryo)를 가진 출발시점으로의 원형질(protoplast)과 단세포를 가지고 증식과 재생하는 방법이다. 번식의 각 방법은 나름대로의 장단점을 가지고 있다.

7. 미세번식(조직배양)

생장점(meristem) 배양에서 길이가 1mm까지 정도의 이식편은 끝분열조직으로 이루어질 수 있고 또는 둘 이상의 하위의 엽원기로 이루어질 수 있다. 이렇게 작은 이식편을 이용하는 주된 이점은 공여 식물체에 존재할 수 있는 병든 조직 또는 기관을 배설할 수 있는 가능성 때문이다. 바이러스와 마이코플라스마(mycoplasma, 세포벽이 없고, 최외층이 삼층의 한계막으로 되어 있으며, 인공 배지에 발육하는 아주 작은 미생물) 감염체의 배설이 목적일 때는 재생 능력이 있는 가능한 가장 작은 크기의 생장점이 이용된다. 길이가 0.25mm보다 작은 정단부(apical domes)는 자라기가 어렵고 뿌리를 내릴 가능성이 적고 0.75mm 이상의 크기는 여전히 감염상태로 있다.

생장점(meristem-tip) 배양의 이점은 부정 생장점(adventitious meristem, 생장점이 정단이 아닌 임의의 장소에서 생기는 것)으로부터의 식물생산을 피할 수 있고 그래서 유전적 안정성을 유지할 수 있다는 것이다. 정단(shoot-tip) 배양 기술은 큰 규모의 미세번식(micropropagation)에 더 편리하다. 부정 생장점(adventitious meristem)은 또한 캘러스(callus)와 같은 특수화되지 않은 조직이나 표피(epidermis)와 하표피(subepidermis)를 포함하는 다양한 기관에서 얻은 이식체와 같은 특수화된 체세포(somatic cell)로부터 발생한 체세포배(somatic embryo)를 배상체(embryoid)라고 한다.

〈선발된 양벚나무(*Prunus avium*) 클론의 미세번식〉

그림 4-3. 미세번식 방법(출처: 국립 산림과학원)

서로 다른 종에서 체세포배(somatic embryo)의 유도를 다루었으나 지금은 동시 발생하는 배의 발생과 성숙의 문제에 덧붙여 인공이나 합성 종자로서의 체세포배(somatic embryo)의 이용 가능성으로 관심이 옮겨지고 있다. 합성 종자는 경삽(stem cutting)를 통한 온실증식과 시험관내(in vitro)에서 슈트(shoot)의 미세번식(micropropagation)에 대체법으로 사용될 수 있다.

1) 액아에서 분리한 곁가지 생산 (axillary shoot production through enhanced release of axillary bud)

재생의 수단으로 액생(axillary)의 싹을 이용하는(enhanced release) 것의 장점은 초기의 지상부(shoot)가 생체(*in vivo*)에서 벌써 분화되어 있다는 사실이다. 그러므로 유전적 변화의 위험성이 줄어들고 남은 문제는 줄기가 길어지고 근계(root system)의 발달로 완전한 식물이 되는 것이다. 이 배양은 정단 세포(apical cell) 층들의 정확한 배열을 유지한다. 액아(axillary shoot) 생산은 관상용과 초본과 원예작물에 널리 사용되어져 왔다. 많은 초본식물에서 약하거나 부드러운 정아우세성(apical dominance)과 강한 뿌리 재생능력에 기인한다.

2) 기관발생을 통한 부정아 생산 (adventitious shoot production through organogenesis)

부정아(adventitious shoots)는 부정 생장점(adventitious meristem)으로부터 나오고 보통 중간의 캘러스(callus)시기를 가진다. 액아(axillary)와 부정아(adventitious shoot)의 미세번식(micropropagation)은 많은 다른 발달 단계를 포함한다.

① 절편체 정착(explant establishment), ② 종묘(propogule) 증식, ③ 발근(rooting), ④ 경화(hardening off)와 이식, 각 단계는 보통 서로 다른 화학적, 물리적 환경을 가진다. 특히 ④ 단계는 미세번식(micropropagation)시기이며 많은 경우 ③ 단계조차 시험관내(*in vitro*)에서 실행되어진다. 거의 예외 없이 미세번식(micropropagation)은 농작물에의 적용에 한계점이 있다. 체세포 배발생(somatic embryogenesis) 규정된 배양액에서 배양된 미성숙 배(embryo)와 다른 조직들에서 발견되어질 수 있거나 또는 현탁액에서 배양된 세포로부터 발견될 수 있는 분화의 특수한 형태는 접합체(zygote)의 배발생(embryogenesis)은 배형성의 전형적인 단계를 재현하는 것 같은 배유사 구조의 발생이다. 그러나 이러한 배유나 구조물들이 포자체의 또는 체세포(배유체나 생식세포에 반대)로부터 형성되기 때문에 체세포배(somatic embryos)나 배상체

(embryoid)로 부르며 이들이 생기는 과정을 체세포배발생(somatic embryogenesis)이라고 한다. 체세포(somatic)과 접합체(xygotic) 배발생(embryogenesis)의 중요한 차이는 배아 형성이 시작되는 각각의 방법에 있다. 접합체배(zygotic embryo)는 유전자의 다른 감수분열의 재조합을 가진결과 산물인 수정된 난세포(egg)로부터 발생한다. 체세포배(somatic embryo)에서 유도된 식물은 단독의 개체 세포로부터 생겼기 때문에 군집을 형성한다. 이 두 배 타입(embryo type)은 비슷한 개체 발생단계를 공유한다.

여기서 쌍자엽 식물의 경우는 구형(globular), 심장형(heart-shaped), 어뢰형(torpedo)과 떡잎형(cotylendonary) 단계를 경과한다. 단자엽 식물은 구형(globular), 배반(scutellar)과 초엽(coleoptilar) 단계를 경과하고 침엽수에서는 배아 현탁액(embryonal suspensor), 두터운 구형(mass golbular), 어뢰형(torpedo)과 떡잎 단계(cotyledonary)를 지난다. 체세포 배(somatic embryo)는 보통 배발생 조직(embryogenis tissue)를 함유하는 세포로부터 비동시적으로 발생한다. 그래서 한 번의 배양에서 발생의 많은 단계들을 볼 수 있다. 또 무활동성의 기간이 거의 없기 때문에 계속 자라고 싹트고 퇴화하거나 죽는 결과를 낳는다.

자당(sucrose)은 가장 보편적인 탄소원(carbon source)이다. 생장과 발생의 여러 단계를 조절하는 것으로 알려진 식물 호르몬에는 옥신(auxin), 지베렐린(gibberellin), 시토키닌(cytokinin), ABA(abscisic acid)와 에틸렌(ethylene) 중에서 단지 옥신(auxin)과 시토키닌(cytokinin) 만이 주로 배지에 혼합된다. 가장 보편적으로 사용되는 auxin의 종류는 2.4-D, NAA, IAA이다. 체세포 배(somatic embryo)는 화이트(White's)의 배지와 같은 저농도로 희석된 배지에서부터 무라시게와 스쿠그(Murashige & Skoog)가 MS배지(식물세포, 조직, 기관의 시험관 내 배양에 사용되는 고농도 영양 배지임)를 1962년 개발했으며, 힐데브란트(Hildebrandt) 등의 고농도의 배지에서 유도되어져 왔고 자라왔다. 옥신(auxin)의 존재는 배발생 시작에 필요한 요소이고 생장이 필요하다. 감자 슈트(potato shoot)와 괴경눈으로부터의 생장점의 배양은 감자 생산에 매우 중요하게 응용된다. 바이러스 저감, 생식질 보존과 교환 그리고 시험관내(*in vitro*) 증식을 통한 감자 괴경 종자생산. 때때로 온열 요법과 화학요법을 병행하여 생장점 배양(meristem-tip culture)은 PVA, PVG, PVM, PVS, PVX, PVY, 엽권 바이러스(leaf-roll virus), 감자 걀쭉병을 일으키는 바이로이드(potato spindle tuber viroid)와 같은 바이러스(virus)들을 배출하는데 이용된다. 생장점 유래(meristem-derived) 묘목의 색인을 보면 바이러스(virus)로부터 자유로운(감염이 없는 식물)이 영양체(clonal) 증식에 의해 번식된다.

3) 정단부 생장점 배양

하나의 가장 원시적인 엽시원체(leaf primordium)을 가진 정단부 생장점(meristem tip)은 정단부나 괴경의 눈으로부터 채취하고 한천 응고 영양배지에서 길이가 30mm 정도의 뿌리가 난(rooted) 식물체를 얻기 위해서는 2~3개월간 배양된다.

4) 액아 절 및 슈트 생산

액아 절 및 슈트 생산(axillary node and shoot production)은 병의 감염 여부를 검정한 후 생장점 유래(meristem-derived) 식물을 마디 절편체(nodal explant segment)로 채취하거나 많은 액아 슈트(axillary shoots)가 뿌리내리도록 하는 매우 저농도의 옥신(auxin)을 함유하는 배지에 수평으로 그대로 놓아 배양한다. 이때 새로 형성되고 생장하고 있는 액아 슈트(axillary shoot)를 다시 배지로 넣지 않는다. 시험관 내(in vitro)에서 만들어진 액아 식물(axillary plant)은 흙에서 뿌리를 내리고 상업적으로 이용되는 씨감자와 괴경을 생산하기 위해 포장(field)으로 이식되는 마디 삽목(nodal cutting)을 제공할 수 있을 때까지 배양할 수 있다.

5) 마이크로튜브생산(microtuber production)

마이크로 튜브 생산(micro tuber production)은 시험관내 감자와 같은 작물의 괴경화 실험에서 채취된 액아(axillary shoots)를 시토키닌(cytokinin)이 함유된 배지에 옮겨놓고 약 20℃로 8시간 동안 낮은 광조사 하에서 배양을 계속함으로써 얻을 수 있다. 수출을 위한 생산방법 면에서 마이크로튜브는 직경이 1cm까지 무게가 50mg(생체중, fresh weight) 정도인데 다음과 같은 이점이 있다.

① 계절에 관계없이 많은 양을 생산할 수 있다.

② 수개월 동안에 저장이 가능하다.

③ 미니튜브(minituber)와 달리 새로운 배양액으로의 이식이 필요없다.

④ 운송(shipment) 편리하다.

⑤ 까다로운 검역표준에도 대처할 수 있다.

8. 합성종자

합성종자(synthetic seed)는 인공종자(artificial seed)라고도 한다. 수화된 인공종자는 알긴산칼슘(calcium alginate, 알긴산나트륨 수용액에 염화칼슘 수용액을 첨가하여 생성할 수 있는 수불용성 젤라틴 크림색 물질이다. 칼슘 알지네이트는 또한 효소의 포획과 식물 조직 배양에서 인공종자를 형성하는 데 사용됨)과 같은 수화 젤(gel)로 된 캡슐(capsule)에 넣어져 있다. 알긴산(alginate, 갈조류 세포벽의 다당류)은 무독성이고 이것의 젤화는 온도에 비의존성이다. 발육적정시기에 배는 알긴산나트륨(sodium alginate)와 혼합되고 칼슘(calcium) 용액에 떨어뜨려져 직경 4~6mm 정도의 알기산칼슘 캡슐(calcium alginate capsule)을 형성한다. 이 캡슐은 액체(fluid) 파종법에 의해 토양으로 바로 방출한다. 건조한 인공종자는 수용성 레진(resin), 폴리옥시에틸렌 갤(polyoxyethylene gel)로 체세포배(somatic embryo)를 코팅(coating)하거나 코팅 없이 자체를 건조시켜 생산된다.

1) 합성 종자의 적용

합성 종자의 적용(applications of synthetic seed) 잠재성은 작물에 따라 다양하게 변할 것이다. 그러나 아마 대부분의 작물의 체세포배(somatic embryo)의 생산능력뿐만 아니라 그 작물의 생산에 있어 개선의 필요성에 따라 적용여부가 정해질 것이다. 많은 경우 진정 종자(true seed)가 이용되지 않거나 또는 성가신 영양체 번식(vegetative propagation)을 대체할 필요가 있는 종에서는 배가 충분히 생산이 안 되거나 전혀 생산이 안 된다. 종자번식(seed-propagated)이나 주로 번식이 불가능한 작물(predominantly out breeding crop)인 루선(lucerne, 알팔파)과 오처드그래스(orchard grass)는 종자로 증식하는 자가 접목불친화성 작물이다. 루선(lucerne, 알팔파)은 심각하게 동종번식이 억제되는 자연적으로 교차수분된 4배체 종이고 이것의 상업적 재배종은 합성 증식법으로부터 얻어진다.

현재는 원종(foundation seed)을 생산하도록 심어진 서로 다른 유전자형을 교차시킴으로써 원원종(breeder's seed)를 생산해야 한다. 침엽수(conifer) 또한 종자로 번식하는 식물인데 어떤 경우에는 이것이 수가 미세번식(micropropagation)과 근삽(rooted cutting)에 의해 매우 제한된 정도로 보충된다. 이들은 잡종성이 강하기에 전통적인 품종개량 방식에 의한 개선은 시간이 많이 걸린다. 최소한 이론적으로 합성종자는 근삽(rooted cutting)을 만드는 것보다 더 경제적인 가격으로 우수한 나무를 클로닝(cloning)할 수 있는 능력을 제공한다. 잘 발달된 체세포배 시스템(somatic embryo system)이 독일가문비나무(Norway spruce), 낙엽송(larch) 등에 나타난다.

① 종자로 번식하는 열대성 작물은 카카오(cacao), 코코넛(coconut), 오일 팜(oil palm) 등이 있다.

② 하이브리드종자(hybrid seed)는 목화(cotton)와 콩(soybean)과 같은 어떤 종자로 번식하는 작물에 있어는 생산되기가 어렵다. 왜냐하면 면화(cotton)는 꽃을 따주어야 하고 콩은 폐화수정을 하는 문제 때문에 대부분의 재배종의 종자는 자가수분에 의해 얻어진다.

③ 영양번식작물(vegetatively-propagated crop)은 이계교배를 하고 군집적으로 증식하며 자가 접목불친화성이다. 그래서 동종교배 억제를 보이는 작물종에 포도와 사탕수수가 있다. 합성종자의 발생 비용이 적정하다고 말하기는 어렵다. 왜냐하면 이미 실행하고 있는 증식방법이 가격면에서 효과적이기 때문이다. 포도의 인공종자의 사용이 생식진 보존에 더 유리하다. 포도에 있어서는 잘 발달된 체세포배 시스템(somatic embryo system)이 있기 때문이다.

2) 제한적 문제들(limiting problems)

상업적으로 진정 종자(true seed)나 효과적인 미세(micro)와 대량 번식 시스템(macro propagation system)과 비교하여 체세포배(somatic embryos)는 빠르고 균일(uniformly)하게 발아하고 진정 종자(true seed)에 근접하는 식물로 자랄 수 있다. 인공종자의 생산은 수많은 단계를 거치는데 외식체의 초기 선택에서부터 체세포배(somatic embryo)의 유도와 생장, 발생 그리고 성숙까지의 단계들은 주의 깊게 조절해야 한다. 짧은 기간 내에 다양한 원예작물 특히 관상용 작물에의 미세번식(micropropagation)의 사용과 농작물에의 현재 제한된 사용이 크게 의미있게 변할 거라고 기대되지는 않는다. 그러나 비용 면에서 효과적인 미세번식(micropropagation) 기술의 발전의 중요성은 크게 증가할 것으로 기대된다. 가장 큰 잠재성을 가진 기술성은 체세포배발생(somatic embryogenesis)이다. 많은 나자식물종 뿐만 아니라 거의 모든 주요 단자엽과 쌍자엽 식물종에서 보고되고 있는 체세포배발생(somatic embryogenesis)와 더불어 미래의 연구는 이미 시행되고 있는 재생 시스템에 대한 대체 시스템이 요구되는 그런 종들에 있어 체세포배(somatic embryo)의 식물체로의 전환의 유효성을 증가시키는데 초점이 모아지고 있다.

제5장 식물 유전체의 구성

1. DNA와 염색체 구조

진핵생물에서 유전정보는 디옥시리보핵산(DNA)이라 불리는 중합체의 형태로 저장 되어 있다. 이러한 움에는 삶의 복잡한 시스템을 만들고 조절하는 모든 명령들이 저장되어 있고 이러한 명령들은 유전자라는 DNA에 저장되어 있다. 분자용어로 유전자들은 움의 염기서열이라고 하는데 이는 단백질(효소들과 구조단백질)과 기능적인 리보핵산(RNA, 두 가지 핵산 중의 하나)을 만드는 역할을 한다. 식물에서(대부분 진핵생물에서 그러하듯이) 각 유전자는 하나의 단백질이나 기능적 RNA로 암호화한다고 볼 때, 식물과 같이 복잡한 유기체에는 아주 많은 수의 유전자가 존재한다는 것은 그리 놀라운 일이 아니다. 세포핵이나 세포기관 내에 존재하는 DNA 전체를 유전체라 부른다. 핵에서의 DNA(핵 유전체)는 크고 직선형의 DNA 분자들로 존재하는 데 이를 염색체라 부른다. 염색체의 크기나 수는 식물체의 종에 따라 달라지기 때문에 식물체의 종간 유전체의 크기는 다양하게 된다. 식물들은 동물들과 달리 2개의 다른 유전체를 갖고 있다. 동물들에서는 공통적으로 미토콘드리아 유전체를 가지고 있지만 식물들은 미토콘드리아와 함께 엽록체 유전체를 가지고 있다.

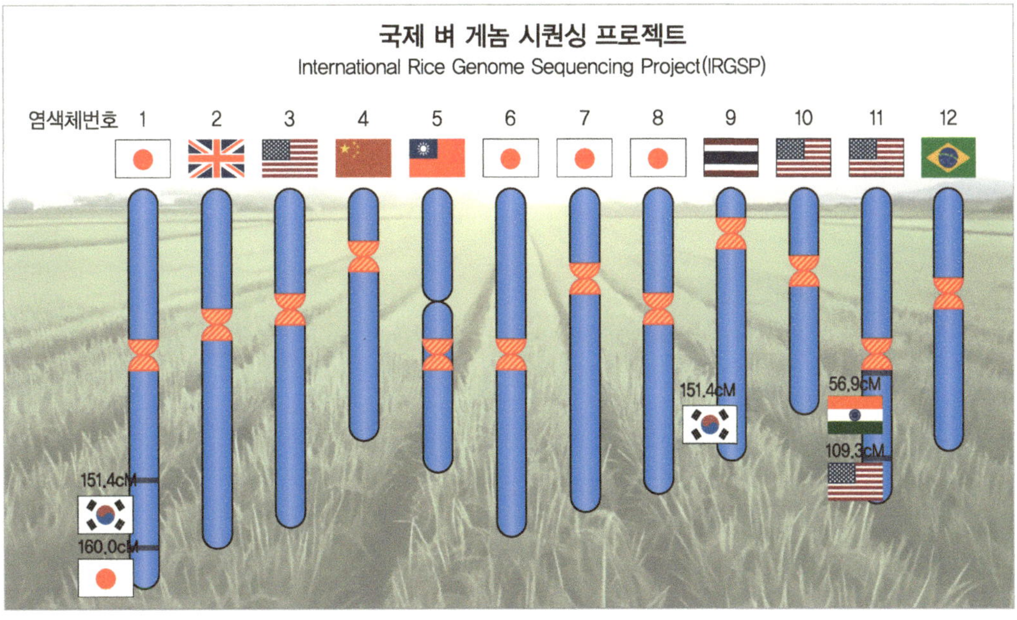

그림 5-1. 국제 벼 게놈 시퀀싱 프로젝트 참가국

미토콘드리아와 엽록체의 유전체는 직선형이 아닌 원형으로 존재하고, 각 세포기관 내에는 다수의 유전체 복사본이 존재할 수 있다. 유전정보의 대부분은 핵 유전체에 들어있지만 반드시 그런 것은 아니다. 또한 핵 유전체는 식물생명공학 분야에서 일반적으로 조작되는 유전체이기도 하다.

국제 벼 게놈 시퀀싱 프로젝트(International Rice Genome Sequencing Project, IRGSP)는 한국을 포함한 10여개 국가가 참여한 콘소시엄 프로젝트로서 2005년 8월 11일에 벼의 유전체의 DNA정보해독을 완료함(Nature지에 발표). 벼의 12개 염색체에 분포되어 있는 총 37,500여개의 유전자 시퀀스를 해독하였다. 약 1,600억원이 투자되었으며 계획보다 3년 앞당겨 DNA 시퀀스를 해독하였으며 그림에서 보는 바와 같이 국가별로 12개의 염색체를 나누어서 해독하였다. 예를 들면 한국은 1번 염색체의 long arm(센트로미어의 아래부분) 부분을 해독하였다.

DNA는 이중나선구조로 알려져 있고, 그 구조는 1953년 크릭과 왓슨에 의해 밝혀졌다. 직선이고 이중나선 분자이며 두 가닥이 반대 방향으로 향하는 DNA는 수소결합에 의해 결합되어 있다. 이러한 DNA가 핵 속에 단단히 포장되기 위해서 세심하게 나열되어야 하며 그에 맞는 고차원적 구조가 존재해야 한다. 전형적인 고등 진핵생물의 핵 속의 DNA의 총 길이가 수 미터에 이른다고 생각해 보면 이러한 DNA의 포장의 필요성은 당연한 것이다.

표 5-1. 유전학 발전의 역사

연도	내용	
1850	1865	유전자는 입자로 된 인자임을 발견
	1871	핵산의 발견
1900	1903	염색체는 유전단위임을 발견
	1910	유전자는 염색체상에 놓여있는 것을 발견
	1913	염색체는 유전자의 직선 정렬임을 발견
	1927	돌연변이는 유전자의 물리적 변화임을 발견
	1931	유전자재조합은 교차로 일어남을 발견
	1944	DNA는 유전물질임을 발견
	1945	유전자는 단백질을 암호화하는 것을 발견
1950	1951	첫 번째 단백질 배열을 발견
	1953	DNA는 이중나선임을 발견
	1958	DNA는 반보존적으로 복제한다는 것을 발견
	1961	유전암호는 삼중염기임을 발견
	1977	진핵세포의 유전자는 분단되어 있임을 발견
	1977	DNA염기배열을 결정할 수 있임을 발견
	1995	박테리아게놈 염기배열 결정
2000	2001	인간게놈 염기배열 결정

유전학 발전의 역사는 19세기 후반 유전자의 존재와 핵산의 발견을 예상하는 시기부터 1953년 DNA의 이중나선구조의 발견, 2001년 인간의 유전체서열(게놈시퀀싱)이 밝혀지기까지의 급변하는 역사를 보여주고 있으며 현재는 그 발전 속도가 훨씬 빨라지고 있다.

프리드리히 미세르

로잘린드 플랭클린

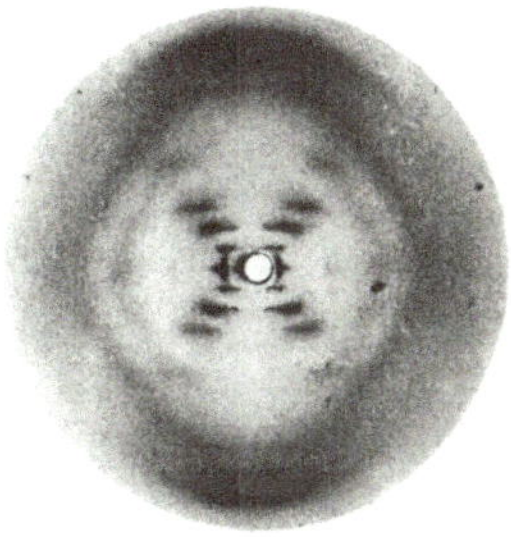
(a) 프랭클린의 X-ray 회절 실험

프랜시스 크릭

제임스 왓슨

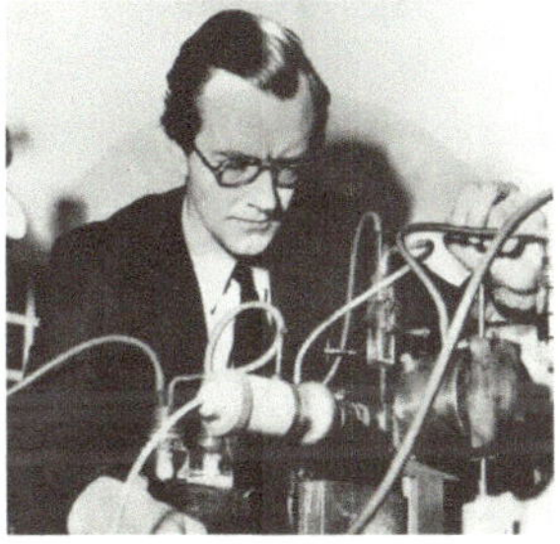
모리스 윌킨스

그림 5-2. DNA의 구조를 밝히고 유전에서의 역할을 규명한 인물들

DNA의 구조를 밝히고 유전에서의 역할을 규명한 인물들. 프리드리히 미세르(Friedrich Miescher)는 1869년 백혈구에서 지금의 핵산(nucleic acid), 당시에는 누클레인(nuclein, 세포핵에 들어 있는 핵산과 단백질의 화합물)을 발견하였으며 인산이 많은 물질로 유전에 관여할지도 모른다는 가설을 설정함으로써 후에 DNA가 유전물질이라는 사실을 밝히는데 결정적인 역할을 하게 된다. 프랜시스 크릭(Francis Crick), 제임스 왓슨(James Watson), 그리고 모리스 윌킨스(Maurice Wilkins) 세 사람은 DNA의 이중나선(double helix of structure DNA) 구조를 밝히고 DNA가 유전물질임을 밝힌 공로로 1962년 노벨 생리의학상을 공동 수상하였다.

마지막으로 로잘린드 플랭클린(Rosalind Franklin)은 흔히 '비운의 여인으로' 불려지기도 한다. X선 회절(X-ray diffraction)로 DNA의 이중나선 구조(a)를 밝히는 데 결정적인 기여를 하고도 노벨상 수상 4년을 앞두고 37세의 나이로 요절하면서 공동수상자가 되지 못하였다. 참고로 노벨상은 생존하는 사람에게만 수여가 된다.

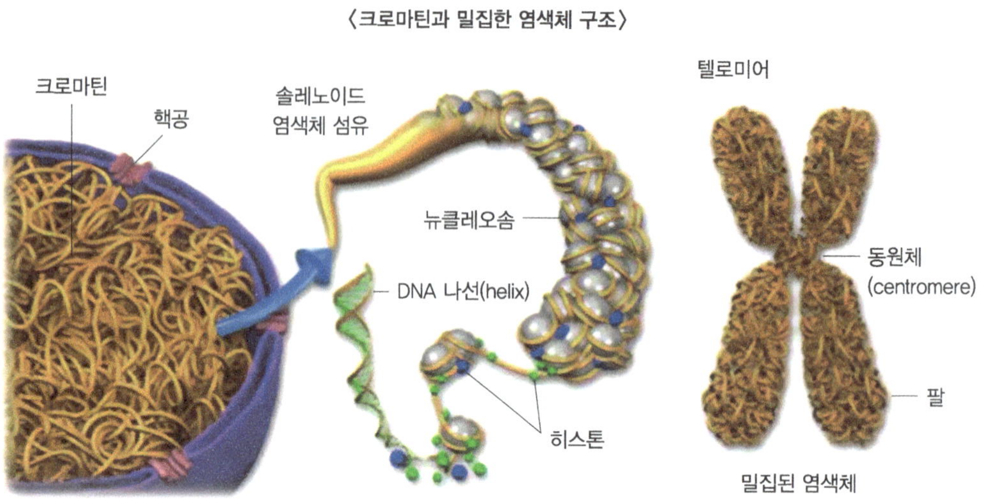

그림 5-3. 염색질(chromatin)과 응축된 염색체 구조

염색질(chromatin)과 응축된 염색체 구조(condensed chromosome structure)의 한 세포의 핵 안에 염색질(chromatin)이 정교하게 꼬여져 차 있는 모습을 보여주고 있다(좌). DNA는 직선의 이중가닥(DNA double helix) 분자이다. 뉴클레오솜(nucleosome)은 염색질(chromatin)의 기본단위이고 대략 150bp의 DNA가 히스톤 단백질(histone protein)의 중심을 두 바퀴 정도 감싸고 있다. 이러한 뉴클레오솜들의 끈으로 연결되는 구조는 DNA 길이를 많이 줄여준다. 이러한 구조는 한 번 감길 때 6개의 뉴클레오솜을 포함하는 솔레노이드 구조의 30nm의 섬유를 만들기 위해 다시 감긴다. 이렇게 만들어진 30nm의 섬유는 AT(스캐폴드(scaffold) 관련 부분을 기점으로, 고리 모양으로 구성되어 단백질이 많은 부분) 스캐폴드(scaffold)가 된다(중). 체세포 분열시, 많은 양의 유전자가 전사가 중단되었을 때, 이러한 고리는 더더욱 감기어서 염색체는 응축되게 된다(우). 응축된 염색체의 중간 부분을 센트로미어(centromere)라 부르고 양 말단을 텔로미어(telomere)라 부른다(Molecular Expressions TM).

DNA 포장에 있어 일차 구조는 염기성 단백질인 히스톤(histones)으로 구성된 중심에 DNA가 둘러싸고 있다. 각 중심은 DNA가 두 바퀴 정도 둘러싸고 있으며[약 150 염기쌍(base pairing, bp)], 그것을 뉴클레오솜(nucleosome)이라 부른다. 각 뉴클레오솜은 공간 DNA에 의해 구분되며, 그 길이는 다양하다. 이러한 뉴클레오솜의 연속적인 끈은 'beads-on-string' 구조(줄 위에 구슬구조)라 불리고 더욱더 꼬여져 두께 30nm의 섬유를 만들어낸다. 나아가 이러한 30

섬유는 한 회전마다 6개 뉴클레오솜으로 된 원통 코일 구조를 이룬다. 이러한 30nm 섬유는 섬유를 다양한 지점에서 하나의 단백질 비계(scaffold)에 고정하며 고리(loop)를 형성함으로써 더욱더 조직화 된다. 염색체가 응축되어 현미경으로 관찰 시 눈에 보이게 된다. 체세포 분열 시에 이러한 고리는 더욱더 감기게 된다.

2. 유전자 구조와 유전자 발현 개요

DNA로 구성된 유전자가 발현 과정 전사(transcription)을 거쳐 단백질로 합성되는 일련의 과정을 중심이론(central dogma)라고 부른다.

〈중심이론〉

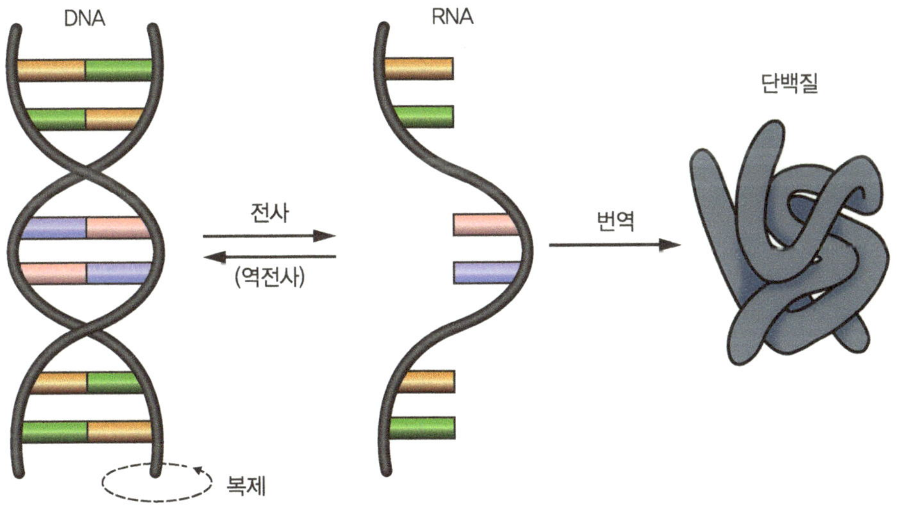

그림 5-4. 중심이론(central dogma) (출처: https://hiimgood.tistory.com/42)
*중심이론(central dogma): DNA로 구성된 유전자가 발현과정(전사, transcription)을 거쳐 단백질로 번역(translation)되는 일련의 과정을 중심이론이라 부른다.

전사단위라 불리는 유전체 부분은 리보핵산(ribonucleic acid, RNA)이라 불리는 또 다른 핵산의 합성을 위한 주형가닥으로 사용된다. 세 가지 종류의 RNA가 있다. ① 리보솜의 구성요소인 리보솜 RNA(rRNA) ② 단백질 합성이나 번역과정에 관여하는 small RNA의 한 종류인 운반RNA(tRNA) ③ 그리고 DNA로부터 단백질을 암호화하는 정보를 가지고 있으며 그 후 단백질이 합성되는 동안 번역되는 전령 RNA(mRNA)이다. 최근 다양한 과정에서 아주 중요한 역할을하는 또 다른 종류의 RNA가 발견되고 있다. 비록 rRNA와 tRNA는 단백질로 번역되지 않지만, 이러한 RNA를 암호화하는 DNA 부분은 여전히 유전자라 불린다.

식물생명공학이 대체적으로 단백질을 암호화하는 유전자를 다루기 때문에, 이러한 유형의 유전자의 구조도 자세히 관찰될 수 있다. 진핵생물의 단백질을 암호화하는 유전자의 주요 특징에 대한 대략적인 내용을 나타내고 있다. 각 전사 단위는 자체 조절부위와 관련이 있고, 그곳의 가장 중요한 부위는 프로모터라 불리는 유전자의 5' 말단이다. 프로모터의 한 가지 중요한 점은 전사과정이 이루어지는 동안 전사(transcription)라고 불리는 DNA를 주형으로 하여 RNA 복사본을 만드는 과정에서 중요한 역할을하는 RNA 중합효소 II의 결합부위를 포함하고 있다는 것이다. 전사는 RNA 중합효소 결합 부위 부근의 정해진 지점(전사시작 부위)에서 시작된다.

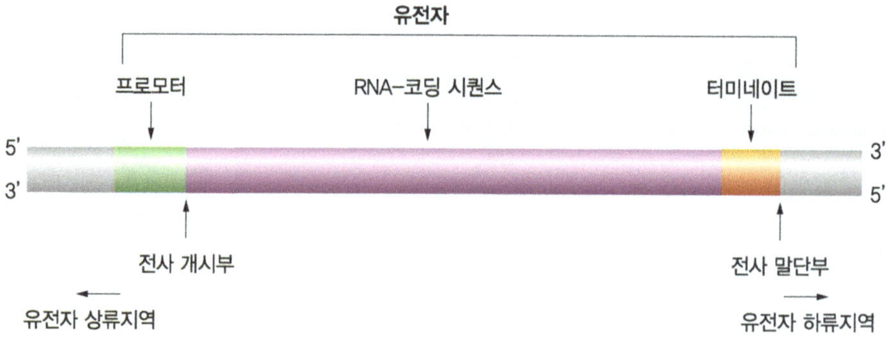

그림 5-5. 유전자 단위의 구조

RNA로 유전자 발현에 관련되는 부분인 RNA-코딩 시퀀스(RNA-coding sequence)와 이의 발현을 개시하는 프로모터(promoter) 부분과 RNA로 전사되는 종료부분의 역할을 담당하는 종결자(terminator) 등의 부분으로 구성이 되어 있다. 이중가닥의 DNA이므로 방향성을 5'말단과 3'말단으로 각각 표시하고 있다. 전사단위는 RNA 중합효소에 의해 전령 RNA의 전구체로 전사된 유전자 부위를 말한다. 이러한 전령 RNA 전구체는 5' 말단의 비번역부위(untranslated region, UTR)와 암호화된 부위, 그리고 3' 말단의 비해석부위로 구성되어 있다. 암호화된 부위는 엑손과 인트론으로 구성되어 있다. 엑손은 성숙한 전령 RNA의 대표물로 단백질(번역 될) 합성에 필요한 정보를 갖고 있으므로 그들을 암호화(coding)라고 말한다. 엑손들은 인트론(모든 유전자가 인트론이 있는 것은 아님)들에 의해 분리되어져 있는데, 인트론들은 성숙한 전령 RNA에는 존재하지 않으므로 비암호(non-coding)라 말한다.

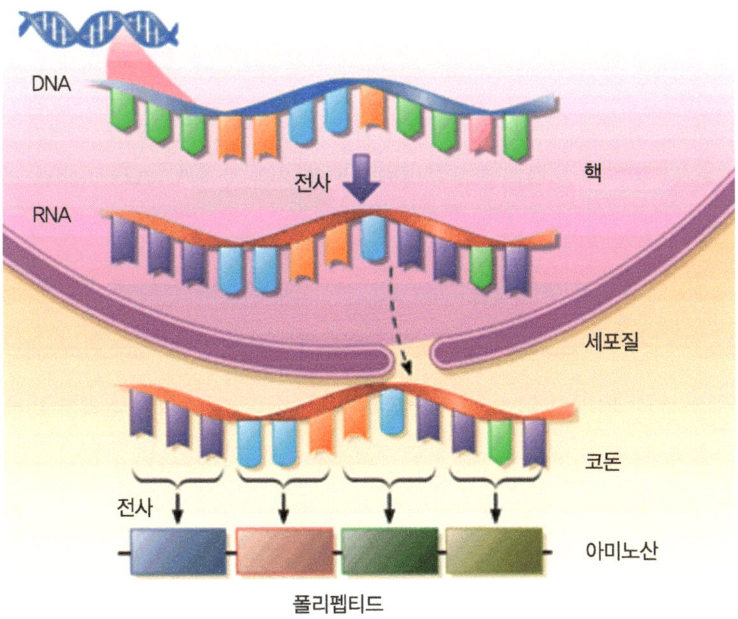

그림 5-6. DNA와 RNA의 전사와 단백질 합성

DNA→RNA→단백질(protein)로 이어지는 일련의 과정은 중심이론(central dogma)이라 부른다. 핵(nucleus) 안에서 DNA가 RNA로 변환되는 전사(transcription) 과정을 거친 후 전사된 RNA는 핵공(nuclear pore)을 통해서 세포질로 나온 다음 리보솜으로 가서 아미노산(폴리펩타이드, 단백질의 구성단위)으로 합성되는 번역 과정(translation)을 보여주고 있다.

유전자의 3' 말단 역시 아데닐산중합반응(polyadenylation)이나 폴리 A, RNA의 아데닐화에 필요한 신호역할을하는 부위(AATAAA)를 포함하고 있다. 아데닐산중합 반응과 전령 RNA 전구체의 가공과정을 거치는 동안 RNA는 쪼개어지고 그 결과 전령 RNA 전구체가 전사단위보다 더 짧아지게 된다. 그 후 5' 말단 부위에 3개의 인산그룹으로 인해 7-methylguanosine의 캡(cap)이 만들어지면서 전령 RNA전구 체 역시 변형이 된다. 이러한 캡과 폴리 A는 RNA가 핵산 가수분해 효소에 의한 파괴를 막을 수 있게 안전한 상태를 만든다.

전령 RNA 과정을 거치는 동안 인트론들은 제거된다. 엑손/인트론 경계는 인트론을 잘라내고 제거할 수 있게하는 신호 역할의 특정 염기서열로 구분된다. 번역과정 동안 전령 RNA는 단백질 유전자 산물을 구성하는 아미노산 정렬의 주형 역할을 한다. 이 과정을 번역(translation)이라고 하는데, 그 이유는 DNA와 RNA의 핵산언어에서 단백질의 아미노산 언어로 바뀌어지기 때문이다.

메티오닌 아미노산을 지닌 tRNA와 결합되어 있는 리보솜의 작은 부단위체는 전령 RNA의 5' 말단과 연결된다. 다음 큰 부단위체가 작은 부단위체와 결합하여 시작 부분(AUG)이 번역되기 시작하면서 번역과정이 개시된다. 리보솜은 전령 RNA의 5'에서 3' 방향으로 진행한다. 종결코돈(stop codon)에 도착하면 리보솜은 2개의 부단위체로 분리되고 단백질은 풀리게 된다. 다수의 리보솜들은 폴리솜(polysome)의 형태로 한 번에 하나의 전령 RNA를 번역한다.

각 아미노산은 코돈이라 불리는 3개의 아미노산 그룹으로 암호화된다. 이러한 코 돈들은 한 번에 1개로 번역된다. 몇몇 아미노산들은 단 하나의 코돈에 의해 암호화되고, 몇몇은 여러 개의 코돈에 의해 암호화된다. 아미노산은 각 전령 RNA 코돈으로 적절한 아미노산과 연결시키기 위한 하나의 어댑터의 역할을하는 운반 RNA와 결합하여야 한다. 이러한 작업이 진행되기 위해서는 운반 RNA가 두 가지 과업을 이행하여야 한다. 운반 RNA의 안티코돈(즉, 3개의 상보적인 염기)은 반드시 전령 RNA의 적절한 코돈과 염기 짝이 맞아야 한다. 또한 운반 RNA의 3' 말단 특정 아미노산과 결합하여야 하는데, 이때를 운반 RNA가 충전되었다고 한다. 단백질합성은 리보솜이라 불리는 특수화된 복수 단백질 복합체 위에서 일어난다. 리보솜은 단백질과 리보솜 RNA(rRNA)로 구성되어 있다. 리보솜의 기능은 아미노산을 가지고 있는 운반 RNA를 전령 RNA 주형 부근으로 가져다 놓고, 단백질을 만들기 위한 아미노산 간의 펩티드 결합형성을 촉매하는 것이다.

이미 메티오닌으로 충전된 운반 RNA가 결합되어 있는 리보솜의 작은 부단위체는 전령 RNA의 5'의 캡 구조에 가서 붙는다. 다음 작은 서브유닛은 전령 RNA 위의 개시 코돈 AUG를 찾아내고 번역을 위한 시작점과 해독틀을 수립하게 된다. 이는 리보솜의 작은 부단위체가 전령 RNA를 따라 5'에서 3'으로 이동하는 시점에서 스캐닝이라 불리는 과정 안에서 이루어진다. 번역은 일반적으로 전령 RNA 상의 개시 AUG 코돈에서 시작되지만, 이 개시코돈 주변의 염기서열이 번역개시의 효율에 영향을 미친다. 이후 리보솜의 큰 부단위체가 작은 부단위체와 결합하게 된다.

단백질이 만들어지는 동안의 아미노산 추가는 한 번에 하나의 아미노산만 가능하며 리보솜의 P, A, E라 불리는 세 부위가 관여한다. P 부위는 신장하고 있는 단백질과 P 부위를 차지하고 있는 충전된 운반 RNA 사이에 펩타이드 결합이 이루어지 는 곳이다. 비워져 있는 A 부분은 운반 RNA의 안티코돈이 A 부위에 노출된 코돈과 일치할 경우 충전된 운반 RNA와 결합한다. E 부위에 있는 운반 RNA(지금은 비워져 있는)는 분출된다. A 부분에 있는 운반 RNA의 아미노산과 신장 중인 단백질 간의 펩타이드 결합이 형성되는데, 실제로 신장 중인 단백질이 A 부분에 있는 운반 RNA의 아미노산으로 이동하는 것이다. 이 과정을 거치게 되면 단백질 신장에 있어 하나의 아미노산이 추가되는 결과를 갖게 된다.

이제 P 부위를 차지하고 있던 충전되지 않은 운반 RNA는 이제 비워져 있는 E 부위로 이동하게 된다. 신장 중인 단백질을 지닌 운반 RNA는 A에서 P 부위로 이동되고 리보좀은 전령 RNA를 따라 1개 코돈씩 이동한다. 이러한 이동은 A 부위에 있는 또 다른 코돈이 노출되고 이에 적절한 안티코돈을 가진 또 다른 충전된 운반 RNA가 가서 붙게 된다. 이러한 과정은 종결코돈에 닿기까지 계속 반복되고, 종결 코돈에 도달하면 단백질이 풀려나가고 리보솜이 전령 RNA로부터 분리된다.

3. 유전자 발현의 조절

유전자들이 공간적, 시간적으로 올바르게 발현되기 위해서는 유전자의 발현이 매우 조심스럽게 조절되어야하는 것이 필수적이다. 진핵생물에서는 유전자 발현은 다양한 수준과 단계에서 조절된다. 이는 다음과 같이 대략적으로 분류될 수 있다.

① 염색질 형태

② 유전자 전사

③ 핵내 RNA 수정, 스플라이싱, 회전과 이동

④ 세포질 RNA의 회전

⑤ 번역

⑥ 번역 후의 수정

⑦ 단백질 위치결정

⑧ 단백질의 단백질전환

염색질 형태는 RNA 중합효소가 DNA에 붙는 가능성에 영향을 줌으로 유전자 발 현에 관여하게 된다. 핵 내의 DNA가 RNA 중합효소로 접근하는 것은 중심 히스톤의 라이신 잔기의 아세틸화에 의해 조절된다. DNA의 메틸화는 염색질 형태를 변화시킴으로 전사를 막을 수 있다. 다른 염색질-변화 시스템 역시 식물에서도 발견된다. 이러한 시스템은 유전자 발현을 조절할 수 있는 염색질 형태의 가역적인 변화를 유도한다. 염색질 형태의 변화는 전사인자에 의한 조절과는 달리, 염색체의 전반에 걸쳐 유전자 발현에 영향을 준다.

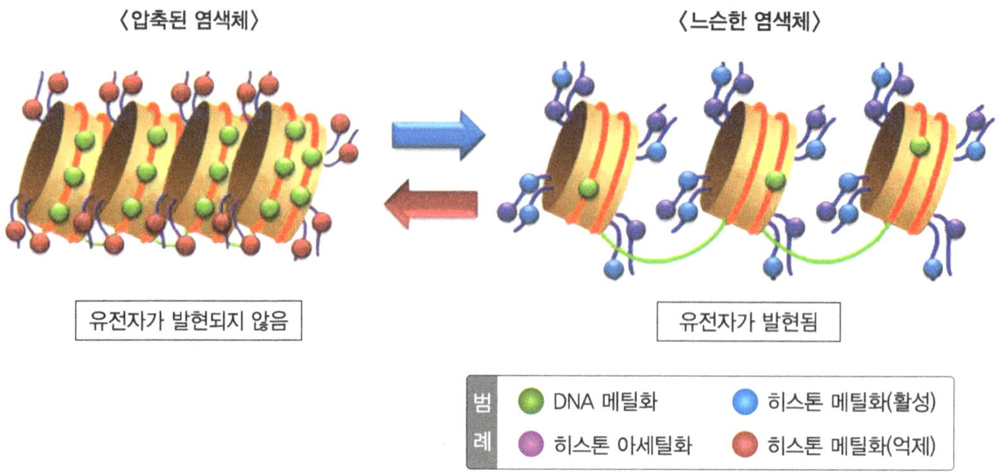

그림 5-7. DNA의 메틸레이션(methylation)과 유전자 발현

DNA의 메틸화(methylation, 화학적, 생화학적으로 어떤 물질에 메틸기(CH_3)가 붙거나, 다른 원자 또는 작용기가 메틸기로 치환되는 것을 의미)에 의해서 유전자가 발현(transcription)되는 양상을 변화시킨다. 메틸레이션이 되면 DNA구조가 공간적으로 응축되어 전사인자와 결합할 공간이 없어짐으로 해서 유전자발현을 시킬 수 없게(gene switched off) 되며 메틸레이션이 일어나지 않은 상태(unmethylated)에서는 DNA가닥이 충분히 노출되어 늘어질 수 있는 환경이 되어 전사인자와 결합이 가능하게 되고 유전자가 발현(gene switched on)할 수 있게 된다.

한 식물 유전자 내의 대부분 조절자들은 프로모터(promoter)라 알려져 있는 영역 내 전사 시작부위의 5'에 위치한다. 프로모터는 유전자의 전사를 조절하는 단백질을 모으는 역할을하는 다양한 염기 요소(짧은 길이의 특정 DNA 염기서열)들을 지닌다. 이러한 염기 요소들은 cis-배열(cis-element)이라고 부른다(유전자가 암호화된 부위와 동일한 DNA 가닥 위에 있기 때문에). 이러한 염기 요소들 중 가장 기본적인 것은 타타박스(TATA box)인데, 이는 전사 시작 부위보다 25~30bp 윗부분에서 발견된다.

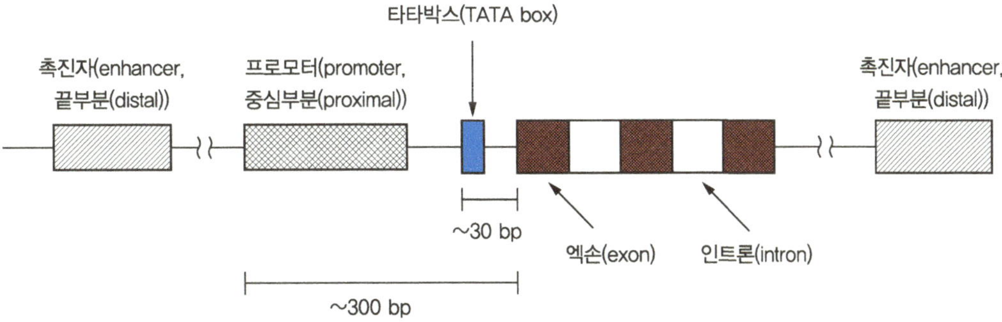

그림 5-8. 유전자 발현과 타타박스(TATA box)

타타박스(TATA box)는 보통 전사시작부위보다 약 25~30bp 윗부분에 위치하고 있으며 RNA 중합효소II를 유전자의 정확한 위치로 인도해서 전사를 시작하도록 한다. 유전자의 발현을 개시해 줄 수 있는 프로모터(promoter)와 이의 발현을 더욱 증가시켜줄 수 있는 촉진자(enhancer)가 있다. 유전자는 아미노산합성에 관련되는 엑손(exon) 부위와 그렇지 않은 인트론(intron) 부분으로 구분된다. 유전자에 따라서는 인트론이 전혀 없는 것도 있다.

타타박스(TATA box)의 기능은 RNA 중합효소II를 유전자의 정확한 위치로 인도해서 전사를 시작하도록하는 것이다. 어떤 유전자는 여러 가지 타타박스(TATA box)를 갖는 반면, 다른 유전자에서는 타타박스(TATA box)를 볼 수가 없다. 타타박스(TATA box)의 결손은 항시발현 유전자(housekeeping genes, 항상적으로 발현되는 유전자)와 관련된 특징이라고 처음에 생각되었지만, 몇 유도 유전자들이 그들의 프로모터에 타타박스(TATA box)가 엇는 것이 밝혀짐으로 이러한 경우는 아닌 것이 증명되었다. 타타박스(TATA box)가 엇는 경우 다른 모티브들이 대신 역할을 하는데, 몇몇 부류의 유전자(광합성과 관련된 유전자 같은)에서는 TATA 모티프가 없는 프로모터가 일반적이다. 타타박스(TATA box)로부터 좀 더 위쪽 방향에서 다른 염기 요소들이 발견된다.

진핵생물의 유전자에서 가장 일반적인 것은 CAAT와 GC box이고, 이는 RNA 중합효소의 활성을 높이는 역할을 한다. 타타박스(TATA box)와 같은 염기 요소들은 종종 핵심 혹은 최소 프로모터 요소라 불리기도 하는데, 이는 이들이 RNA 중합효소가 프로코터에 결합는데 기여하고, 초기 전사 시작에 중 요한 역할을 하기 때문이다. 핵심 프로모터는 다른 프로모터 요소들과의 상호작용을 통해 식물 유전자 발현 조절에 중요한 역할을 한다.

유전자의 프로모터에는 다른 염기 요소들도 발견된다. 이들은 RNA 중합효소에 의한 전사에 요구되는 전사인자(transcription factor)라 불리는 특이 단백질과의 결합과 관련된다. 이러한 전사인자(혹은 trans-acting 인자)들은 다양한 신호들을 유전자 발현과 연계시키고 발현의 수준, 장소 그리고 시간을 정하는데 중요한 역할을 한다. 비슷한 기능을 하거나 비슷한 신호에 반응하는 유전자들 간에서는 이들의 염기 요소들 또한 흔히 비슷하다.

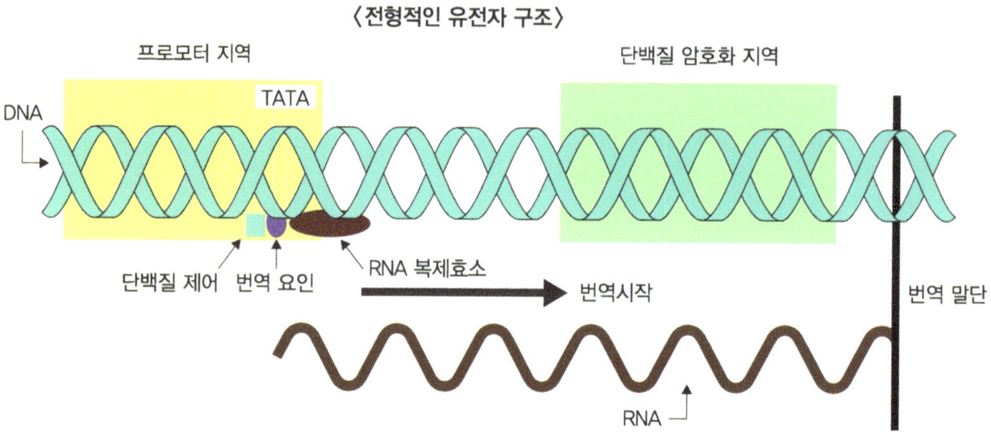

그림 5-9. 전사인자와 RNA 합성 효소가 결합하는 모습
(https://www.docsity.com/it/docs/promotori-ed-elementi-di-regolazione/4919415/)
타타박스(TATA box)를 포함하고 있는 유전자 윗부분의 프로모터지역에서 전사인자(transcription factor)와 RNA 합성 효소(RNA polymerase)가 결합하는 모습이며 이들 unit가 모두 온전하게 결합되었을 때 비로소 유전자의 전사(gene transcription)가 화살표 방향으로 개시될 수 있다. 전사되는 RNA가닥은 종결점에 가서 전사가 종료된다.

기능을 가진 전령 RNA가 세포질로 들어가 번역과정을 하기 위해서는 많은 과정들이 이루어져야 한다. 이러한 모든 과정들은 유전자의 발현을 통제하기 위해 이루어질 수 있다. 동일한 유전자로부터 상이한 전사체가 생성될 수 있도록 미숙한 전령 RNA(pre-mRNA)의 스플라이싱 동안 상이한 스플라이싱 지점이 인지될 수 있다. 이러한 대체 스플라이싱은 다양한 조직이나 자극에 대한 반응이 상이한 전사체를 만들거나 하나의 유전자에서 다수의 전사체들을 생성하는데 이용된다. 다양한 신호에 반응한 번역의 조절은 유전자 발현 조절에 있어 아주 중요한 과정이라는 사실이 점점 밝혀지고 있다. 번역의 시작과 신장 과정에 대한 효율은 여러 가지 요인들에 의해 영향을 받을 수 있다.

전령 RNA에 5' 말단의 캡과 3' 폴리(A) 꼬리는 상승작용에 의해 번역을 부추기는 역할을 한다. 번역과정 개시 효율은 여러 가지 요소들에 의해 결정되는데, 가장 중요한 것은 AUG의 번역 개시 코돈과 전령 RNA의 5' 말단과의 거리와 개시코돈(intiation codon) 주위의 2차 구조이다. 쌍자엽식물과 단자엽식물에서 번역 개시 코돈의 공통 염기서열(consensus sequence)은 컴퓨터 분석에 의해 다음과 같이 밝혀졌다. ① 단자엽식물 (A/C) (A/G) (A/C) CAUGGC ② 쌍자엽식물 A A (A/C) AAUGGC이다. 여기서 번역 개시코돈, AUG가 밑줄로 표시되어 있고 보존된 염기들이 진하게 표시되어 있다. 추가적인 분석에 의하면 +4에서 +11까지 위치의 염기들 역시 유전자 발현을 조절한다는 것을 알 수 있었다. 특이 단백질들이 전령 RNA에 붙음으로 번역 과정이 촉진된다. 많은 단백질들은 기능성을 갖기 위해 번역 후 변형된다. 단백질들은 번역 후 아주 다양한 변화를 겪을 수 있다. 신호 펩타이드(단백질을 세포 내 특정 구조들과 세포소기관으로 이동시키는)는 전구체 단백질로부터 단백질 가수분해가 일어나 분리된다. 특별한 잔기들은 인산화, 글리코실화, 아세틸화에 의해 변화가 일어난다. 이러한 변화는 가역성 변화(특히 인산화와 아세틸화)로 많은 수의 단백질들의 활성과 위치를 조절함으로 이루어진다.

〈단백질 구조의 진전〉

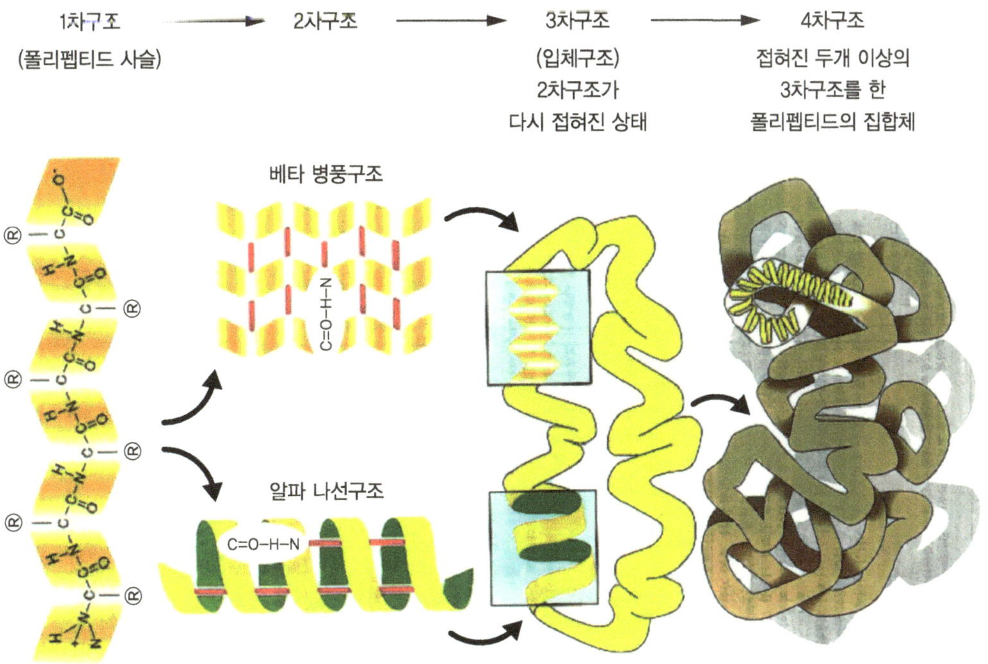

그림 5-10. 단백질의 1차, 2차, 3차 구조 모식도

단백질의 1차, 2차, 3차 구조. 폴리펩타이드 사슬로 구성된 1차 구조가 알파 나선구조와 베타 병풍구조로 형 성되면서 2차구조가 형성이 되고 이들 구조가 다시 접혀지게 되면 3차 구조가 형성된다. 이어서 접혀진 두 개 이상의 3차 구조가 합쳐지게 되면 4차 구조가 형성이 된다. 번역 후 변환과정(post-translational modification)은 이렇게 형성된 4차 구조의 단백질에 저분자의 결합으로 인하여 단백질의 구조와 기능에 변화를 가져오는 것을 말하며 생체반응에 아주 중요한 역할을 한다.

기능을 적절히 발휘하기 위해서는 단백질들은 올바른 세포 내 구조에 위치해 있어야 한다. 단백질이 핵, 엽록체, 미토콘드리아, 액포, 퍼옥시좀으로 위치하게 하고 소포체 내에서 유지되게 하는 역할을하는 특별한 신호들이 밝혀졌다.

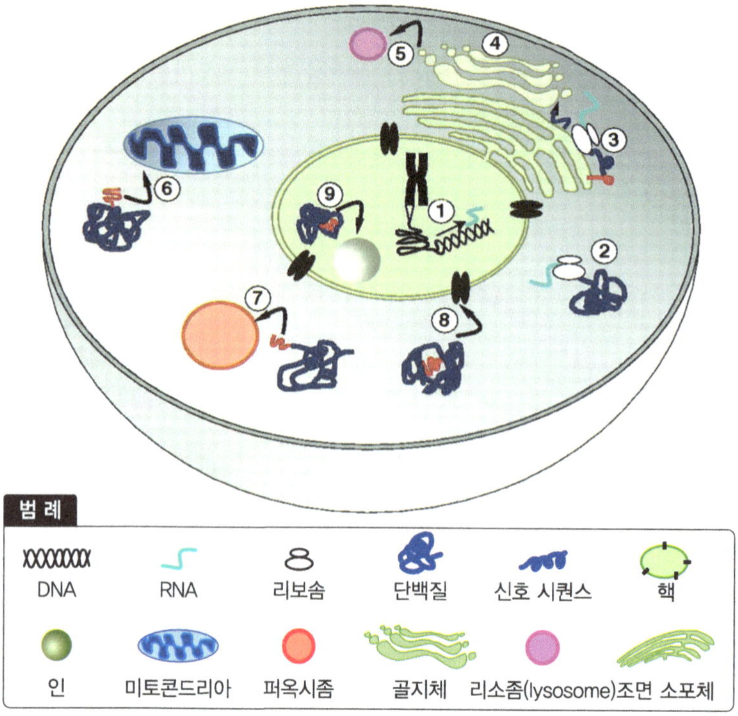

그림 5-11. 합성된 단백질이 그들의 고유한 위치로 이동하는 모식도

합성된 단백질이 그들의 고유한 위치로 이동하여 배치(localization)된다. 개개의 단백질에 따라 세포소기관 내의 어디로 가야할 지가 신호서열(signal sequence)에 의해 결정되어 있으며 핵으로 갈 수도 있고 리보솜이나 세포 원형질막에 갈 수도 있다.

세포의 액상에 존재하는 대부분 단백질은 안정화되어 있고 상대적으로 긴 반감기(며칠)을 갖고 있다. 그러나 신속한 단백질 가수분해 작용의 표적이 되게하는 특별한 아미노산 잔기나 모티브를 가진 단백질(대체로 단수명의 전령 RNA에 의해 암호화된)들은 이로 인해 빠르게 분해된다.

N-말단 아미노산은 단백질 안정성에 영향을 준다고 알려져 있다. 처음으로 N 말단 아미노산으로 메티오닌(methionine)이 만들어지고 모든 단백질이 합성되더라도, 종종 곧바로 붕괴되기도 한다. 결론적으로 유전자 발현은 많은 것들에 의해 조절된다. 특별한 유전자 발현은 여러 단계로 규제되어 올바른 조절이 이루어지게 된다. 유전자 발현에 영향을 주는 환경적 신호나 식물 호르몬 같은 특별한 자극은 유전자 발현 과정의 여러 단계에 영향을 미친다. 이러한 다단계적 조절은 유전자 발현이 섬세하게 조절되도록 하고 식물세포의 요구에 유연하게 반응하도록 한다.

4. 식물체 형질전환의 의미

숙주 식물체의 유전체로 전이 유전자의 도입과 안정한 삽입은 성공적인 식물체 조작의 첫 번째 단계일 뿐이다. 전이된 유전자는 공간적 시간적으로 적절한 방법을 통해 발현되어야 한다. 전사과정도 제대로 이루어져야 하고 단백질 산물은 적절히 변형되어 올바른 세포기관에 작용되어야 한다. 이러한 전제조건이 이루어지기 위해서는 식물체에 도입하기 전 상당한 노력들이 전이유전자 실험에 필요할 것이다.

어떤 경우는 결정이 아주 간단히 이루어진다. 만약 세포질 내 단백질 발현이 많이 되어야 할 경우, 발현의 시간과 장소는 중요하지 않고, 꽃양배추 모자이크 바이러스의 35S 프로모터 [cauliflower Mosaic Virus 35 S 프로모터(promoter), -CaMV 35S 프로모터(promoter)] 같은 잘 알려진 프로모터가 사용된다. 그러나 이러한 단순한 항상적 발현 양식이 요구되는 경우는 많지 않다. 이식된 유전자들이 특수한 형태로 발현되도록 하기 위해 다른 유전자의 프로모터 조각의 형태나 특정한 염기서열 요소들 같은 대안적 조절 염기서열들이 사용될 수 있다.

유용유전자원을 형질전환을 통해서 식물체에 도입을 하고 세포배양을 통해서 온전한 형질전환식물체를 만드는 일련의 과정을 보여주고 있다.

예를 들어, 이식 유전자는 세포 내 또는 외부로부터의 자극에 반응하여 발현되거나, 어떤 특정 조직에서 발현되어야 한다. 아래에서 보여주듯이 어떻게 다른 프로모터 요소들이 이식 유전자 발현 조절에 사용되는지 프로모터 분석으로부터 발견된 몇 가지 예가 있다.

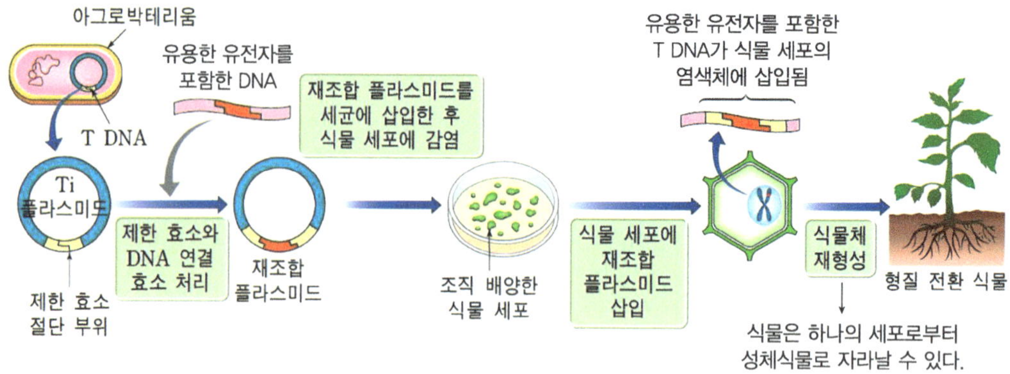

그림 5-12. 유용유전자를 형질전환을 통해서 식물체에 도입하는 모식도

1) 이식 유전자 발현을 조절하는데 사용되는 프로모터의 예

(1) 광 조절 유전자 발현

광반응 유전자의 프로코터 분석으로 광유도 발현에 요구되는 유전자 영역이 있다는 것이 밝혀졌다. 프로모터 활성에 필요한 이러한 영역으로 여러 가지 공통 염기 요소들이 알려져 있다. 이러한 염기 요소들은 광 반응요소(light-responsive element, LREs)라 한다. LREs의 역할은 복합적인데, 모든 광 조절 유전자에서는 빛에 의한 발현을 위해서 1개의 LRE가 아닌 2개나 그 이상의 LREs가 반드시 존재해야 한다. 몇 LREs가 한 쌍의 조합으로 최소 프로모터로서 광유도 발현을 일으키는데 충 분하다는 증명이 되었다.

(2) ABA 유도 유전자 발현

Abscisic Acid(ABA)는 많은 유전자들의 발현을 조절하는 호르몬이다. 프로모터 분석으로 ABA에 의해 유도된 유전자의 프로모터 일부분이라도 ABA-유도성에 최소 프로코터로 충분하다는 것을 밝혔다. ABA에 의한 유도는 2개의 염기 요소 존재에 의해 영향을 받는다. 하나는 ACGT 코어를 가지는 다른 cis-요소들과 같은 ABA-반응요소(ABA-response element, ABRE)의 다른 하나는 커플링요소(coupling element, CE)이다.

(3) 조직-특이(유전자) 발현

특정조직에서 발현된 다양한 유전자의 프로모터의 분석으로 발현의 패턴을 결정하는 염기 요소들을 발견하게 되었다. 종자 보존 단백질은 이러한 점에서 연구되었는데, 발현하는 위치를 결정하는 염기요소(레구민 박스같은, 5'-TCCATAGCCA TGCAAGCTGCA-3')가 알려져 있다.

5. 단백질 표적

단백질이 적절히 기능을 하기 위해서는 특정한 세포 내 장소에서 작용을 하여야 한다. 제초제-내성 식물을 만들기 위해서는 엽록체 내에서 작용하는 이식 유전자 산물이 필요한데, 이는 엽록체 표적 단백질의 이동 펩타이드를 첨가함으로 가능하다. 식물생명공학의 어떤 분야에서는 단백질 축적을 제한하는 정상적 조절을 피할 수 있기 때문에 대체된 세포 내 위치로의 의도적인 표적실패(mis-targeting)가 도움이 될 수 있다.

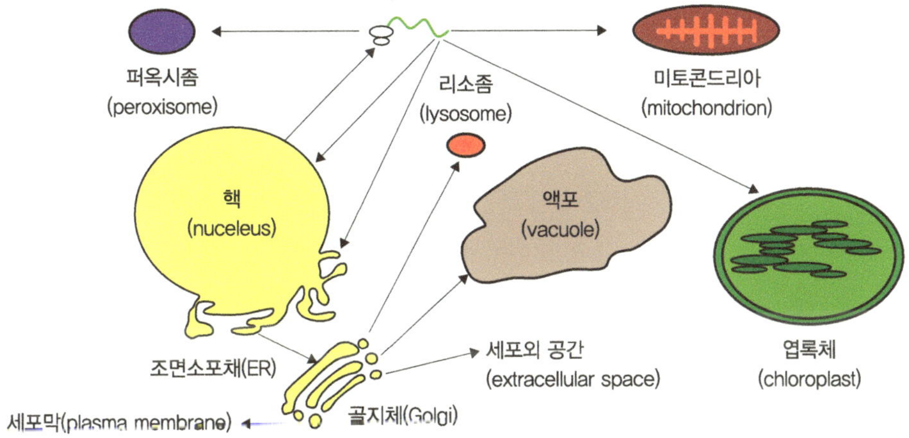

그림 5-13. 다양한 세포 내 소기관이 배치되는 모식도

형질전환을 통해 도입된 새로운 유전자가 이종 단백질을 합성한 다음 그 기능을 최대로 발휘할 수 있는 위치로 타겟팅(targeting)되어야 할 필요가 있다. 다양한 세포소기관으로 타겟팅(targeting)으로 할 수 있음을 보여주고 있다. 핵(nucleus), 엽록체(chloroplast), 액포(vacuole) 등의 다양한 세포내 소기관에 타겟팅(targeting)의 전략을 세울 수 있다.

6. 이종 프로모터

이식 유전자 발현을 조절하는데 이종 프로모터의 사용을 고려하면서 여러 가지 사실이 추정되었다. 첫 번째는 한 식물체의 트랜스 활성인자(trans-acting element)가 이종 프로모터의 시스 염기요소(cis-acting element)를 인지할 것이다. 많은 경우, 이런 현상이 발생하는 것으로 나타나지만, 어떤 경우(특히 만약 단자엽식물의 프로모터 요소들이 쌍자엽식불에서 이식 유전자 발현을 조절하는데 사용되거나 혹은 그 반대가 된다면)에는 그렇지 않다. 일반적으로 이식 유전자가 적절히

스플라이싱 되고 올바른 과정을 거쳐 단백질이 되고 정확히 폴딩과 변화가 될 것이라고 추정하지만, 항상 그렇게 되는 것은 아니다. 유전자 발현조절에 대해 더욱 많은 연구가 진행됨에 따라 식물 생명 공학자들이 이종 프로모터와 다른 도구를 이용하면서 얻을 수 있는 것이 자연 상태에서의 발현과정에 근접해진다는 점이 분명해지고 있다. 다행스럽게도, 많은 경우 이러한 접근은 생물공학 프로그램에 사용할 만큼 충분히 근접해 있다.

7. 유전체 크기와 구조

게놈 염기서열 분석에 최근 진전에 비추어 보면, 분자 수준에서 식물 유전체에 대해 우리가 무엇을 알게 되는지에 대한 질문과 그리고 이러한 주어진 정보로 무엇을 할 수 있을지에 대한 고려를 해 보기에 적절한 시점이다.

생물체 간 핵 유전체의 크기는 다양하다. 즉, 진핵 세포에서는 반복이 안된 DNA(C value)는 약 10^7에서 10^{11} 염기까지 다양하다. 일반적으로 핵 유전체의 크기는 생물체 복잡성에 영향을 주어, 즉 박테리아 유전체는 곰팡이의 그것보다 작고, 결국 동물과 식물의 유전체보다 작게 된다. 그러나 이러한 단순한 관계가 항상 성립하는 것은 아닌데, 식물유전체의 상대적 크기비교에서 이러한 상황을 C-값 역설(C-value paradox)이라고 알려져 있다.

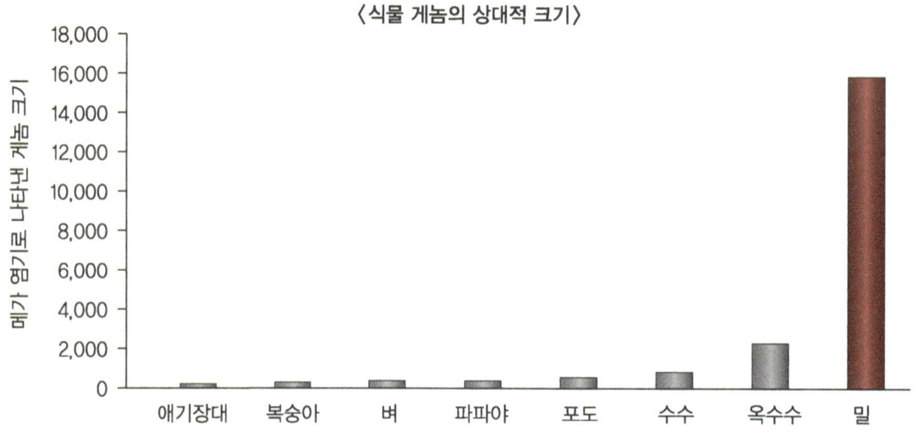

그림 5-14. 다양한 식물 게놈의 상대적 크기

여기서 C-값(C-value)은 한 생물의 반수체 유전체의 DNA 양이다. C-값 역설(C-value paradox)은 생물체의 복잡성과 유전체 크기 사이에 예상과 다른 관계가 있음을 보여주는 현상이며 이는 유전체 내 정크 DNA(junk DNA)의 존재와 연관되어 있다.

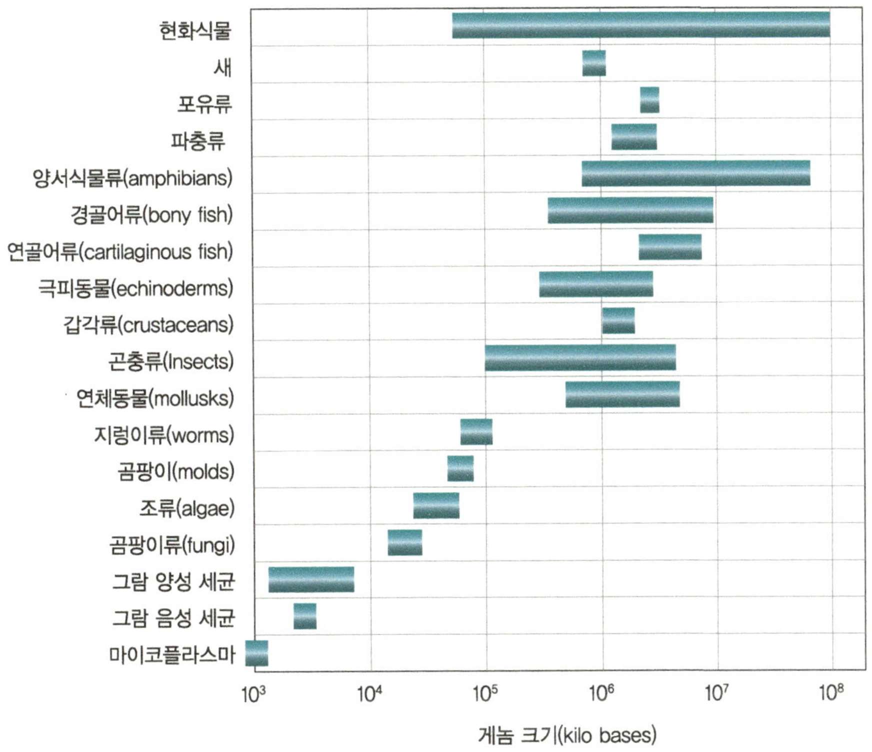

그림 5-15. 생물들의 게놈 크기

많은 양서류가 인간보다 C-값(C-value)이 훨씬 크다. 이는 많은 생물체들이 단지 유전체의 일부 퍼센트만 실제 단백질을 암호화하는데 쓰고 있다는 것을 보여준다. 인트론과 유전자의 5' 말단과 3' 말단 부분 같은 다른 부분에 대해 고려한다 해도, 이는 몇몇 생물체에 있어서는 대부분의 DNA가 암호화되어 있지 않고 기능을 가지고 있지 않음을 의미한다. 핵 유전체의 암호화 되지 않은 많은 DNA는 반복적 DNA로 이루어져 있다. 반복 DNA는 비슷한 반복 서열을 가진 것끼리 그룹이나 가족으로 구성되어 있고 두 가지 타입으로 나눠진다.

연쇄반복(tandem repeats) 또는 위성 DNA(satelite DNA)와 분산 반복(dispersed repeats)이다. 연쇄반복(tandem repeats)은 특정한 위치와 관련되어 있는데, 일차적으로 염색체의 동원체(centromeric, 유사분열 방추의 섬유가 자신들끼리 붙는 부분)와 양말단(telomeric, 염색체 끝부분) 부분을 구성한다. 몇몇 식물종에서는 유전체 전체부분을 구성할 수도 있는 분산 반복(dispersed repeats)은 유전체의 전반에 걸쳐 발견되고 종종 전이요소(transposable elements)와 관련된 경향도 있다.

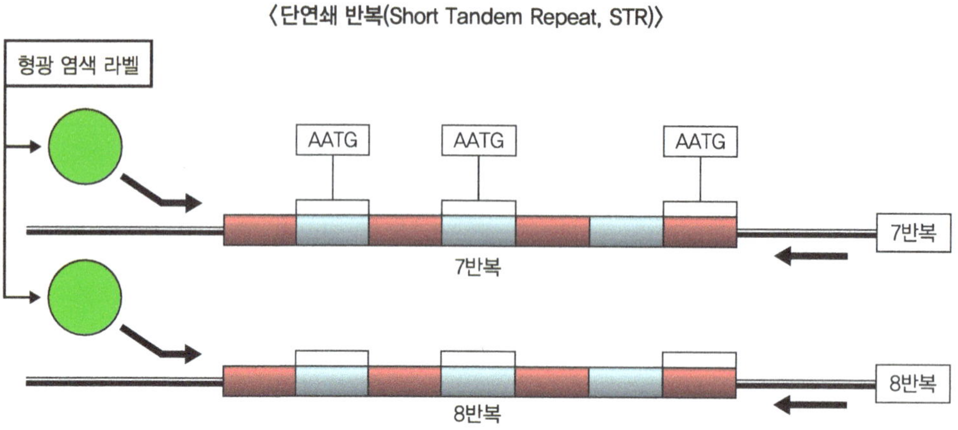

그림 5-16. 연쇄반복(tandem repeats)에 대한 모식도

DNA의 연쇄반복(tandem repeats)은 특정한 위치와 관련되어 있으며 일차적으로 염색체의 동원체와 양말단 부분을 구성한다.

8. 애기장대와 새로운 기술

최근 몇 년간 생물학에서는 혁명이 일어났다. 아마 이러한 혁명의 가장 잘 알려진 예로는 인간의 모든 유전체의 해독일 것이고, 이는 삶의 질을 향상시키는데 크게 유용할 수 있는 놀라운 기술적인 업적이다. 식물학 역시 자체적 혁명을 보여 왔는데, 다른 영역의 진보를 모방해 온 부분도 있지만, 어떤 부분은 식물에 독보적이다. 식물학에서의 이러한 진보는 식물에 대한 많은 연구가 응용학이라는 점과 식물학과 관련되어 윤리적, 도덕적 문제들이 훨씬 적다는 점에서 아주 빠르게 인류에게 실질적인 이득을 줄 수 있다.

유전체는 식물생명공학에서 사용될 수 있는 최근 개발된 기술 중에 하나의 범위에 지나지 않는다. 더구나 다양한 유전자 염기서열 분석 노력에 대한 진정한 잠재력은 이러한 새로운 기술들과 함께 잘 어우러질 때 실현될 것이다.

1) 기능 유전체학

기능 유전체학(functional genomics)을 가장 직접적으로 조사하는 방법 중 하나는 그 유전자를 돌연변이 시켜서 더 이상 기능적 단백질 생산물을 만들지 못하게 하는 것이다. 일반적으로 식물에서는 외부 DNA 조각을 유전자에 넣는 방법을 포함한 다양한 방법을 수행하고 있다. 이러한 삽입 돌연변이(insertional mutagenesis) 방법의 장점은 삽입하려는 곳의 위치를 찾는 것이 비교적 간단하다는 것이다. 이러한 과정은 무작위로 일 어남에 따라, 특정 유전자에 돌연변이를 갖는 각 돌연변이 식물체의 많은 라이브러리들이 만들어지게 된다. 이러한 돌연변이체는 유전자형이 알려져 있고 그 결과 생긴 표현형이 알려져 있는 역유전학(reverse genetics)이라 알려진 과정을 통해 특정 유전자 기능을 연구하는데 사용된다.

2) 전사체학

전사체학(transcriptomics)은 유전자 발현 패턴을 유전체 전체적으로 분석할 수 있게 개발된 기술이다. 이는 고도의 자동화 과정이고 실험자가 유전자 발현의 변화를 확인 할 수 있는데 예를 들면 특정 처리에 대한 반응하는 유전자 발현이다. 특정한 처리에 의해 서나 특정한 발생단계에서 발현 패턴이 바뀐 유전자 확인은 식물생명공학자들에게 잠재적인 사용가능성을 주는 유전자 동정 방법 중 하나이다. 예를 들어, 해충 공격에 많은 양이 발현된 유전자가 있다면 이는 해충에 대한 식물 방어와 관련되어 있다고 볼 수 있다.

3) 단백질체학

단백질체학(proteomics)은 유전체에 의해 암호화된 단백질 전체) 연구에 대한 시도는 초기 수준에 있고 현재는 과발현 단백질 분석에 국한되어 있다. 이러한 기술의 장점은 실제로 유전자 발현 즉 단백질의 기능적 결과물을 볼 수 있는 것이고 번역 후 변이에 대한 연구를 가능하게 한다. 이러한 기술은 전사체학 다음으로 유전자 발현의 다음 단계를 분석하려고 시도하고 있다.

4) 대사체학

대사체학(metabolomics)은 분석 화학을 이용한 세포의 화학적 구성요소에 대한 연구이다. 농업적으로 가치가 있는 형질과 연관된 차이점과 유사성 등 다른 부류의 대사물질(식물호르몬 같은)들이 연구될 수 있다. 대사체학의 한 가지 흥미로운 결과물은 같은 식물체의 다른 다양성 간보다 형질전환 식물체와 대조 식물체와 같은 서로 간에 차이점이 더 적은 것을 통해 유전공학은 아주 정밀과학이라는 것을 검정하는 것이다.

5) 게놈 분석 프로젝트

애기장대(Arabidopsis, 아라비돕시스)는 유전 연구의 핵심 식물이다. 애기장대는 작은 쌍자엽의 십자화과 식물로 식물학 연구에 좋은 점들을 갖고 있는 모델 종이다. 이는 배추과의 한 식물이고 양배추, 꽃양배추, 콩나물, 그리고 지방종자 유채꽃(카놀라과) 같은 작물과 연관되어 있지만, 상업적 가치가 없는 잡초의 상태임에도 불구하고 이러한 모델이 되었다. 애기장대는 이상적인 실험 식물이 되는 특성들을 가지고 있다. 짧은 세대교번과 작은 키, 그리고 많은 자손(종자)을 낳는 이러한 점들은 유전적 그리고 돌연변이 분 서에 안성맞춤인 셈이다. 또한 형질전환이 용이하고 게놈-염기서열 분석 사업에 가장 중요한 특징인 고등식물에서 가장 작은 유전체(125Mb)를 가진 것들 중 하나이다. 그러므로 애기장대는 게놈 염기서열 분석이 완전하게 이루어진 첫 번째 식물이다.

6) 애기장대 게놈 사업

다국적 팀에 의한 다년간 노력으로 2000년 12월에 완전한 애기장대 게놈 염기서 열이 발표되었다. 국제공동 애기장대 게놈 사업(Arabidopsis Genome Initiative, AGI)은 1996년에 이 식물의 게놈 염기서열 분석을 시작하였다. 이미 이루어진 기술의 도움을 바탕으로 99.99%와 99.999% 사이의 전무한 정확성으로 모두 154,000,000개의 염기가 밝혀졌다. 나머지 10Mb는 염기서열이 어려운 부분 또는 반복 부분에 해당된다. 이는 목표와 자원이 주어진 공적 재정지원을 받은 과학에 의해 달성될 수 있는 최고의 사례 중 하나임이 분명하다.

애기장대 게놈에서 약 25,500개의 유전자가 예측되었다. 이는 몇몇의 다세포의 진핵세포들(선충의 예쁜 꼬마선충은 19,000개의 유전자이고 사과즙 파리인 노랑초파리는 약 13,600개의 유전자를 가지고 있다. 이는 비교적 많은 것이지만 30,000개에서 40,000개로 예측된 인간 보다는 적은 수이다. 이것은 컴퓨터의 예측을 기초로 이루어진 분석이라는 점이 중요하다. 애기장대는 상당한 수준의 중복 유전자가 존재하기 때문에, 분명한 단백질 타입의 총수는 단지 11,600개 밖에 되지 않는데, 선충과 파리에서 예측되는 수와 비슷한 양상이다.

7) 기능적 분석

애기장대의 예측된 유전자의 70% 정도에 대해 모든 생물체에 있어 기능이 알려진 단백질과의 염기 유사도를 바탕으로 그 기능을 부여할 수 있다. 그러나 단지 예측된 유전자의 9%에 대해서만이 실험을 통해 그 기능이 알려졌다는 것은 주목할 만하다. 기능을 알 수 없는 30%의 유전자는 식물-특이적 단백질이거나 다른 생물체의 알 수 없는 기능을 가진 유전자와 비슷한 고차원의 단백질로 구성되어 있다. 애기장대는 신진대사와 방어와 관련된 유전자가 상대적으로 높은 비율을 차지하고 있다. 이는 애기장대가 고착 독립 영양생물이라는 사실을 반영한다. 다른 진핵생물에서 동일한 단백질이 있는 것으로 밝혀진 애기장대의 단백질의 비율은 단백질 분류별로 차이가 있다.

8) AGI의 생명공학적 의미

애기장대 게놈 사업(AGI)로부터 받은 데이터들이 식물 생물학의 많은 분야에서 매우 유용한 것으로 드러났다. 많은 생물공학회사들은 애기장대 게놈 염기서열 분석 노력의 결과들을 이미 이용하고 있다. 애기장대가 작물 식물이 아니지만, 식물생명공학이 관심을 가지는 많은 과정(병과 해충에 대한 저항성과 스트레스에 대한 내성)들은 애기장대나 작물 식물들과 공통적인 모습을 갖는다. 애기장대는 생물공학을 성공적으로 조작하여 사용하기 전의 필수 조치인 이러한 과정을 이해하기 위한 이상적인 도구를 식물 과학자들에게 제공한다.

9) 작물 게놈 염기서열 분석

애기장대 게놈 사업(AGI)의 완성은 의심할 바 없이 식물 생물학에서 중요한 단계이고, 모델 체계로 애기장대의 유용성은 이미 증명되었다. 그러나 애기장대는 식량으로서의 역할을 할 수 없다. 세계 인구들 대부분은 필요한 칼로리와 영양의 공급을 곡물과 특히 벼에 의존한다. 곡물들은 단자엽식물이기 때문에 개발 면에 있어서는 애기장대(쌍자엽)와 중요한 차이점을 보여준다. 특히 쌍자엽과 단자엽 사이에 종자/배유의 발달이 다르게 일어난다는 점이 중요하다. 그러므로 애기장대가 여러 가지 면에서 이상적인 모델이기는 하지만 그 자체 유전체의 해명으로는 몇몇 중요한 문제에 대한 단서를 제공하지는 못한다. 벼 역시 게놈 염기서열 분석이 1차적으로 완료되었지만 벼의 유전체는 애기장대보다 4배 정도 큰 것으로 보이고 작물 유전체 중 가장 작은 것 중 하나이다. 벼의 우수한 유전자 지도 또한 존재하며, 곡물 간에 유전자 내용과 순서가 잘 보존되어 있다는 것이 유전자지도 실험으로 이미 알려졌다.

10) 벼 게놈

벼의 게놈 염기서열 분석을 위해 대규모의 다국적인 노력(International Rice Genome Sequencing Project, IRGSP)이 이루어졌다. 2002년 4월에 중요한 벼 2종(*indica*, *japonica*)에 대한 염기서열 분석 초안이 발표되었고, 2005년 IRGSP가 Nature지에 양질의 염기서열 분석 종료를 발표하였다. 벼 게놈 염기서열의 유용성은 몇 가지 통계를 살펴봄으로 간략히 서술할 수 있다. IRGSP의 추정에 따르면, 벼는 37,544개의 단백질 암호화 유전자를 가지고 있는데, 이는 애기장대의 유전자 수보다 많을 것이라고 추정된다. 애기장대의 유전체와 비교해 보면, 애기장대 단백질의 90%가 벼와 비슷하다고 추정되었지만, 단지 예측된 벼 단백질의 71%만이 애기장대와 비슷하였다. 그러므로 쌀과 애기장대 사이에 유전자 수뿐만이 아니라 유전자 형태도 확실히 다른데 이것은 단자엽과 쌍자엽식물의 상이한 발달과정과 생리적 상황 차이에 의한 영향이다. 지금까지 잘 알려진 옥수수, 밀, 보리 단백질이 벼에도 존재한다는 점에서 곡물에 있어 유전자 형태와 순서는 상당히 잘 보존되는 것으로 밝혀졌다.

11) 일반 작물

만약 특정 작물에서 게놈 염기서열 분석이 이루어져야 한다면 어떤 작물을 선택해야 할지에 대한 많은 논쟁이 있었다. 많은 사람들이 쌍자엽과 단자엽식물 내 존재하는 상당한 수준의 동질성으로 미루어 보아 애기장대와 벼의 게놈 염기서열 분석사업으로 충분하다고 생각하였다. 다른 이들은 이에 동의하지 않았고, 다른 중요한 작물들(밀, 옥수수, 나무 같은)의 게놈 염기서열 분석이 이루어져야 한다고 주장하였다. 이러한 논쟁은 게놈 염기서열 분석 프로젝트를 보다 적은 비용으로 더욱 신속하게 해내는 기술적 진전을 불러왔지만, 이러한 작물에 대한 단점은 이들의 유전체는 아주 크고 복잡하여 많은 시간이 소요되고 방법적으로는 현재 표준화된 많은 염기서열 분석 방식들이 이러한 유전체에 쉽게 적용이 안 된다는 점이다.

하지만 일반 염기서열 분석 프로젝트같이 곡류-식물의 염기서열 분석 작업의 수는 불가피하게 급속히 늘어날 것이다. 게놈 염기서열 분석 사업의 결과는 단순히 유전적 조작을 위한 프로젝트에 적용하는 점뿐만이 아니다. 예를 들어 이러한 결과는 전통 육종 프로그램에서도 특정 형질들을 보다 쉽게 향상시키는데 유용한 것으로 입증될 것이다.

생명공학기술 Biotechnology

제2편 생명공학 기술과 활용

제6장 생물공학 수단으로서 식물조직배양

1. 식물조직배양

식물조직배양은 유전자 변형작물 생산에 적용되는 대부분의 형질전환 방법들은 형질전환시킨 식물세포나 조직들로부터 완전한 식물체로 재분화(redifferentiation)되는 과정을 진행할 때 필요로 한다. 이러한 재분화 체계는 환경과 배양배지 등이 최고의 재분화 효율을 보장할 수 있는 기내에서 이루어진다. 이 외에도 재분화 가능한 세포들이 어떠한 형질전환 방법들이 적용되든지 간에 이용되어져야 한다. 그러므로 형질전환 시스템에 사용되어질 수 있는 대량의 재분화 가능한 세포들을 생산하는 것이 주요 목적이 된다. 식물형질전환연구에서 차후에 필요한 세포 재분화 과정은 때때로 가장 어려운 과정이기도 하다. 그러나 고효율의 재분화가 반드시 고효율의 형질전환 효율과 비례하지 않는다는 것을 알아야 할 것이다.

현실적으로 식물형질전환 실험은 조직배양의 과정에 의존을 하게 된다. 이러한 것을 일반화하기에는 약간의 예외 사례들이 있지만 기내조건에서 식물세포나 조직으로부터 식물체를 재분화하는 능력은 대부분의 식물형질전환 체계를 보완하고 지지 해주는 역할을 한다.

1) 유연성과 전체형성능

두 가지 중요한 개념인 유연성과 전체형성능(plasticity and totipotency)은 식물 조직배양과 재분화를 이해하는 데 중요한 구심점이 된다. 식물들이 고착되어 움직이지 않는 특징과 긴 수명으로 인해 동물과 비교해서 극한 조건이나 외부의 침입으로부터 견뎌내는 능력들이 식물에 있어서 잘 개발되어져 있다. 식물생장과 발달에 관여하는 많은 과정들이 환경조건에 적응되었으며, 이러한 유연성들은 식물들이 그들 주위의 환경에 가장 잘 맞는 물질대사, 생장과 발달을 할 수 있게 해준다. 식물조직배양과 재분화 측면에서 특히 이러한 유연한 적응에 대한 중요한 사항들 두 가지가 있는데 첫 번째는 식물의 어떠한 조직으로부터 세포분열을 유도하는 능력이고 두 번째는 특별한 외부 자극에 대해 서로 다른 발달과정을 거치게 하거나 일부 기관을 상실하게 해서 식물체의 세포 나 조직으로부터 재분화를 가능하게하는 능력이다.

식물세포나 조직이 기내배양조건에 있을 때, 어떠한 형태의 조직이나 기관을 유도 하게 해주는 고도의 유연성을 일반적으로 보여준다. 이러한 방식으로 모든 식물체 들이 계속적인 재분화가 가능해진다.

이러한 전체 기관의 재분화는 특정 조건이 주어진다는 조건 하에서 모든 식물세포들이 모든 유전적 가능성을 표현할 수 있다는 개념에 달려있다. 이런 유전적 적응성을 유지하는 현상을 전체형성능(totipotency)이라고 한다. 사실 식물조직배양과 재분화는 전체형성능의 가장 강력한 증거를 제공한다. 실제로는 이러한 전체형성능을 증명하기 위해 필요한 배양조건과 자극들을 확인하는 것은 상당히 어렵고, 여전히 경험이나 실험에 의존하는 과정이다.

2) 배양환경

기내배양에서 식물세포에게 필요한 화학적 물리적 조건들은 빛, 온도와 같은 외부 환경과 배양배지에 들어가는 생장과 발달에 필요한 모든 필수미량원소들을 포함해야 한다. 또한 많은 경우, 아미노산과 비타민류 같은 유기물들도 역시 배양배지에 첨가되어야 한다. 많은 식물세포배양에서 이들 세포배양이 광합성을 못하기 때문에 설탕 형태로 탄수화물의 첨가를 한다. 또 다른 필수적으로 공급되어야 할 활성 성분은 주요 생물학적 용매인 물이다. 온도, pH, 공기조성 및 광조건(광질과 광주기)과 삼투압 등의 물리적 요인들은 용인되어지는 범위 내에서 적절하게 유지되어야 한다.

3) 식물세포배양 배지

기내 식물세포배양 시 사용되는 배양배지는 아래 세 가지 기본 성분들로 구성된다.

① 복합적인 영양분들로 제공되는 필수 원소 또는 무기이온류

② 아미노산이나 비타민류로 공급되는 유기물

③ 자당(설탕) 형태로 공급되는 탄수화물 등

실용적으로 제공되는 필수원소들은 다음과 같이 분류되기도 한다.

① 대량원소

② 미량원소

③ 철분공급원 등

(1) 대량원소

대량원소(macroelement)라는 명칭에서 보는 것처럼, 대량원소들은 식물의 생장과 발육에 대량으로 요구된다. 질소, 인산, 칼륨, 마그네슘, 칼슘 및 황 등이 일반적으로 대량원소로 간주된다. 이들 원소들은 식물 건물중에서도 적어도 0.1% 이상을 차지한다. 질소는 대부분 질산태와 암모니아태의 혼합형으로 공급되며, 이론적으로 질소는 환원된 형태로 고분자와 결합되어야 하므로 암모니아 형태로 공급되는 것이 좋다. 그러므로, 질산태 질소는 고분자와 결합하기 전에 환원되어야 한다.

그러나 고농도 조건에서 암모니아태 질소는 식물세포배양에 해로우며, 이러한 배지로부터 암모니아태 질소의 흡수는 배지의 산성화를 초래한다. 배지에 암모니아태 질소원으로 사용되기 위해서는 배지는 완충제를 첨가하여 이러한 피해를 방지하여야 한다. 또한 고농도의 암모니아태 질소이온들은 유리화 빈도를 증가시켜 배양 과정에서 생육피해를 발생시키기도 한다. 유리화(투명화)는 배양조직이나 개체들이 창백하고 투명한 외형을 나타내며 일반적으로 배양과정에 해롭다. 질산태 이온들의 흡수가 수산화이온들을 배출하는 현상이 발생할 때는 질산태와 암모니아태 질소이온들을 혼합하여 배지를 약하게 완충해 주는 것을 이용할 필요가 있다.

인산은 암모늄, 나트륨, 혹은 칼륨염에서 인산형태로 공급된다. 고농도의 인산은 불용성 인산으로서 배지에서 침전을 발생시킨다.

(2) 미량원소

미량원소(microelement)들은 식물의 생장과 발육에서 미량으로 요구되며, 다양한 기능들을 가지고 있다. 일부 니켈이나 알루미늄과 같은 원소들이 다른 식물체의 생장이나 발달 과정에서 발견됨에도 불구하고 망간, 요오드, 구리, 코발트, 붕소, 몰리브덴, 철 및 아연 등이 일반적으로 미량원소를 구성하고 있다.

(3) 유기첨가물

오직 두 가지 비타민, 티아민(비타민 B)과 미오이노시톨(myoiniositol, 비타민 B 복합체)은 기내 식물세포배양에 필수적 요소로 여겨진다. 그러나 다른 비타민들은 관례적으로 식물세포배양 배지에 종종 첨가되어져 왔다. 또한 일반적으로 아미노산들도 유기첨가물에 포함되는데, 가장 많이 사용되는 것은 글리신(glycine, 그 외에 아르기닌, 아스파라긴, 아스파틱산, 알라닌, 글루탐산, 글루타닌 및 프롤린도 역시 사용됨)이다.

그러나 대부분의 경우, 아미노산이 배지에 첨가되는 것은 필수적인 것은 아니다. 아미노산은 암모니아태 질소처럼 환원된 질소의 공급원이고 카제인(casein, 포유동물의 젖에 존재하는 단백질) 가수분해물은 비교적 저렴한 가격의 아미노산 복합체로서 사용되기도 한다.

(4) 탄수화물 공급원

자당(설탕)은 저렴하고 쉽게 구할 수 있고, 쉽게 용해되며 또한 비교적 안정하기에 가장 널리 탄수화물 공급원으로 사용된다. 포도당, 과당, 맥아당 및 소르비톨(sorbitol, 과실과 채소에 존재하는 천연 당알코올) 등 다른 탄수화물 공급원들도 역시 사용되는데, 특정 환경이나 조건 하에서는 자당(설탕)보다 더 우수한 효능을 나타낸다.

(5) 배지고형물

기내식물 세포배양에 사용되는 배지들은 식물세포나 식물체들의 배양형태에 따라 액체 또는 고체형태로 제조된다. 배지의 표면에서 배양되어야하는 식물세포나 조직들의 배양을 위해서는 배지는 고형화되어야 한다. 해초로부터 추출한 한천(agar)이 고형물로서 가장 널리 사용되며, 일반적인 배지 고형물로서 이상적인 재료이다. 그러나, 이 아가(agar)는 천연산물이기 때문에 아가(agar)의 품실은 공급자나 제조공장마다 차이가 크다. 따라서 좀 더 세밀한 연구나 실험을 위해서 순수한 형태의 아가(agar)들이 시판되고 있다. 젤란 검(gellan gum) 같은 형태를 비롯해서 다양하고 보다 정제된 형태의 아가(agar)나 아가로스(agarose) 등이 사용될 수도 있다.

상기 구성물질들이 식물세포배양에 사용되는 배지제조에 필요한 기본 화학물질들이다. 그러나 식물세포배양체의 생장과 발달의 형태를 조절하기 위해 또 다른 첨가 물질들이 추가될 수 있다.

4) 식물생장조절제

지금까지 우리는 유연성과 전체형성능의 개념들에 대해 간략하게 살펴봤다. 이러한 유연성과 전체형성능(totipotency)으로 인해 식물세포배양에 관한 필수적 핵심사항은 특정 배지조성이 식물세포배양의 발달에 직접적으로 사용된다는 것이다. 식물생장조절제(plant growth regulator, PGR)는 식물세포의 발달경로를 결정하는 배지의 중요한 구성성분이며, 가장 널리 사용되는 식물생장조절제들은 식물호르몬 또는 그들의 합성유사체들이다. 식물세포배양에 사용되는 식물생장조절제는 아래와 같이 다섯 가지 범주로 나눈다. ① 옥신 ② 시토키닌 ③ 지베렐린 ④ ABA ⑤ 에틸렌이다.

(1) 옥신

옥신(auxin)은 세포분열과 생장 둘 다 촉진한다. 자연적으로 존재하는 가장 중요한 옥신은 IAA (indole-3-acetic acid)이나, 이 IAA는 열과 빛에 불안정한 이유로 인해 식물세포배양 배지에 제한적으로 사용된다. 때때로 좀 더 안정적인 IAA와 아미노산 유도체가 IAA 직접 사용시 발생하는 문제점을 경감시키기 위하여 부분적으로 사용 될 수도 있다. 식물세포배양배지에서 옥신의 공급원으로서 보다 안정적인 IAA 유도체들을 사용하는 것이 일반적이다. 2,4-D(2,4-dichlorophenoxy acetic acid)가 가장 널리 알려진 사용되는 옥신이며, 대부분의 조건하에서 가장 강력한 효능을 가지고 있다.

(2) 시토키닌

시토키닌(cytokinin)은 세포분열을 촉진하며, 자연적으로 존재하는 시토키닌은 퓨린 유도체들과 구조적으로 연관성이 있는 커다란 그룹들이다. 자연적으로 존재하는 사 이토카이닌들 중 식물조직배양 배지에 두 가지 종류(zeatin, 2iP adenine)가 이용된다. 이 두 가지 시토키닌은 비교적 불안정하고 특히 제아틴(zeatin)의 경우 가격이 비싼 관계로 널리 사용되지는 않는다. 카이네틴이나 BAP(BA)가 많이 사용된다. 또한 치환페닐우레아와 같은 비퓨린기반의 시토키닌류들이 식물세포배양 배지에 사용되기도 한다. 이외에도 이들 치환 페닐우레아들은 어떤 식물조직배양에서는 옥신 대체제로 사용되기도 한다.

(3) 지베렐린

지베렐린(gibberellin)은 종류가 많고 자연적으로 존재하며, 구조적으로 서로 관련있는 화합물이다. 이들은 세포신장을 조절하는 데 관여하며, 식물초장 및 착과를 조절하는 농업적으로 중요한 기능을 가지고 있다. 100여 종이 넘는 지베렐린 중 단지 2~3종이 식물조직배양배지에 사용되는데 가장 많이 사용되는 지베렐린은 GA_3이다.

(4) ABA

ABA(abscisic acid)는 세포분열을 억제하고 기공을 닫게하는데 식물조직배양에서는 체세포배발생 같은 세포나 조직의 발달단계를 촉진하는 목적으로 널리 사용한다.

(5) 에틸렌

에틸렌(ethylene)은 기체상태이며 자연상태에 존재하고 클라이맥터릭(climacteric) 과일에서 성숙도를 조절하는 기능과 관련해서 가장 널리 사용되는 식물생장조절제이나 식물조직배양에서는 널리 사용되지 않는다. 식물조직배양에 사용 시 특정 문제점이 발생하기 때문인데, 일반적으로 식물세포나 조직배양 시 에틸렌이 기내에 발생하게 되면 배양세포나 식물체의 생장과 발달을 억제하게 된다. 배양 용기의 형태나 용기의 뚜껑 종류 등이 배양용기와 외부의 대기 사이의 가스 교환에 영향을 미치게 되며 따라서 배양 용기 내의 에틸렌 농도에도 역시 영향을 미친다.

(6) 식물생장조절제와 조직배양

식물생장조절제(plant growth regulator, PGR)는 식물조직배양에서의 식물생장조절제 사용에 관한 포괄적인 내용은 1950년대 수행된 연구에서 관찰된 초기결과들로부터 발달되어 왔다. 그러나, 식물생장조절제의 영향들을 예측하는 것은 상당한 어려움이 있다. 이것은 식물종들이나 계통들 또는 심지어 다른 조건에서 자란 같은 종류의 식물들 간에도 존재하는 식물조직배양 반응 정도에서 커다란 차이가 나타나기 때문이다. 옥신과 시토키닌이 식물조직배양에서 가장 널리 사용되는 식물생장조절제이며, 일반적으로 배양을 성공적으로 수행시키거나 최적 재분화 조건을 결정할 때 옥신과 시토키닌의 비율이 중요하다. 옥신과 시토키닌의 비율이 높은 경우, 일반적으로 뿌리형성을 촉진하고 반대로 시토키닌의 비율이 높은 경우 신초를 형성하게 된다. 옥신과 시토키닌이 균형을 이루는 경우, 캘러스 형성을 이루게 된다.

2. 배양형태

배양은 일반적으로 완전한 모본식물체에서 무균적으로 절취한 조직으로부터 시작된다. 이러한 조직을 절편체(explants)라고 하는데 잎이나 줄기 같은 특정기관들의 일부분 또는 화분이나 배유같은 특정 세포형태로 이루어질 수도 있다. 절편체의 다양한 특징들이 배양 초기의 효율에 영향을 미치는 것으로 알려져 있다. 일반적으로 어리고, 좀 더 빨리 자라는 조직 또는 발달초기 형태일수록 배양에 효과적인 절편체라고 할 수 있다. 식물형질전환 연구에 가장 많이 사용되는 여러 가지 배양형태에 대해서는 다음과 같다.

1) 캘러스

옥신과 시토키닌이 첨가된 적절한 배지에서 절편체는 기관화가 덜된 그리고 자라고 분열하는 세포들의 덩어리를 생산하게 되는데, 적정한 배양조건만 확보된다면 식물체의 어떤 조직이라도 절편체로 사용될 수 있다. 실제 배양에서 캘러스(callus)를 주기적으로 새로운 배지에 옮겨주면 캘러스는 무한증식을 하게 되고 그 형태를 연속적으로 유지할 수 있다. 캘러스 형성과정 동안 형태(캘러스는 기능화되지 않은 유세포들로 구성됨)와 물질대사 측면에서 어느 정도의 탈분화(발달과 분화과정에서 발생하는 변화들이 분화인데 이의 역개념)가 발생한다. 이 탈분화의 하나의 주요한 결과는 대부분의 식물배양체들이 광합성 능력을 상실한다는 점이다. 모주 식물체에서의 물질대사와 캘러스는 다른 양상을 갖고 있기 때문에 이것은 캘러스 조직의 배양에서 중요한 결과가 된다. 또한 이러한 결과는 무기질 외에 첨가되는 비타민이나 탄수화물 급원 같은 배지 성분들의 첨가와도 연관이 있다.

캘러스 배양은 광조건이 캘러스의 분화를 촉진하기 때문에 종종 암조건에서 수행되어진다(광합성 능력의 부족으로 인지장 받지 않음). 장기간 배양에서 배양체들은 옥신이나 시토키닌의 요구도가 없어질 수 있다. 이러한 현상은 사탕무 같은 일부 식물종에서 시작된 캘러스 배양에서 볼 수 있는데 이를 순화(acclimation)라고 한다. 캘러스 배양은 식물생명공학에서 굉장히 중요한데, 배지에서 옥신과 시토키닌의 비율을 조절하는 것은 신초, 뿌리 그리고 더 나아가 완전한 식물체로 발달할 수 있는 체세포배의 발달도 가능하게 한다. 캘러스 배양은 식물형질전환 연구에 다양한 방법으로 이용되는 세포현탁배양을 시작하는 데도 이용될 수 있다.

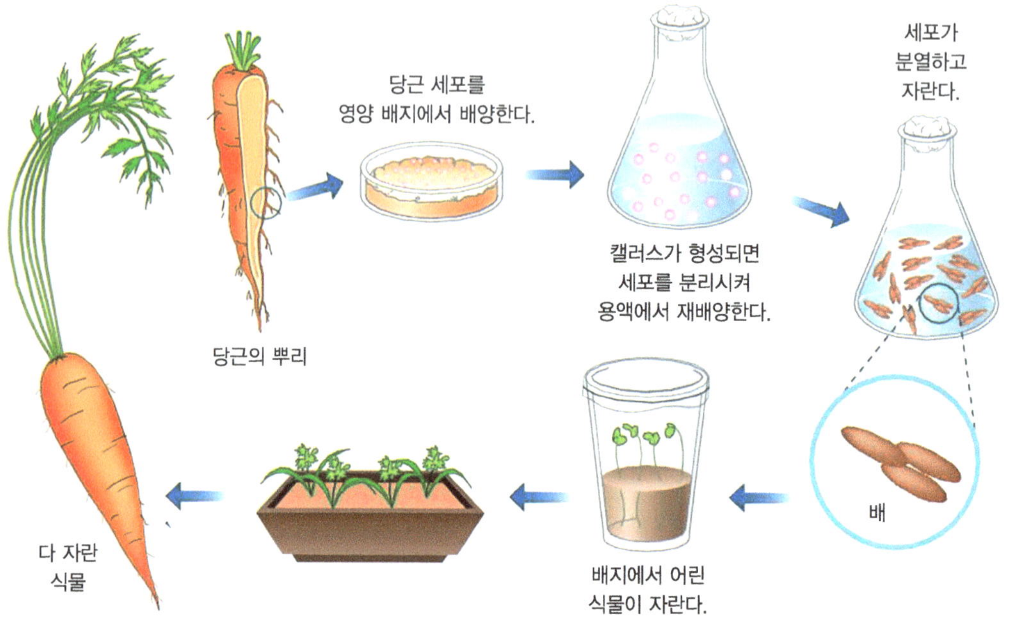

그림 6-1. 분화된 당근 조직으로 만든 캘러스로 형성되는 역분화 과정 모식도

분화된 식물(당근) 조직으로 일부 세포를 떼어내어 캘러스(callus)로 형성되는 역분화과정이다. 이 과정을 통해서 캘러스가 형성되면 세로를 분리시켜 현탁배양(suspension culture)으로 그 양을 쉽게 증폭할 수 있다. 분열된 세포 중 배의 기능이나 기관분화를 통해서 식물체로의 재분화과정이 일어난다.

2) 세포 현탁 배양

넓은 의미에서의 캘러스 배양은 두 가지 중의 하나로 분류되는데 하나는 단단하고 뭉쳐진(콤팩트, compact) 형태 그리고 또 하나는 흩어지기 쉬운(friable) 형태이다. 단단한 형태의 캘러스에서 세포들은 조밀하게 뭉쳐져 있으나, 흩어지기 쉬운 흩어지기 쉬운(friable) 형태 캘러스들은 세포들이 서로 느슨하게 뭉쳐져 있어서 부드럽고 쉽게 흩어진다. 이러 한 부드럽고 흩어지기 쉬운 형태의 캘러스들이 세포 현탁배양(suspension culture)을 형성하는 기본이 된다. 일부 식물체나 특정형태의 세포들로부터 나온 절편체들은 이런 유연한 캘러스를 형성하지 않으려는 경향이 있어서 세포 현탁 배양(suspension cell culture)을 하기 어렵게 한다. 캘러스의 흩어지는 정도는 때때로 배지 조성을 조절하거나 자주 계대배양(subculture)을 해주는 것에 의해 향상될 수 있다. 또는 아가(agar)같은 고형물을 낮은 농도로 첨가한 반고체배지에서 배양하는 것에 의해서도 위약성(friability)을 높일 수 있다.

흩어지기 쉬운 캘러스들이 액체배지(캘러스 배양에 사용된 고체배지와 같은 배지조성)에 배양하면서 현탁을 시키면, 배지로 단일세포나 세포의 작은 군집들이 나오게 된다. 적절한 배양조건이 확보되면 배지로 흘러나온 이들 세포들은 자라고 분열해서 결국 세포현탁배양에 이르게 된다. 세포 현탁 배양(suspension cell culture)을 시작할 수 있는 충분한 숫자의 세포들이 단기간 내에 배지로 나올 수 있도록 비교적 대용량의 배양이 사용된다. 상처가 있거나 스트레스 받은 세포들로부터 유출된 독성물질들 때문에 현탁배양 초기의 배양은 너무 커서도 안된다. 커다란 세포덩어리들은 세포 현탁배양에서 계대배양할 때 제거해 주어야 한다.

세포 현탁배양은 삼각플라스크에서 비교적 쉽게 배치(batch, 어떤 처리를 연속적으로 하는 것이 아니라 일정량씩 나누어서 처리하는 경우를 말함) 형태의 배양으로 유지할 수 있다. 이 배양체들은 새로운 배지로 옮겨주는 계대배양(subculture)을 반복하면서 계속 유지된다. 이것은 현탁배양액을 희석시켜 주고 또 다른 배치 생장 사이클(batch growth cycle)을 시작하게 한다. 계대배양 과정 중의 심한 현탁배양의 희석 정도는 비교적 심한 정도의 침체(lag)기에 접어들게 하거나 극단적인 경우, 옮긴 세포들의 사멸에 이르게 할 수 있다.

계대배양 후에 세포들은 분열하면서 배양세포들의 생물 중은 배지의 양분이 다 소모되거나 억제수준까지 독성물질이 형성될 때까지 일정 방식으로 증가하게 된다. 이때 양분이 소모되거나 독성물질이 발생해서 세포생장이 억제되는 시기를 휴지기(stationary phase)라고 한다.

만약 세포들이 너무 오랫동안 휴지기에 있게 되면, 세포들은 죽고 결과적으로 배양체들은 다 손실될 것이다. 그러므로 세포들이 휴지기에 접어들게 되자마자 바로 새 배지로 옮겨줘야 한다. 정상적인 세포 현탁 배양(suspension cell culture)을 위해서 배치 생장 사이클에 관여하는 변수들이 사전에 최적화되는 것이 중요하다.

3) 원형질체

원형질체(protoplast)는 세포벽이 제거된 형태의 세포를 말한다. 원형질체는 일반적으로 좀 더 좋은 장점이 있는 절편체들도 있지만 주로 잎의 엽육세포나 세포 현탁배양의 세포들로부터 분리된다. 세포벽을 분리하는데 두 가지 일반적인 방법이 사용되며 기계적인 방법과 효소를 이용하는 방법이 있다. 유용하긴 하지만 기계적인 세포벽 분리방법은 종종 낮은 원형질체 수율, 그리고 좋지 않은 상태의 원형질체, 그리고 기계적 분리과정에서 발생한 상처로부터 유출된 독성물질로 인해 원형질체 배양과정에서 부정적인 결과를 나타나게 한다. 효소를 이용한 세포벽 분리방법은 일반적으로 높은 삼투압에 세포벽 분해효소를 첨가한 단순한 염 용액을 이용하여 수행된다. 이때 고순도 고품질의 셀룰라제와 펙티나제 효소를 혼합하여 사용하는 것이 일반적이다.

원형질체들은 깨지기 쉽고, 쉽게 피해를 받으므로, 배양 시 조심스럽게 취급되어야 한다. 액체배지는 현탁배양을 시키면 안 되고, 적어도 원형질체 분리과정 초기에는 높은 삼투압이 유지되어야 한다. 액체배지는 원형질체 배양 시 현탁배양을 수행하지 않으므로 기체교환이 이루어지지 않기 때문에 되도록 얇게 분주하여 환기성을 높여 주어야 한다. 초기의 액체배지에서 배양된 원형질체는 고체배지로 옮겨지고 그 이후에 캘러스가 형성된다. 원형질체로부터 형성된 캘러스로부터 완전한 식물체 재분화는 기관분화 또는 체세포 배발생 과정을 거쳐 이뤄진다. 원형질체는 다양한 식물형질전환 연구에 있어서 이상적인 재료이기도 하다.

4) 뿌리배양

뿌리배양(root culture)은 주근이나 측근의 근단절편체로부터 기내배양을 해서 시작되는데, 비교적 단순한 조성을 가진 배지로 배양을 하게 된다. 기내에서 뿌리의 생장은 뿌리 자체가 무한 생장 기관이기 때문에 이론상 무제한으로 생장이 이루어진다. 현대 식물조직배양 역사에서 초기 업적 중의 하나가 뿌리배양의 시작임에도 불구하고, 식물형질 전환 연구에는 뿌리 배양을 이용하는 사례가 널리 보고되지 않았다.

5) 신초정단과 생장점 배양

신초정단분열조직(shoot apical meristem)을 포함하는 신초정단 부분은 기내에서 배양될 수 있고, 측아 또는 부정아 등으로부터 신초덩어리를 생산할 수 있다. 이 방법이 식물의 클론증식에 이용된다. 신초 분열조직배양은 이 방법이 품종의 유전자형의 영향을 덜 받고, 더 효과적이기 때문에 벼과식물 식물체 재분화에 널리 사용되는 가능성 있는 증식방법이다.

3. 식물체 재분화

기내상태(in vitro condition)에서 여러 가지 다양한 형태의 식물조직배양 방법들에 대해서 살펴봤고 이제 우리는 이들 배양방법들로부터 어떻게 완전한 식물체들이 재분화될 수 있는지 알아보기로 한다. 넓은 의미로 식물형질전환 연구에서 널리 이용되는 두 가지 식물체 재분화 방법은 체세포 배발생(embryogenesis)과 기관발생(organogenesis)이다.

1) 체세포 배발생

체세포 배발생(somatic embryogenesis)에서 접합배의 경우와 유사하게 완전한 식물로 발달할 수 있는 배와 유사한 조직들이 체세포 조직에서 형성된다. 이러한 체세포 유래의 배들은 직접 또는 간접적으로 형성될 수 있다. 직접 체세포배 형성과정에서 체세포배는 캘러스 형성과정 없이 직접 세포나 세포 집단으로부터 형성된다. 핵, 주두나 꽃가루 같은 생식조직에서 일반적일 수 있지만, 직접체세포배 발생이 간접체세포발생보다 일반적으로 드물게 발생한다. 간접 체세포배발달 과정에서 캘러스가 처음 절편체에서 유도되어 형성된다. 이렇게 형성된 캘러스에서 형성된 캘러스 조직 또는 현탁배양세포들로부터 체세포배들이 생산된다.

당근에서 형성된 체세포 배발생과정이 전형적인 간접체세포배발생의 예이다. 체세포배발생은 일반적으로 2단계로 나누어진다. 최초 배형성단계인 1단계에서 고농도의 2,4-D가 사용된다. 배생성단계인 2단계에서 2,4-D가 없거나 약간 포함된 배지에서 체세포배가 형성된다. 많은 체세포배

발달과정에서 체세포배들은 특정 아미노산이나 카제인 가수분해산물 같은 감소된 질소공급원을 공급하는 것에 의해 체세포배 발생이 증가된다는 것이 발견되었다.

2) 기관분화

체세포 배발생은 접합자배에서의 발아과정과 유사한 과정을 거치는 식물체 재분 화에 의존한다. 기관분화를 통한 식물체 재분화(regeneration)는 크게 세 가지로 나뉘어진다. 처음 두 가지 방법들은 캘러스를 통하거나 또는 절편체로부터 직접 형성되는 부정아나 부정근 등의 부정기관에 달려있다. 또 다른 방법으로 세 번째 방법은 일부 조직배양에서 성숙한 완전한 식물체로 재분화하는데 사용되어지는 액아 형성을 이용하는 방법이다.

기관분화(organ differentiation)는 유전적으로 식물 조직의 유연성에 의존하고 배지의 구성성분의 변경하는 것에 의해 조절될 수 있다. 특히 식물체 재분화가 발생할 발달경로를 결정하는 배지에서의 옥신과 시토키닌의 비율이 중요하다. 배양 배지에서 시토키닌과 옥신의 비율을 증가하는 것에 의해 신초 형성을 유도하는 것이 일반적이다. 이렇게 형성된 신초들은 비교적 쉽게 발근이 잘 된다.

4. 식물조직배양과 식물형질전환 방법의 결합

식물재분화의 다양한 방법들이 식물생명공학자에게 상당히 유용하다. 어떤 식물종들은 다양한 재분화 방법들에 의해 쉽게 재분화 되어지는데 반해, 일부 종들은 한 가지 방법에 의해서만 재분화가 이루어지기도 한다. 모든 식물형질전환 방법에 적합한 식물조직배양방법은 존재하지 않고, 다양한 재분화 방법들에 의해 재분화될 수 있는 식물종들도 존재하지 않는다. 그러므로 식물조직배양과 식물형질전환의 두 가지 연구에 적합한 식물조직을 찾는 것이 필요하다.

조직배양과 식물체 재분화는 대부분의 식물형질전환 전략과 융합될 수 있고 또한 식물형질전환 연구에서 가장 도전적인 분야임을 증명한다. 식물조직배양이 형질전환 전략에 성공적으로 도입되기 위한 주요 핵심은 체세포변이로부터 발생할 수 있는 상당한 피해들을 피하기 위해 빠르고 효율적인 식물체 재분화 방법이 개발되는 것이다. 그러나 이 방법은 어떤 형질전환 방법들이 사용될 것인지에 상관없이 높은 형질전환효율을 보여주어야 한다.

제7장 유전자 클로닝과 동정

1. 개념 이해

생명과학에서 재조합 DNA 기술(recombinant DNA technology)의 응용은 우리로 하여금 생명체에 대한 이해를 혁신적으로 바꾸어 버렸다. 유전자를 분리하고 분석하여 조작할 수 있는 힘은 생물학 실험의 모든 분야에 영향을 미치게 되었다. 이 시기는 생체 내(*in vivo*)와 실험실(*in vitro*) 기술에 적용할 수 있었다. 유전자 조작은 세균 형질변경(bacterial transformation), 제한효소(restriction enzymes), 변경효소(modification enzymes), 모니터 DNA(monitor DNA) 절단 기술들과 관여반응들의 발견으로 시작되었다.

진핵생물로부터 특정유전자를 분리하기 위해 박테리아 또는 효모 model systems를 이용한다. 분리한 DNA단편의 많은 복사체 들을 생산하기 위해 유전적 요소를 공격할 필요가 있다. 이런 요소들로는 운반체(vector)나 영양체 운반체(cloning vehicle)로 알려져 있다. 플라스미드와 박테리오파지는 지금까지는 가장 유용한 운반체(vector)로 이용된다. 세포 내에 이들을 유지하기 위해서 숙주 게놈(host genome) 과 융합할 필요가 없고, 이들의 DNA는 숙주 게놈에서 독립적으로 분리될 수 있다. 가장 간단한 형태로 분자 클리닝(molecular cloning)은 다음 단계들이 필요하다.

① 벡터 DNA(vector DNA)는 정제되어 제한효소들에 의해 절단되어야 한다.

② 외부 DNA(foreign DNA)는 운반체(vector)에 공유 결합이 되어야 한다.

③ 이렇게 만들어진 재조합 분자들은 증폭될 수 있는 세균 숙주 세포(bacterial host cell)에 도입되어야 한다.

④ 원하는 염기서열을 가진 클론(clone)들을 선택해야 한다. 유전자의 분리와 조작에 있어 두번째 기본적인 단계는 주어진 생물체의 게놈을 구성하는 목적의 거의 모든 염기서열 유전자의 확인을 위한 정보와 전략이다.

이 장에서는 여러 형태의 클로닝(cloning) 운반체와 유전자 라이브러리의 구성을 위한 몇몇 필수적인 단계뿐만 아니라, 유전자의 동정과 분리하기 위한 몇몇 전략들을 설명할 것이다.

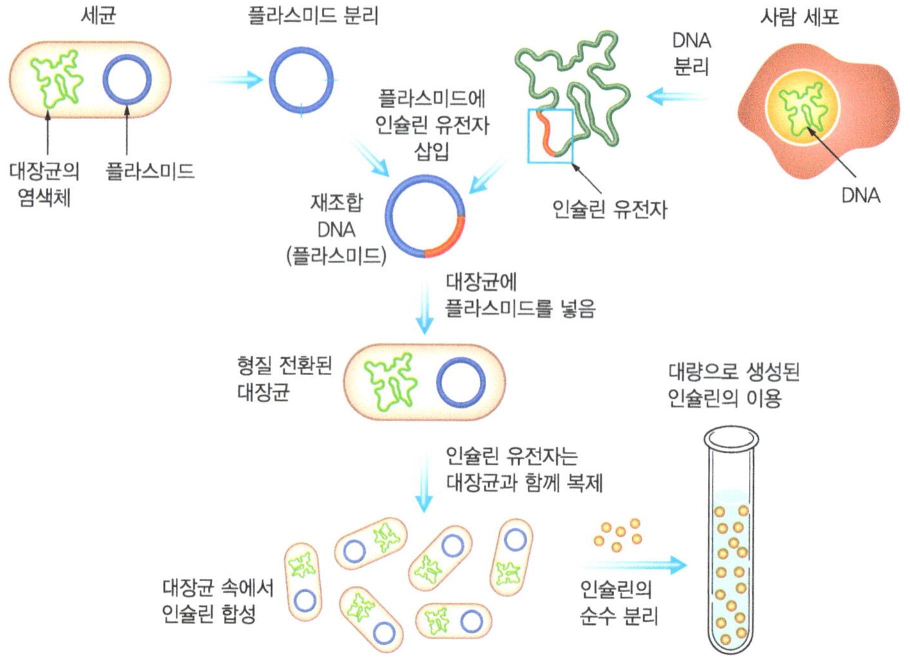

그림 7-1. 유전자 재조합 기술을 이용한 인슐린 대량생산(출처: http://hnamii.com.ne.kr)

2. 유전자 라이브러리의 구조

핵산의 분리와 분석 기술들은 유전자의 분리뿐 아니라, 유전자의 물리적 구조와 발현을 위해 근본적으로 필요하다. 이 분야의 연구를 달성하기 위해서는 목적의 유전자 분리가 필수적이다. 첫 단계는 gene 또는 cDNA library의 생산이다.

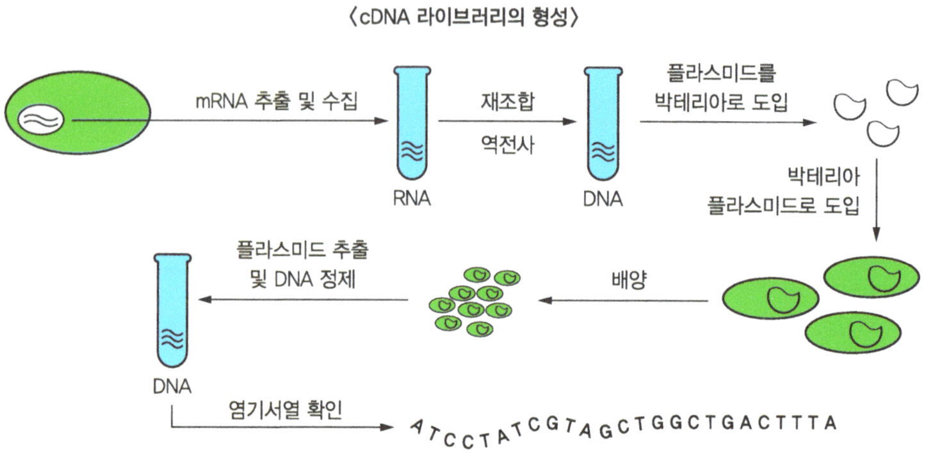

그림 7-2. 그림 40. cDNA 라이브러리(library)의 생산 모식도(출처: wikipedia)

1) 게놈 DNA 라이브러리

식물의 게놈은 매우 복잡하고 목적으로하는 DNA단편이 전체 게놈 중 아주 작은 일부분에 불과한 경우도 많다. 그러므로 가능한 많은 종류의 클론(clone)을 포함하여야 좋은 게놈 DNA 라이브러리(Genomic DNA library)가 된다. 게놈 라이브러리(genomic library)는 한 생물에 존재하는 모든 DNA가 포함하는 재조합 클론(clone)들의 전부를 말하며 게놈의 모든 유전자 각각에 대하여 최소한 하나 이상의 단편을 포함하고 있어야 한다. 원칙적으로 목적의 시퀀스(sequence)는 게놈 라이브러리(genomic library)에 존재하지만, 실제적으로 복제(clone)가 어렵고 세균 시스템(bacterial system)에서 증식하는 어떤 진핵 시퀀스(sequence)에서 발견된다. 해당 목적의 클론(clone)을 얻기 위해서는 얼마나 많은 클론이 필요한지는 다음의 내용에 따른다. 유전자 라이브러리에 필요한 클론의 수는 게놈의 크기와 클로닝(cloning) 운반체 형태에 따르며, 유전자 라이브러리를 성공적으로 작성하기 위해서는 사용될 DNA의 질 또한 중요하다.

(1) 식물조직에서 총 DNA 준비

식물조직에서 총 DNA 준비(preparation of total DNA from plant tissues)에서 DNA는 단백질과 RNA등과 함께 복합체를 이루고 세포막, 세포벽 등에 둘러싸여 있으므로, 이를 파괴하기 위하여 강력한 방법들이 필요하다. 이 방법은 매우 다양한 데, 세포벽이 존재하지 않는 동물조직은 조직을 갈아 균질화시키는 과정만이 필요한 반면, 식물이나 곰팡이의 경우 여러 종류의 용균처리(lytic treatment)를 통해 단단한 세포벽을 파괴하여야 한다. DNA-단백질 복합체를 요해시키기 위해서는 계면활성제(detergent)를 포함하는 완충액이 이용되며, 단백질을 DNA로부터 분리시키고, 변성시키기 위하여 페놀(phenol) 등을 처리한다. 계면활성제(detergent)는 세포파괴 시 빠져나온 핵산분해효소들을 변성시키는 역할도 한다.

분리방법의 3단계는 다음과 같다.

① 세포벽과 세포막을 파괴하여 DNA-단백질 복합체 또는 염색질(chromatin)을 추출하는 단계이다.

② 표면처리제, 변성처리제, 또는 단백질 분해처리 등으로 DNA-단백질 복합체를 용해시키고 분리하는 단계이다.

③ 다른 거대분자들로부터 DNA를 분리시키는 단계이다.

분리된 DNA의 크기에 영향을 미치는 두 가지 요인은 기계적인 절단과 핵산분해효소의 활력이다. 세포파괴 과정을 조절함으로서 절단을 줄일 수 있으며, 핵산분해효소의 활성을 억제하기 위하여는 조직을 급격히 얼린 후, 계면활성제(detergent)와 고농도의 EDTA를 함유한 추출완충액에 녹인다. 이 방법에 의해 50kb 범위의 식물 DNA를 분리할 수 있으며, 분리된 DNA는 제한효소에 의해 잘 절단될 뿐만 아니라 클로닝(cloning) 운반체에 효과적으로 삽입될 수 있다.

(2) 핵 DNA의 분리

핵 DNA의 분리(isolation of nuclear DNA)는 단순히 에탄올 침전, 유기용매를 이용한 처리, 리보뉴클레이스(ribonuclease) 또는 프로테아제(proteases)의 처리, 수산화인화석(hydroxyapatite) 또는 다른 레진(resins)이 있는 크로마토그래피(chromatography), 그리고 세슘 클로라이드 밀도 구매(cesium chloride density gradients)를 이용한 원심분리 등이 있다.

2) cDNA 라이브러리 구축

cDNA 라이브러리 구축(construction of cDNA library)하기 위해 성숙한 DNA(mature mDNA)를 분리하여 염기서열의 상보적 복제 DNA(complementary copy-DNA)를 합성한다. 이 새로운 분자를 상보적 복제 DNA(complementary DNA, cDNA)라고 하며, 이는 프라스미드(plasmid)나 파지 벡터(phage vector)에서 클론(clone)될 수 있다. 따라서 cDNA 라이브러리는 한정된 생장 조건 또는 발육단계 하에서 유기체, 조직, cell line에 존재하는 모든 mRNA들을 포함하는 재조합 분자들의 모임이다. cDNA라이브러리는 주어진 유기체의 모든 유전자(gene)들을 나타내는 것이 아니라, 분리한 mRNA의 세포 형태에서 기능적으로 표현되는 유전자들만을 나타낸다.

(1) 전체 식물 RNA의 분리

전체 식물 RNA의 분리(isolation of total plant RNA)하기 위해서는 순도가 높기 크기가 완전한 RNA 분리를 위하여는 다음과 같은 점을 고려하여야 한다. 세포 및 조직의 효과적인 파괴, 핵산으로부터 핵산-단백질 복합체의 효과적인 변성 및 유리, 세포내 RNase의 불활성화, 그리고 DNA 및 단백질의 효과적인 제거 등이다. 이중 특히 중요한 것은 세포가 파괴될 때 세포소기관에서 유출되는 RNase를 불활성화시키는 것이다. 전통적인 RNA 분리방법에서는 구아니딘 티오시안산염(guanidine thiocyanate)과 β-메르캅토에탄올(β-mercaptoethanol)이 분리 초기단계에서 RNase를 불활성화시키는 역할을 한다. 변형된 방법에서는 추출액의 pH를 높이고, EDTA 등을 사용하여 RNA 손상을 방지하고 있으며, 초기 분리 단계 시 액체질소에서 미세분말화된 냉동조직을 페놀(phenol)과 추출용액의 혼합액으로 녹여 RNase를 억제시키는 방법도 있다. 어떤 종류의 식물, 특히 임목은 많은 양의 페놀 화합물과 다당체를 갖고 있어 핵산분리에 많은 어려움이 있다. 페놀화합물이 페놀 산화효소에 의해 산화되면 핵산과 불용성 복합체를 형성하게 되고, 다당체의 경우는 에탄올 침전 시 핵산과 함께 침전된다. 이를 방지하기 위하여 여러 방법들이 고안되었는데, 2-부톡시에탄올(2-butoxyethanol)을 사용한 방법, 세슘 트리플루로라이드(cesium-trifluoride)를 이용한 원심분리방법, CTAB침전법 등이 개발되었다.

(2) 폴리(A)의 분리

cDNA 유전자도서관을 만드는 첫 단계는 세포로부터 전체 RNA를 얻는 것이다. 이로부터 대부분 mRNA를 지닌 분획을 분리한다. 대부분 진핵생물의 mRNA분자를 3'말단에 poly(A) 꼬리라 불리우는 긴 아데닌 염기를 갖고 있다. 그 기능이 무엇이든 간에 상당량의 rRNA와 tRNA를 지닌 전체 세포 RNA로부터 mRNA를 폴리(A)의 분리(isolation of poly(A)+mRNA)해내는데 poly(A) 꼬리는 매우 편리한 방법을 제시해 준다. 디옥시티미딘(deoxythymidine, 티민 염기와 디옥시리보오스 당으로 이루어진 뉴클레오사이드)으로만 구성된 올리고뉴클레오티드(oligo, dT)를 셀룰로스와 결합시켜 만든 oligo(dT)cellulose를 작은 칼럼에 채운다. 준비된 전체 세포 RNA를 컬럼을 통과시키면 mRNA분자는 자신의 poly(A)에 의해 poly(A)와 결합하고 나머지 다른 RNA 종류는 칼럼을 통해 빠져나온다. 다음에 결합된 mRNA를 칼럼으로부터 용출시킨다.

(3) cDNA 합성

cDNA 합성(synthesis)에서 폴리(A) RNA를 Poly(A) 꼬리와 잡종화할 수 있는 짧은 디옥시티미딘(deoxythymidine)을 지닌 올리고뉴클레오티드(oligo, dT)와 배양하면 역전사효소의 준비된 주형을 이루게 된다. 이 반응의 결과로 mRNA-cDNA 잡종체가 만들어진다. cDNA 분자를 복제(clone) 하기 위하여 RNA 사슬은 파괴되고, DNA로 치환되어져야만 한다. 이를 위한 한 가지 방법은 RNA-DNA 잡종체를 절단하여 틈을 만드는 RNase H란 효소를 이용하는 것이다. 이 RNA 절편은 첫 cDNA 사슬과 잡종된 채로 남아있기 때문에 원래의 cDNA를 주형으로 삼아 상보적인 DNA 사슬을 합성하는 대장균 DNA 중합효소 I(DNA polymerase I)의 프라이머로 사용된다. 결국에는 이 과정으로 RNA의 5'말단의 극히 작은 부 위만 제외하고는 원래의 RNA가 DNA로 완전히 바뀐다. 이 새로운 DNA 사슬은 완전히 연결된 것이 아니라 부분적으로 '틈'이 있는 것이다. 이 틈은 DNA 리가아제(ligase, 핵산 분자를 결합하는 효소)의 작용에 의해 연결되어 이중사슬 DNA 분자가 만들어진다. 특정 서열을 지닌 cDNA를 준비하기 위해서는 특정 올리고 뉴클레오티오 프라이머를 사용하여 cDNA clone의 상실된 5'말단 부위를 얻기 위한 목적에 흔히 사용된다.

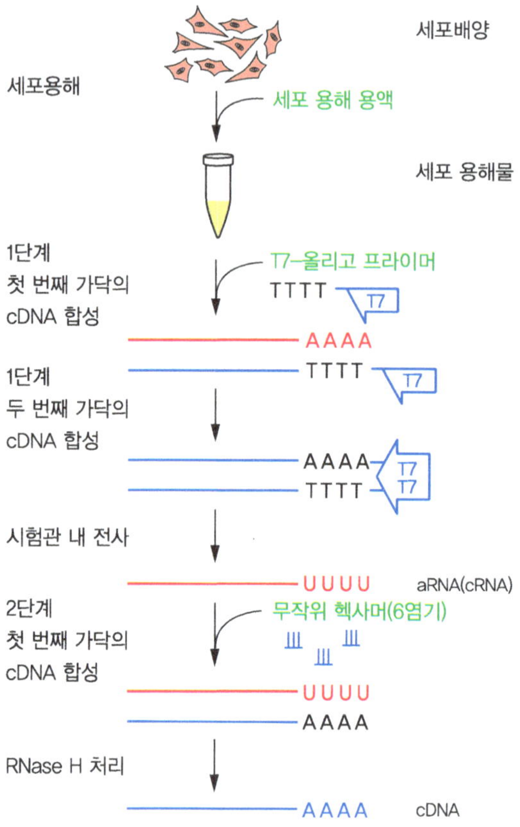

그림 7-3. cDNA 합성 모식도 (출처: www.nature.com)

3. 클로닝 벡터

클로닝 벡터(cloning vector)에는 대장균(*E. coli*)에서 발현시켜 본다. 대장균(*E. coli*) 내의 클로닝 벡터는 플라스미드, 박테리오파지, 코스미드 그리고 인공박테리아염색체(BACs)가 있다. DNA 분자가 유전자 클로닝을 위한 운반체로서 작용하려면 여러 가지 특성을 가져야 한다. 가장 중요한 것은, 숙주세포 내에서 복제할 수 있어야 하며, 수많은 재조합 DNA 분자의 복사체를 생산함으로써 딸세포로 전달되어야 한다는 것이다.

1) 플라스미드 벡터(plasmid vector)

플라스미드는 세균의 세포 내에서 독립적으로 존재할 수 있는 환상 DNA분자로, 크기는 1부터 200kb 이상까지 이르며 진핵 DNA의 기내조작과 cDNA library의 구조 유도를 위해 흔히 사용되는 운반체이다. 모든 플라스미드는 적어도 복제원점(origin of replication)으로 작용할 수 있는 DNA 염기서열을 가지고 있어서 세균의 염색체와는 별도로 세포 내에서 증폭할 수 있다. 실험실에서, 플라스미드는 변환(transformation)이나 전기 천공(electroporation)을 통해 박테리아 내로 도입시킬 수 있다. 플라스미드를 지닌 박테리아 세포를 확인하기 위한 항생제 저항성을 지닌 유전자는 대부분 플라스미드 클로닝 운반체 내에 존재한다. 가장 흔히 이용되는 선택 가능한 마커(selectable marker), 선발표지유전자는 암피실린(ampicillin), 테트라사이클린(tetracycline), 클로람페니콜(chloramphenicol), 카나마이신(kanamycin)에 대한 저항성을 지닌 유전자들이다. 플라스미드 운반체는 일반적으로 작고, 다양한 조합의 제한 효소들에 이용되는 DNA단편들의 클로닝을 촉진하는 몇몇 유용한 제한효소 절단부 위를 포함하고, 거의 모든 운반체는 폴리링커(polylinker)라고하는 합성클로닝 부위에 배열된 연결체를 지니고 있다.

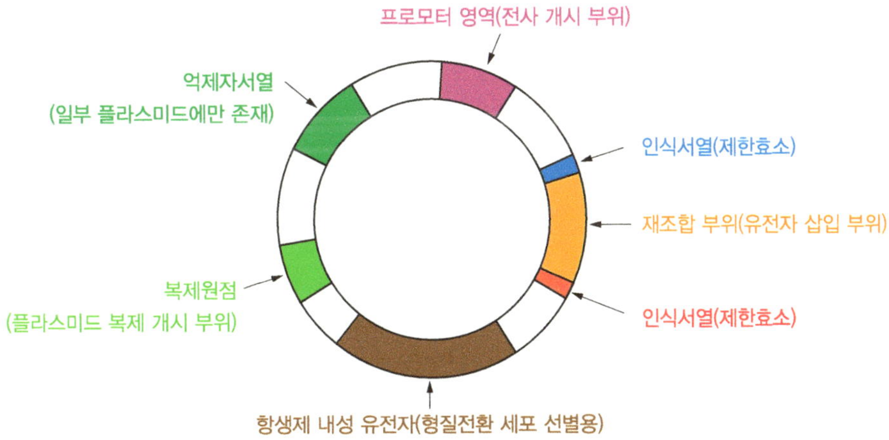

그림 7-4. 플라스미드 벡터(plasmid vectors) 구조 (출처: http://elte.prompt.hu)

2) 박테리오파지 λ 유래 벡터(bacteriophage λ-derived vector)

박테리오파지(혹은 파지)는 흔히 알려진 바와 같이 특이적으로 세균을 감염하는 바이러스이다. 모든 바이러스와 마찬가지로 파지의 구조는 매우 단순한데, 여러 개의 유전자를 가지고 있는 DNA(어떤 경우는 RNA) 분자로 구성되었으며 파지의 복제에 관여하는 몇 개의 유전자가 포함되어 있고, 외부는 단백질 분자로 구성된 방어막인 캡시드(capsid)로 둘러싸여 있다. 모든 형태의 파지에 있어서 동일한 일반적인 감염양상의 3단계는 다음과 같다.

① 파지입자가 세균 외부에 흡착하여 세포 내로 DNA 염색체를 주입한다.

② 파지의 DNA분자가 복제되는데, 이 과정은 파지 염색체 위에 있는 유전자에 의해 암호되는 보통 특수한 파지 효소에 의하여 일어난다.

③ 다른 파지의 유전자는 캡시드 단백질 성분합성을 명령하며 새로운 파지입자가 조립되어 세균으로부터 방출된다.

어떤 파지형태에서는 모든 감염과정이 매우 빨리 진행되어 20분 미만이 걸리는 경우도 있다. 이와 같은 빠른 감염을 용균성 생활환(lytic cycle)이라고 하며, 특징은 파지 DNA의 복제 후에 즉시 캡시드 단백질이 합성되고 파지 DNA분자는 절대로 숙주세포 내에서 안정한 상태로 유지되지 않는다는 것이다. 용균성 생활환과는 반대로 용원성(lysogenic) 감염은 숙주세포 내에 있는 파지 DNA 분자가 수천 세대의 분열 동안에도 안정하게 보존된다. 박테리오파지에는 많은 다 른 형태가 있지만 λ와 M13만이 클로닝 운반체로서의 역할을 할 수 있다. 파지 λ는 50kb 길이의 선상 이중가닥 분자로, 15개 염기들의 단일 시퀀스(sequence)로 끝나며 이는 서로 상보적이고, 환상의 파지가 된다. 숙주 박테리아에 도입된 직후, λ의 선상게놈(genome)은 환상이 된다.

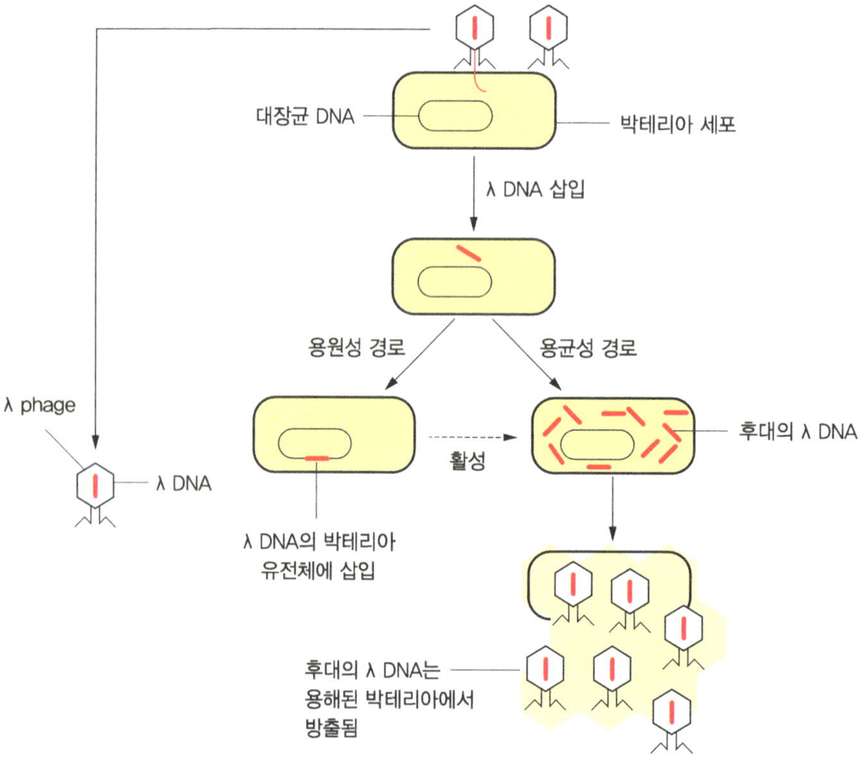

그림 7-5. 박테리오파지 벡터를 이용한 유전자재조합기술(출처: http://en.wikibooks.org)

3) 코스미드 벡터

코스미드 벡터(cosmid vector)는 35~45킬로베이스(kb) 크기의 큰 DNA 조각을 클로닝할 수 있도록 설계된 벡터의 일종으로 람다 파지(lambda phage)로부터 유래했다.

코스미드 벡터(comid vector)의 이점으로 큰 DNA 조각을 운반할 수 있다는 점이다. 이는 생물체의 전체 유전체를 대표하는 클론된 DNA 조각의 집합인 유전체 라이브러리를 구축하는 데 유용하다. 코스미드 벡터를 사용하여 유전체 라이브러리를 생성하려면, 생물체의 세포에서 DNA를 추출한 후 특정 크기의 조각을 생성하기 위해 제한효소로 부분적으로 절단한다. 그런 다음, 이 DNA 조각들을 코스미드 벡터에 연결(ligation)하고, 이를 세균 세포에 형질전환(transform)한다. 이후 원하는 DNA 조각을 포함한 클론을 식별하기 위해 스크리닝한다.

코스미드 벡터는 특정 유전자의 식별 및 클로닝에도 유용하다. 이는 유전자 서열과 상보적인 DNA 프로브를 사용하여 유전체 라이브러리를 스크리닝함으로써 이루어진다. 프로브는 대상 유전자를 포함한 코스미드 클론과 결합(하이브리드화)하여 유전자를 식별하고 분리할 수 있게 한다. 또 다른 코스미드 벡터의 응용은 다른 실험 기법에 사용할 재조합 DNA를 생성하는 것이다. 예를 들어, 관심 있는 유전자를 코스미드 벡터에 클로닝한 뒤 이를 세균 숙주에서 발현시킬 수 있다. 이를 통해 해당 유전자가 암호화하는 단백질을 내량 생산할 수 있으며, 이 단백질은 생화학적 또는 구조적 연구에 사용될 수 있다.

4. 중합효소연쇄반응

중합효소연쇄반응(polymerase chain reaction, PCR) 기술은 1980년대 중반에 캐리 멀리스(Kary Mullis)에 의해 고안되었다. 이는 DNA 염기서열 분석1법과 마찬가지로 유전자 연구와 분석에 새로운 접근을 가능하도록 함으로써 분자유전학의 혁신을 가져왔다. 10만개 이상의 유전자를 지니고 있는 복잡한 제놈 중에서 표적이 되는 유전자들은 아주 드물다는 것이 유전자 분석의 주된 문제점이었다. 분자유전학에 사용되는 많은 기술들은 이 문제의 극복과 관련이 있다. 이 기술들은 클로닝과 특정 DNA 서열을 찾는 방법을 포함하여 매우 많은 시간은 소모하는 것들이다. 중합효소연쇄반응은 클로닝으로 재선발하지 않고 어떤 특정 서열을 증폭함으로써 이들을 변화시켰다.

1) PCR의 원리

PCR은 DNA 복제의 한 단면을 나타낸다. DNA 중합효소는 DNA 한 사슬을 주형으로 사용하여 새로운 상보적 사슬을 합성한다. 이 한 사슬 DNA주형은 이중사슬 DNA를 단순히 비등점까지 온도를 높이는 열처리로 얻을 수 있다. DNA 중합효소가 DNA 합성을 시작하기 위해서는 이중사슬 DNA의 적은 일부분을 필요로 한다. 그러므로 DNA 합성의 시작점은 그 부위의 주형과 결합할 수 있는 올리고 뉴클레오티드인 프라이머(Primer)를 제공해 줌으로써 특정지을 수 있다. 이것이 PCR의 중요한 첫 번째 특징으로 DNA 중합효소가 특정 DNA 부위를 합성하도록 지시할 수 있다는 것이다. DNA의 각 사슬에 상응하는 올리고 뉴클레이티드 프라이머를 제공함으로써 DNA 양쪽사슬은 합성의 주형으로 기여할 수 있다.

PCR을 위한 프라이머는 증폭할 DNA 부위를 포함하도록 선택하여 새로이 합성된 DNA 사슬이 각 프라이머로부터 시작하여 상대편 사슬의 프라이머 위치 너머까지 합성되도록 한다. 그러므로 새로운 프라이머가 결합하는 자리가 새로 합성된 DNA 사슬에 만들어질 수 있도록 한다. 이러한 반응혼합물을 다시 원래 사슬과 새로이 합성된 사슬이 분리될 수 있도록 다시 가열하여 프라이머 결합, DNA 합성, 사슬분리의 사이클이 가능해질 수 있게 한다. PCR의 최종 결과는 n번의 사이클을 거침으로서 프라이머 사이의 DNA 서열이 복제된 이론적으로는 최대치로 2n개의 이중사슬 DNA분자를 포함한 것을 얻게 된다. 이것이 PCR의 중요한 두 번째 특징으로 특정부위의 '증폭' 결과를 얻게 된다는 것이다.

고온성 세균인 더무스 아쿠아티쿠수(*Thermus aquaticus*) 박테리아에서 분리한 taq DNA 중합효소의 사용은 PCR 기술의 적용을 매우 촉진시켰다. 원래 PCR에는 대장균 DNA 중합효소를 사용하였는데, 이 효소는 열에 민감하여 이중사슬 DNA를 분리하는데 사용한 온도에서는 그 기능을 잃어버리므로 신선한 효소를 매주기마다 첨가해야만하는 지루한 과정이었다. 그러나 taq 중합효소에 의해 중요한 기술상의 진보를 가져왔다. taq 중합효소의 적정온도는 72℃나 94℃에서 상당기간 안정하며, 반응초반에 한 번 넣으면 증폭주기 전 기간 동안 활성을 유지하고 있을 것이다. PCR을 위한 시간과 온 도주기가 프로그램 되어진 가열대를 지닌 열주기계를 사용하게 되므로써 PCR을 위한 시간과 온도주기가 프로그램 되어진 가열대를 지닌 열주기계를 사용하게 되므로써 PCR의 자동화가 개발되었다. 이제 PCR을 위한 재료를 열주기계에 넣기만 하면 반응은 아무런 인력의 개입없이 일어날 수 있다.

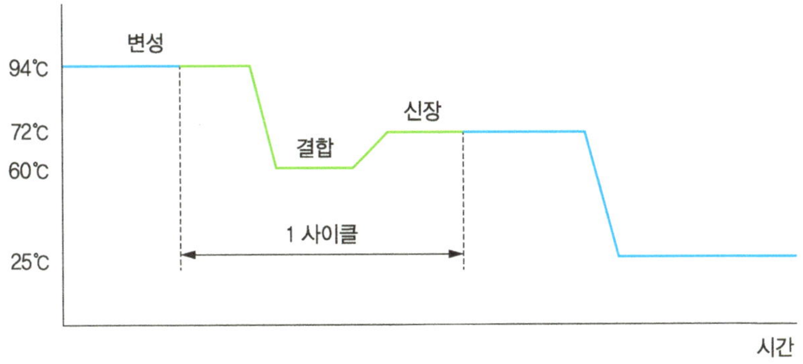

그림 7-6. PCR의 반응 단계 (출처: http://syhmovie.tistory.com/44)

2) PCR을 사용한 알지 못하는 시퀀스의 클로닝 (strategies for the cloning of unknown sequences using PCR)

PCR 기술에서 ① 기본 PCR(basic PCR), ② 앵커드 PCR(anchored PCR), ③ 역 PCR (inverse PCR)이 있다. 기본 PCR은 두 개의 프라이머를 사용하여 특정 DNA 서열을 증폭하는 기본 방법이고 앵커드 PCR은 알려진 서열의 하류에 있는 DNA 서열을 특정 프라이머를 사용하여 증폭하는 반면, 역 PCR은 해당 측면 영역에 대한 프라이머를 사용할 수 없는 경우 알려진 서열의 측면에 있는 영역을 증폭한다. 각 유형에 대한 자세한 설명은 다음과 같다.

(1) 기본 PCR(basic PCR)

이것은 두 프라이머 사이의 특정 DNA 서열을 증폭한다. 방법으로 표적 DNA 서열의 반대 가닥에 결합하는 두 개의 프라이머를 사용한다. 중합효소 효소는 이러한 프라이머를 확장하여 새로운 DNA 가닥을 생성한 다음 여러 주기에 걸쳐 증폭한다. 이는 DNA 분리, 증폭, 정량화, 의료 및 진단 응용, 전염병 진단, 법의학 연구 및 연구에 활용한다.

(2) 앵커드 PCR(anchored PCR)

이것은 일반적으로 보편적이거나 보존된 것으로 알려진 특정 프라이머를 사용하여 알려진 서열의 하류에서 DNA 서열을 증폭한다. 방법으로 하나의 프라이머는 알려진 서열에 결합하도록 설계된 반면, 다른 프라이머는 더 하류에서 결합하는 범용 또는 퇴화 프라이머이다. 적용은 특정 관심 서열은 알려져 있지만 측면 영역이 알려지지 않았거나 프라이머로 표적화하기 어려운 경우에 활용한다.

(3) 역 PCR(inverse PCR)

이것은 측면 영역에 대한 프라이머를 사용할 수 없을 때 알려진 서열의 측면에 있는 DNA 서열을 증폭한다. 방법으로 알려진 서열을 제한효소로 분해하여 조각을 만든 다음, 이 조각들의 끝에 결합하는 프라이머를 설계한다. 적용은 알려진 시퀀스의 측면 영역을 식별하는 데 사용되며, 특히 주변 시퀀스가 알려지지 않았거나 타겟팅하기 어려운 경우에 유용하다.

3) 시퀀싱에 PCR 사용하기(using PCR for sequencing)

모든 DNA처럼 PCR에 의한 이중사슬 DNA 산물도 서열분석을 할 수 있다. 그러나 한 사슬 DNA가 Sanger의 dideoxy 사슬 종결법에 좋은 주형이기 때문에 비대칭적 PCR이라 불리우는 기술이 고안되어 한 사슬 DNA를 만드는데 사용된다. 두 개의 프라이머 농도 차를 100배 정도 되도록하는 것을 제외하고는 통상적인 PCR로 실험을 실시하였다. 이중사슬 DNA절편은 제한적인 프라이머가 완전히 소모될 때까지 계속 생산된다. 나머지 프라이머는 접합과 DNA 합성을 계속하여 두 사슬 중 오직 하나만을 만들게 된다 이 사슬의 집합은 지수 함수적이 아닌 선형 함수적으로 늘어나지만 충분한 양의 한 사슬 DNA가 서열 분석을 위해 만들어진다.

4) PCR에서 고려사항(some consideration on PCR)

대장균 DNA 중합효소가 작용하는 낮은 온도에서는 프라이머가 표적염기서열과 약간 다른 염기서열이 있는 위치에서 결합할 수 있다. 잘못 짝지워진 프라이머가 DNA의 반대편 사슬에 가까워졌을 때 증폭이 일어날 수 있다. 프라이머와 정확한 상보적 염기서열이 합성된 절편에 포함되기 때문에 프라이머와 정확하게 짝지워지는 끝을 가진 필요치 않은 염기서열이 만들어진다. 이와 같은 PCR의 초기 주기에서 합성되어진 '부정확한' 절편은 계속되는 주기에 효과적으로 증폭될 수 있다. 다른 대부분의 생화학적 반응에서처럼 ENA 복제도 완벽한 과정은 아니고 간혹 DNA 중합효소가 복제 중인 DNA 사슬에 부정확한 뉴클레오티드를 들어가게 한다. 정상 복제 중인 DNA 분자에서 이런 잘못은 약 109 뉴클레오티드 중에 한 개가 생기는 비율로 나타난다. 이러한 정확성을 세포가 갖게 되는 것은 DNA 사슬에 생기는 부정확하게 들어간 뉴클레오티드를 제거하는 DNA 복제기구가 있기 때문이다. 생체 외에서 Taq 중합효소는 이러한 '교정'능력을 갖고 있지 않다. 그러므로 PCR의 전형적인 온도와 염농도를 사용하면 이 효소는 2×10^4 뉴클레오티드당 한 개의 잘못된 뉴클레오티드를 포함하게 된다. 이것은 PCR 산물의 다량 분석에서는 심각 한 문제는 아니다. 왜냐하면 부정확하게 들어간 뉴클레오티드로 이루어진 동일한 분자는 합성된 전체 분자의 총수에 있어서는 적은 부분을 차지하게 될 것이기 때문이다. 그러나 만약 PCR 절편을 클로닝에 사용할 것이라면 잘못 들어간 것은 심각 한 문제를 야기한다.

5) 유전자 지도 제작을 위한 PCR의 사용)
(using PCR for the construction of genetic maps)

DNA 시퀀스(DNA sequence)의 자연적 변이체를 몇 가지 방법으로 찾을 수 있는데, ① DNA를 직접 염기서열분석을 하여 비교하는 것. ② RFLP(Restriction Fragment Length Polymorphism) 분석법-RFLP는 제한효소의 특성 즉 DNA의 특정 염기서열에 대한 인지부위를 인식하는 능력을 이용하여 DNA를 절단하고, 전기영동을 함으로써 DNA 단편을 크기에 따라 분리하는 방법으로 비교하고자하는 DNA 간에 염기서열의 차이(염기치환, 결실 및 삽입 등에 의한 다형성)가 있다면 제한효소로 절단된 DNA 단편의 크기의 차이로 검출하는 방법이다. 그러므로 DNA를 특정 제한효소로 절단하여 생성된 단편들은 제한효소 별로 각각의 DNA에 대한 특이성을 가지게 되며 특정 DNA에 대한 특이 지문 'DNA 지문(DNA fingerprint)'으로 이용될 수 있는 것이나.

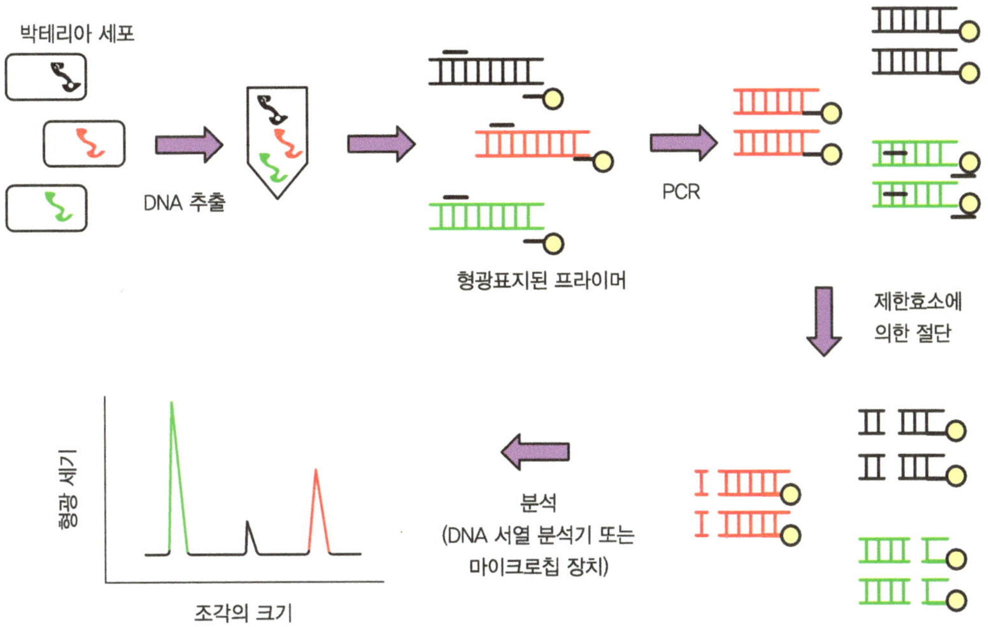

그림 7-7. RFLP 분석 (출처: http://www.e-cew.co.jp/Microbe-contents/21trflp.html)

5. 유전자 식별(gene identification)

유전자 라이브러리(gene library)는 어떤 클론이 어떤 특정 염기서열을 지니고 있는지를 알려주는 카탈로그가 없기 때문에 원하는 염기서열을 지닌 집락을 선발하는 단계가 있다. 우리는 이런 염기서열과 상보적인 핵산 프로브를 이용하여 이 염기서열을 지닌 것을 직접 선발할 수 있다. 이 염기서열의 일부는 이미 알려져 있을 수도 있고 또는 정제된 단백질의 아미노산 서열로부터 추론할 수도 있다. 한편 클론된 유전자에 의해 만들어지는 단백질의 선발은 이 단백질에 대한 항체를 사용하거나 또는 단백질의 기능에 대한 분석을 수행함으로써 이루어질 수 있다.

1) 유전 산물에 의한 동정(identification by the gene product)

(1) 항체를 사용한 산산물의 검사

파지 입자가 만들어진 다음 이 유전자 library를 박테리아 균총에 배양하는 것이 검출 과정의 첫 단계이다. 유전자 library를 배양한 결과로 한 벌의 한천 배지판에서 클론된 DNA 절편을 지닌 수십만~백만 개의 파지 플라크나 박테리아 집락을 얻게 된다. 유전자 라이브러리를 배양한 후에 니트로셀롤로스(nitrocellulose) 여과지나 나이론 막을 이용하여 레플리카를 만든다. 이 과정은 각각 플라크나 집락을 니트로셀롤로스(nitrocellulose)에 옮기는 것으로 원래의 배지판에 있는 플라크의 형태가 여과지상에서도 동일하게 나타나도록하는 것이다. 이 니트로셀롤로스(nitrocellulose) 레플리카를 핵산 프로브나 항체와 반응시켜 검출되도록 한다. 검출의 가장 직접적인 방법은 잡종화를 위한 핵산 프로브를 사용하는 것인데 이는 찾고자하는 것의 염기서열을 알고 있어야만 한다. 유전자의 일부분이 이미 클론되어 있는 경우에 있어서는 이것으로 시발 클론이 지니고 있지 않은 나머지 염기서열을 지닌 클론을 찾는 데 사용될 수 있다. 다른 경우에 있어서, 즉 매우 유사한 유전자가 이미 클론되어 있다면 이것에는 찾고자하는 유전자와 부분적으로 일치된 서열을 지닌 것이므로 잡종화할 수 있는 조건을 찾기만 하면 이를 프로브로 사용할 수 있다.

(2) 합성 올리고뉴클레오티드 생산하기 위한 유전산물의 아미노산 시퀀스 사용

클론을 검색할 핵산 프로브가 없을 때는 이 유전자에 의해 만들어지는 단백질의 서열을 근거로 하여 디자인하고 합성할 수 있다. 올리고뉴클레오티드는 아미노산에 상응하는 코돈을 찾아 합성되어진다. 그러나 대부분의 아미노산은 두 개 이상의 코돈을 가지고 있다. 이 그림에서 예를 들면, Cys, Asp 및 Glu는 두 개의 코돈에 의해 읽혀진다. 그러므로 정확한 DNA 서열로 되어

졌는지를 확인하기 위하여, 올리고 뉴클레오티드는 이 모호한 위치의 모든 뉴클레오티드 전구체를 지닌 혼합물로 합성한다. 그러므로 이 그림에서 합성 올리고 뉴클레오티드는 6개의 아미노산을 암호화하는 모든 가능한 서열인 서로 다른 8개의 올리고 뉴클레오티드의 혼합물이다. 프로브(probe)의 혼합물의 복잡성을 덜기 위하여 18개 뉴클레오티드 대신 17개의 서열을 사용하였는데 이는 마지막 코돈의 3번 위치는 퇴화성이기에 생략되었다. 이들 중 하나가 유전자와 완전히 상보성일 것이다. 계속되는 6개보다 많은 수의 아미노산을 알고 있다면, 다른 전략으로 보다 긴 길이의 유일한 염기서열을 지닌 올리고뉴클레오티드인 '게스머(guessmer, 추정자)'를 합성하여 사용하는 것이다. 이 서열은 코돈 사용 빈도와 다른 염기를 고려하여 선택한다. 게스머(guessmer)는 목적하는 서열과 완전하지는 않지만 상당히 많은 상보성을 지닐 것이다. 만약에 상보성의 길이가 10~12kb 처럼 길다면 게스머(guessmer)의 잡종화는 강하게 일어나 옳은 클론을 식별하기에 충분할 것이다.

2) 서열 특성에 기초한 유전자 동정 (identification of genes based on sequence characteristics)

(1) 특이 서열 탐지를 위해 이질 프로브 사용하기

일단 하나의 cDNA 절편을 지닌 플라스미드가 얻어졌을 때, 그것이 원하는 단백질을 코드하는지의 여부를 어떻게 하면 알 수 있을까? 한 가지 방법은 cDNA의 뉴클레오티드 서열을 결정하는 것인데, 이 서열 결정법은 이제 기본적인 실험법으로 손쉽고 명료하게 할 수 있는 것이 되었다. 단백질 서열이 알려진 경우에, 뉴클레오티드 서열로부터 아미노산 서열로의 번역이 가능하므로 cDNA가 원하는 단백질을 암호화하는 것인지의 여부를 신속히 밝힐 수 있게 된다. 한편, 1차 아미노산 서열의 자료가 알려지지 않은 경우, cDNA 클론으로부터 뉴클레오티드 서열의 결정은 이것이 원하는 단백질과 명확히 일치하지 않을 수도 있다.

(2) 차등 스크리닝(differential screening)

분화잡종형성은 일반적인 조절 메카니즘과 관련이 있는 유전자군을 클로닝하는 데 사용하는 기술이다. 그 유전자들은 구조적으로 다를 수 있지만 동일한 세포 조건 하에 모두 발현된다. 특이 조직에서 발현되는 유전자, 세포주기 중 어떤 특정 시기에 발현되는 유전자 및 생장인자에 의해 조절되는 유전자들이 예가 된다. 이 기술의 기본은 두 개의 세포 집단이 만들어내는 것에 의존하는데 하나는 유전자가 발현되는 집단, 다른 하나는 발현되지 않는 집단이다. 이대 개개의 유전자에 대한 특정 정보는 필요하지 않다. 예를 들면, 휴지상태의 세포에 혈청의 첨가로 자극을 두었을 때 발현되는 유전자군을 분리하는데 사용된다. 혈청을 처리한 세포로부터 poly(A) RNA를 분리하여 cDNA 유전자 라이브러리(library)를 하였고, 이 파지 유전자 라이브러리를 배양하여 두 장의 니트로셀룰로오스(nitrocellulose) 여과지에 옮겼다. 이 여과지 중 한 장은 혈청을 처리한 세포로부터 얻은 RNA를 역전사하여 준비한 방사선 동위원소로 표지된 cDNA 프로브와 잡종화하였다. 나머지 한 장은 처리하지 않은 휴지상태의 세포에서 준비한 표지된 cDNA와 잡종화하였다. 전자의 프로브와 보다 강하게 잡종형성이 이루어진 클론을 식별해낸다. 이들 클론이 혈청에 의해 유도된 mRNAs들을 지닌 것으로 결정된다.

3) 유전산물의 기능으로 유전자를 동정하기 (identification of genes based on the function of the gene product)

원하는 단백질이 발현되는 클론을 정하는 또 다른 방식은 단백질의 기능을 분석하는 방법을 사용하는 것이다. 예를 들면 칼슘과 결합하는 단백질인 calmodulin과 강한 결합체를 이루는 단백질을 암호화하는 유전자는 이 같은 방법을 사용하여 분리되었다. 생화학적 연구는 칼슘 존재 하에서 calmodulin이 수많은 효소와 안정된 복합체를 이룬다는 것을 보여주고 있다. 방사선 동위원소로 표지된 calmodulin이 생체 외에서 calmodulin과 결합할 수 있는 단백질을 발현하는 클론을 식별하는 프로브(probe)로 사용되었다. 이 방법으로 새로운 Ca^{2+} calmodulin-의존성 protein kinase의 한 소단위를 암호화하는 뇌 특이적 cDNA를 찾아냈다. 이 과정을 약간 변형시킨 방법을 사용하여 유전자 발현을 조절하는데 관여하는 DNA 서열과 결합하는 단백질에 대한 cDNA들을 찾아내는 발현 클로닝을 하였다. 단백질-결합부위를 포함한 표지된 DNA 절편으로 cDNA 유전자 library를 검색하였다.

4) 유전자들의 분자 표지(molecular tagging of genes)

공적분(cointegration) 방법이 T-DNA, Ti 플라스미드와 아그로박테리움(*Agrobacterium*)계의 유전자 운반에 최초로 사용되었다. 이 방법은 분자생물학에서 유전자간 상호작용에 Ti플라스미드와 같은 대형의 DNA를 조작하는 문제점을 극복하기 위하여 고안된 것이다. 처음에는 T-DNA는 전형적인 대장균(*E. coli*)의 벡터의 첫 번째 위치에, 식물의 유전자는 두 번째 클로닝 위치에 각각 클로닝한다. 이렇게 제조된 벡터를 안전한 Ti 플라스미드를 가진 아그로박테리움(*Agrobacterium*)에 도입하여 제조한 벡터와 안전한 Ti 플라스미드간의 상동부위에서 재조합이 일어난다. 이런 아그로박테리움(*Agrobacterium*)이 식물체에 감염하면 재조합 플라스미드가 식물세포로 운반된다. 이 과정에 사용된 *E. coli*의 플라스미드는 Ti 플라스미드의 일부가 되기 때문에 삽입 플라스미드라고 한다. 재조합 플라스미드를 가진 아그로박테리움(*Agrobacterium*)을 선별하여 식물세포에 감염시킨 후 T-DNA를 가진 식물세포의 선별은 카나마이신 내성 NPYII 등으로 검색한다. 양성을 나타낸 세포는 클로닝된 유전자를 가지고 있다.

5) 맵 기반 클로닝(map-based cloning)

이것을 위치 클로닝(positional cloning)이라고도 한다. 주요 형질을 조절하는 유전자를 분리하기 위하여 사용환다. 이 방법은 큰 분리 집단에서 유전자의 조밀한 맵핑(mapping)이 되어야 하고 밀접하게 연관된 인접 표지가 있어야 한다.

6. 미래 전망

DNA 재조합과 DNA 염기서열 분석 기술은 유전자를 클로닝하고 특성을 밝히는 도구가 된다. 단순히 염기서열 분석만으로도 제놈 유전자의 구성을 알 수 있고 전사조절 요소와 같은 기능서열도 여러 유전자의 염기서열을 비교하여 찾아낼 수도 있다. 그러나 유전자의 구조와 기능을 보다 깊이 연구하기 위해서는 유전자의 염기서 열을 변화시키고 변화된 서열이 유전자 기능에 미치는 영향을 알아내는 것이 필요하다. 재조합 DNA 기술 이전의 수세기 동안 위와 같은 연구는 새로운 특징을 가진 돌연변이종을 이용하는 고전적 유전학에 의하여 수행되었다. 돌연변이 종의 유전적 특성으로부터 유전자의 구조와 기능에 관한 정보를 알아낼 수도 있었다. 그러나 이같은 연구방법은 적용 범위가 국한되었다. 재조합 DNA 기술은 이와 같은 모든 문제들을 변화시켰다. 즉 유전자의 분리, 유전자 서열의 변경, 변경된 유전자의 역할 등에 대한 조사 기술능력은 종래의 고등생물의 유전분석 방법에 대변혁을 가져왔다. 고전적 유전학과는 달리 현재는 복귀 유전학, 즉 유전구조에서 기능연구와 같은 새로운 연구방법이 재조합 DNA 기술로 가능하게 되었다. 특히 농업에 중요한 식물체의 개발에 있어서 더욱 발전할 것이다.

생명공학기술 Biotechnology

제3편 생명 공학과 육종

제8장 작물육종과 생명공학

1. 개념 이해

식물체에 유전자 전이는 다양한 생물학적 문제에 의해 제한된다. 식물체의 세포벽은 DNA 분자를 위한 완벽한 장벽이며 트랩(trap)이다. 사실상 난세포(egg cell), 정세포(sperm cell) 그리고 접합자(zygote)는 얻기 어렵다. 전배아(pre-embryo)는 매우 작고 딱딱한(solid) 조직 안에 둘러싸여 있다. 숨어 있는 분열조직의 작고 어린 세포들은 기능성 유전자(functional gene)의 완성에 충분치 않을지도 모르는 생식계열(germline)로 이는 생식자가 유래되어 나오는 세포계열로 몇 세대가 지나도 지속되는 세포계열이고 배우체가 유도되는 세포의 계열이다. 조직 전체로 퍼지고 외부 DNA를 완전하게 하는 종양 바이러스는 알려져 있지 않다. 우리는 단지 하나의 가능한 기능적인 생물학적 벡터 시스템(vector system)을 가진다. 이것은 농업적으로 가장 중요한 그룹(group)들이나 작물의 재배종들과 함께 연구되어지지는 않는다.

형질전환 식물(transgenic plant)의 재분화는 대부분 체세포의 전체형성능에 의존한다. 그리고 어떤 식물세포가 전체형성능 일지라도 대다수는 아닐지도 모른다. 의외로 이러한 형질전환 식물의 재분화를 방해하는 문제들의 긴 리스트(list)에도 불구하고 형질전환 식물의 생산은 효율적이고 상례적이다. 그러나, 불행하게도 일부 선발된 모델 식물종과 품종에 재한되어진다. 식물육종에로의 유전자 기술(gene technology)의 효과적인 응용은 그들 품종 정체성(varietal identity)를 유지하려는 독립적인 형질전환 식물의 충분한 수의 회복(recovery)를 위한 효율적이고 상례적인 과정(procedure)이 여전히 아쉽다는 사실에 의해 여전히 제한적이다. 그러나 발전된 새로운 방법이나 현존하고 있는 것에 대한 개량을 위한 노력이 계속되고 있어서 유전자 기술(gene technology)은 미래 식물육종에서 상례적인 과정이 될 것이다. 달성된 성공은 만약 어떤 희망하는 작물의 어떤 주어진 품종에 쉬운 유전자를 쉽게 전이하는 것 같은 이상적인 상황에 반하여 측정되어진다면 작게 고려되어질 것이다. 그러나 첫 형질전환 식물을 회복(recovery)한 이래로 그 진보는 인상적이다.

2. 식물육종과 생물공학기술

농업에 있어서 기존의 육종방법은 멘델법칙에 기반을 두고 많은 발전이 있을 것이다. 그러나 기존의 육종방법은 육종연한이 길고 생산비용이 많이 들며 육종에 이용되는 유전자가 적다. 그래서 기존의 육종방법으로는 육종의 큰 발전을 기대하기는 어렵다. 이러한 취약점을 보완 할 수 있는 기술이 생명공학(biotechnology)의 이용이다. 식물육종에서의 생물공학의 이용은 여러 분야, 예를 들면 내병, 내염, 내한성에 대한 유전자를 클로닝(cloning)하여 이를 식물체에 직접 도입시킴으로서 저항성이 강한 품종을 단시일 내에 얻을 수 있다. 생산량 확대와 재배지역 확대(환경극복), 노동력 감소, 경비 절감 등 농업 생산적 측면에서 유리한 조건을 제공함으로 육종에 생물공학기술의 도입은 필요하다고 하겠다.

3. 식물육종에서의 생물공학기술의 적용분야

1) 저항성 품종

내병성, 내충성, 내염성, 내한성 들의 유전자를 클로닝(cloning)하여 이를 식물체 내로 도입시킴으로서 생산량 확대, 환경 극복에 의한 재배지역 확대, 노동력 감소, 경비절감 등 농업 생산적 측면에서 많은 유리한 조건을 제공한다.

그림 8-1. 탄저병 저항성 고추 품종 (출처: http://www.agrinet.co.kr/news/)

2) 새로운 신품종의 창성

세포의 노화를 방지하거나 개화시기 조절, 중금속오염방지, 과실함유물질 조절, seed storage protein 조절에 관여하는 유전자를 클로닝(cloning)하여 식물에 도입하는 것이 가능하다면 새로운 신품종의 창성이 가능하다.

3) 조직배양기술 이용

조직배양기술을 이용하여 무병주 생산, 반수체의 육성, 인공종자의 개발, 대량급속증식, 유전자원의 보호를 할 수 있다.

4) 산업적 이용

자연계에서 클로닝(cloning)된 유전자의 2차 대사 산물을 이용하여 의약품 식료품, 화장품 등 다양한 분야에 이용이 가능하다.

4. 식물체 형질전환

병원균이 기주에 감염되어도 바로 병이 나는 것이 아니라 상당한 잠복기를 거쳐야 하며 그 이후에도 기주의 건강상태나 저항력에 따라 병발생 양상이 다르며, 병원균과 함께 기주에도 병을 일으키는데 필요한 유전자가 있는 것은 유전자 대 유전자(gene for gene) 가설로 알려져 있다. 병원성인 폐렴쌍구균의 배양액을 고압멸균시킨 뒤 비병원성 균주에 첨가하였더니 비병원성 균주에서 병원성 형질로 전환된 세균이 생성되었다는 그리피스(Griffith)의 발견이 194년대 미국의 에이버리(Avery) 등에 의해 DNA에의 해 일어나는 것으로 확인되었으며, 이 DNA가 바로 유전물질이라는 것도 잘 알려져 있다. 외래유전자를 받아들인 세포가 그 유전자의 특성을 보이는 현상을 형질전환이라 하는데, 때로는 유전자를 받아들이는 것만도 형질전환이라고도 한다.

표 8-1. 그리피스(Griffith)의 형질전환 조건

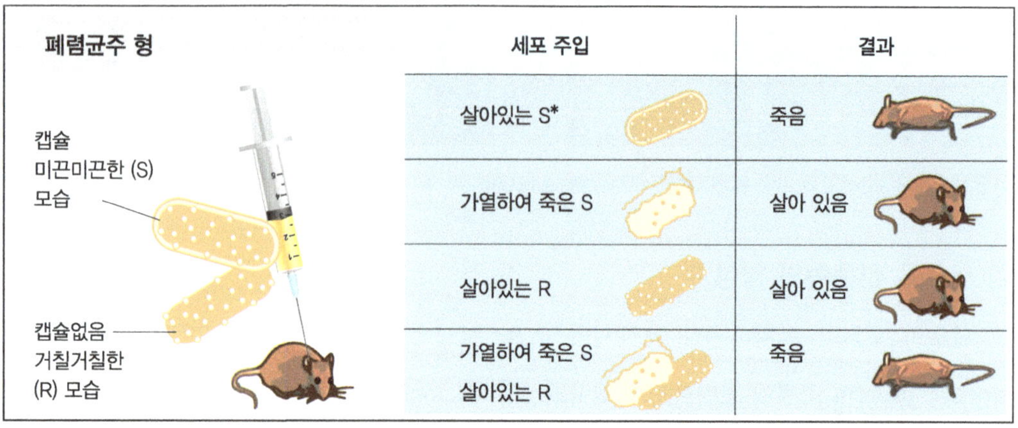
폐렴균주 형
세포 주입
결과
캡슐
미끈미끈한 (S)
모습
캡슐없음
거칠거칠한
(R) 모습
살아있는 S*
죽음
가열하여 죽은 S
살아 있음
살아있는 R
살아 있음
가열하여 죽은 S
살아있는 R
죽음

*S : smooth, R : rough

참고내용 5. 그리피스의 실험

독일의 생물학자 프레드 노이펠트는 폐렴쌍구균이 세 종류로 나뉜다는 것을 발견하여 이들을 각각 I, II, III형으로 구분하였다. 그리피스는 노이펠트가 발견한 폐렴쌍구균의 종류 가운데 II형과 III형을 이용하여 두 종류의 폐렴쌍구균을 쥐에 감염시키는 실험을 하였다. 그는 편의상 II형을 R형(rough form, 까칠한 모양)과 III형을 S형(smooth, 부드러운 모양)으로 불렀다. R형은 숙주의 면역계에 잡혀 병을 유발시키지 못하나 S형은 폐렴을 유발시킨다. 그리피스의 실험이 있기 전까지 생물학자들은 박테리아의 유전형질이 고정적인 것이라 생각하였다. R형을 주입한 쥐는 생존하며, S형을 주입한 쥐는 폐렴이 발생하여 죽는다. S형 폐렴쌍구균을 열처리하면 박테리아가 파괴되어 독성이 사라지며, 이를 주입한 쥐는 생존한다. 열처리되어 파괴된 S형을 R형과 함께 혼합하여 쥐에게 주입하면 폐렴이 발생하여 죽는다. 이 실험의 결과 S형의 형질은 S형이 파괴되었더라도 남아있고 R형이 이것을 받아들여 S형으로 변환되었다는 것을 알 수 있다. 그리피스는 이를 형질전환이라 하였다. 그리피스는 형질전환이 일어난다는 것을 실험으로 증명하였지만 어떤 과정을 통해서 R형이 S형으로 변환되는지는 밝혀내지 못했다(출처: www.wikipedia.org).

1) 유전자 전달 프로토콜의 생물학(biology of gene transfer protocols)

어떤 생물학적 제한은 세포내에서 외부유전자의 운명과 인도에 영향을 미칠 것이다. 그들 한계에 대한 고찰은 어떤 접근을 위한 문제를 이해하는데 도움이 될 것이다. 그리고 진보된 실험을 설계하는데 도움이 될 것이다. 모든 식물체세포들이 전체형성능이 아니다. 그리고 식물은 그들 t 방아쇠(trigger)에 응하는 재능이 다르다. 형질전환된 식물은 완전한 형질전환 그리고 재분화 양쪽 모두에 알맞은 세포로부터 재분화한다. 식물조직은 많은 다른 반응에 적정한 반응을 하는 능력을 가진 세포들의 개체군이 혼합되어져 있다. 상황에 따른 형질전환체의 회복(recovery)을 위한 본질적인 능력 상태의 고려는 중요하다. 식물조직에서 매우 작은 소수의 세포는 형질전환과 재분화 모두에 알맞다. 조직에서 세포집단의 상대적인 구성은 종과 표현형, 기관의 형태, 기관의 발달 상태와 기관 안에 조직 영역에 의해 결정되고 실험 식물의 특별한 history에 의해 결정된다.

유용한 상태에서 재분화를 위해 가능성 있는 알맞을 세 포로 변하기 쉽게 하기 위해 가장 효과적인 trigger은 기계적인 상처이다. 상처에 대한 반응은 아마도 체세포로부터 분열증식과 재분화를 위한 생물학적 기초일 것이다. 같은 식물의 다른 세포에서 그러한 것처럼 그들의 상처에 대한 반응은 식물의 종마다 다르다. 벼과 식물종 특히 곡류와 옥수수는 상처반응에 매우 미발달되어 있다. 어떤 유전자형에 대해서 이 상태를 유지하기 위한 실험조건하에서 재분화를 위해 분열하고 있는 조직의 사용이 가능하다. 이러한 세포배양은 형질전환을 완전하게 하기 위한 능력과 재분화를 위한 세포의 능력을 포함한다. 식물 조직은 기능 유전자(functional gene)의 크기의 DNA 분자를 위한 효과적인 장벽과 트랩(trap)이 있다. 그러므로 gene은 아그로박테리움, 바이러스, 마이크로주입(microinjection), 유전자총(biolistics, 금이나 텅스텐으로 만들어진 아주 작은 미세탄두에 DNA를 입혀서 세포나 조직 내로 유전자총을 이용하여 쏨)에 의해서만 식물세포벽 안으로 운반되어질 수 있다.

그러므로 형질전환 식물의 생산에는 형질전환과 재분화를 완전하게 하기 위해서 세포 안으로의 효율적인 유전자 전이를 요구한다. 형질전환의 완전한 발현을 위해 분명하게 일시적 발현의 능력은 거의 관계가 없다. 비바이러스성 DNA(non-viral DNA)는 숙주 게놈(host genome) 안으로 통합될 수 있다. 세포 안에서 이것의 존재는 통합된 것을 확인시켜주지는 않는다. 이것은 세포에서 세포로 이동하지 않고 세포로 인도되어지는 데에 제한된다. 바이러스성 DNA는 매우 높은 카피(copy)수로 존재할지라도 숙주 게놈(host genome) 안으로 통합되지 않는다. 바이러스(viral) RNA 같은 DNA는 세포에서 세포로 움직인다. 그리고 식물체 전 조직을 통하여 퍼진다. 이것은 생장점(meristem)과 생식계열(germline)로부터 차단되어진다.

2) 형질전환 작물의 회복(recovery of transgenic crop)

멘델법칙에 따라 유전되는 외래유전자의 형질전환 식물은 담배, 피튜니아, 애기장대같은 모델식물에서뿐만 아니라 작물에서도 많이 있다. 도입된 유전자들은 컬러 마커(colour marker) 또는 항생제 저항성을 조절하는 것 같은 모델 유전자 뿐만 아니라 바이러스 저항성이나 제초제저항성, 웅성불임, 과일성숙 등 농업적으로 흥미있는 특성들을 포함한다.

3) 유전자 전달 방법에 관한 문헌 평가 (assessment of the literature on gene transfer method)

형질전환 식물의 생산방법을 기술한 문헌은 오히려 경험이 없는 독자뿐만 아니라 포장에서 작업하는 경험있는 과학자들에게도 당황하게 하고 혼동케 만든다. 많은 저자들이나 편집자 발행인들은 형질전환 식물이 있다는 것보다 효과적인 방법에 대해 더욱 요구되어질 것 같은 직설적인 증거와 인공물로 오해시키고 낙천주의로 혹하게 했다. 이 실험의 기본에서 완전한 형질전환에 대해 공식화하거나 믿기 전에 증거를 설립하는 것을 고려하여야 한다. 실제 형질전환 식물 다수의 예로부터 우리는 증거로 구성되는 것을 이끌 수 있다. 유전형이나 표현형 어느 것도 단독으로는 물리적 데이터(data)로 받아들여지지 않는다. 완전한 형질전환을 위한 증거로 다음과 같은 것을 요구한다.

① 처리와 분석을 위한 조절

② 처리와 예견되는 결과와의 정확한 관련

③ 물리적인 자료와 표현형적인 자료와의 정확한 관련

④ 완벽한 서든 분석

⑤ 거짓 양성 변환과 올바른 변환을 구별할 수 있는 데이터

⑥ 신체적 및 표현형 증거와 성적 자손으로의 전파의 상관관계

⑦ 자손 집단의 분자 분석

많은 이들 증거를 바탕으로 유전자 이동(gene transfer)를 나타내는 데 단지 4가지 방법만이 성공하였다. 이들은 ① 아그로박테리움 이용한(*Agrobacterium*-mediated) 유전자 이동(gene transfer) ② 원형질 기반의 유전자 직접 이동(protoplast-based direct gene transfer) ③ 미세주입(microinjection) ④ 유전자총(biolistics) 등이다. 이들 방법은 각각 그들의 특별한 장점과 단점을 가신다. 이 방법늘 중에 모든 실질적인 문제를 풀기위한 잠재성을 가진 단일의 방법은 없다. 식물체를 형질전환하려면 이러한 유전자를 식물체 내로 도입시켜주는 식물 유전자 운반체가 있어야 한다.

4) 식물 유전자 운반체

식물체를 대상으로 한 유전자 운반체는 1980년대에 들어와서 개발되었으며 근본적인 요소들은 대장균 등의 미생물체를 대상으로 한 유전자 운반체와 맥락을 같이 한다. 그러나 식물체는 미생물체와 달리 뚜렷한 외부 보호기관을 가지고 있으며 세포 수준에서도 세포벽을 가지고 있는 등 유전자 운반체가 성공적으로 식물체 또는 식물세포에 도입되어 증식이 되기 위해서는 미생물체에 비해 보다 까다로운 구조를 하고 있다. 그리고 식물세포에서는 아직까지 미생물체에 비해 보다 까다로운 구조를 하고 있다. 그리고 식물세포에서는 아직까지 미생물에서와 같이 복제 시작점이 클로닝되어 있지 않아 식물세포에 유전자가 도입된 후 스스로 복제할 수 있는 능력을 가지는 플라스미드 형태의 유전자 운반체의 조립은 가능하지 않다. 이상의 이유들로 인해 식물체를 대상

으로 한 유전자 운반체는 보다 광범위하게 정의되어야 한다. 식물유전자 운반체는 현 단계에서는 식물체 내에서의 복제 능력보다는 식물세포의 염색체 내로의 효율적인 삽입과 안정적인 유지 여부에 더 많은 초점이 맞추어지고 있다.

5. 식물 유전자 운반체의 기능

유전정보는 DNA로 구성되어 있으며 DNA의 염기서열이 바로 유전암호로서 생물의 특성을 직접적으로 지배한다. 유전자에는 이런 특성이나 형질을 지배하는 신호뿐만 아니라 유전자 자체의 복제에 대한 신호도 함께 있어서 세포분열 시 염색체 복제에 필요한 DNA 복제가 이루어진다. 따라서 목표형질 유전자를 대상 식물 세포 속에 넣어 주는 것만으로는 불충분하며 유전자 운반체는 대상 세포 내에서 복제에 필요한 신호 등을 갖추어서 삽입된 목표유전자가 안정하게 유지되고 세포분열 후 발생된 딸세포에서도 계속 유지되도록 해야 한다. 따라서 유전자 운반체와 결합(또는 삽입) 되어야 하며 또 결합된 재조합 유전자를 증폭시키거나 확인하는 것은 대장균을 이용하는 것이 대부분이므로 대장균 내에서 유지(복제) 기능도 있어야 한다.

6. 식물 유전자 운반체의 구비조건

1) 유전자 삽입을 위한 제한효소 특정부위(cloning site)

특정제한효소에 대한 절단부위가 그 유전자 운반체에 1개만 있는 경우보다 가능하면 여러 가지 제한 효소절단부위가 함께 모인 것(multiple cloning site)이 이용에 편리하다.

2) 유전자 운반체 도입세포를 확인, 선발하기 위한 선발 표지 형질

항생제 등 약제 내성 gus나 X-gal과 같은 발색유전자, 영양 요구성 돌연변이체에 대한 비타민이나 아미노산 대사 관련 유전자로서 도입세포의 특성과 구분되는 우성 형질이 있어야 한다.

3) 유전자 복제 개시점

삽입된 유전자가 대상 세포 내에서 유지되기 위해서는 대상 세포의 핵, 엽록체 또는 미토콘드리아의 염색체 속에 삽입되거나 플라스미드나 바이러스와 같이 독립적으로 복제 기능(replication)을 갖추어야 한다. 독립적으로 존재하기 위해서는 복제를 위한 신호인 복제 개시점이 있어야 하는데, 복제 개시점에 따라 효율에 차이가 있어서 대상 생물종에 따라 기능을 발휘하는 것이 다르며 세포 내에서의 복제 효율이 다르다.

4) 유전자 운반체의 크기

유전자를 운반체에 삽입시키려면 제한효소로 절개하여야 하는데 유전자 운반체의 크기가 작을수록 특정 제한효소 절단 부위를 만들기 쉽다. 같은 복제 개시점을 갖는 유전자 운반체의 경우 크기가 작을수록 세포당 복제수가 많다고 생각된다. 유전자를 분리하고 정제함에 있어서의 조작 편이성과 안정성이 분자량이 작을수록 좋으며, 코스미드의 경우는 운반체가 작을수록 삽입할 수 있는 DNA의 크기가 커진다.

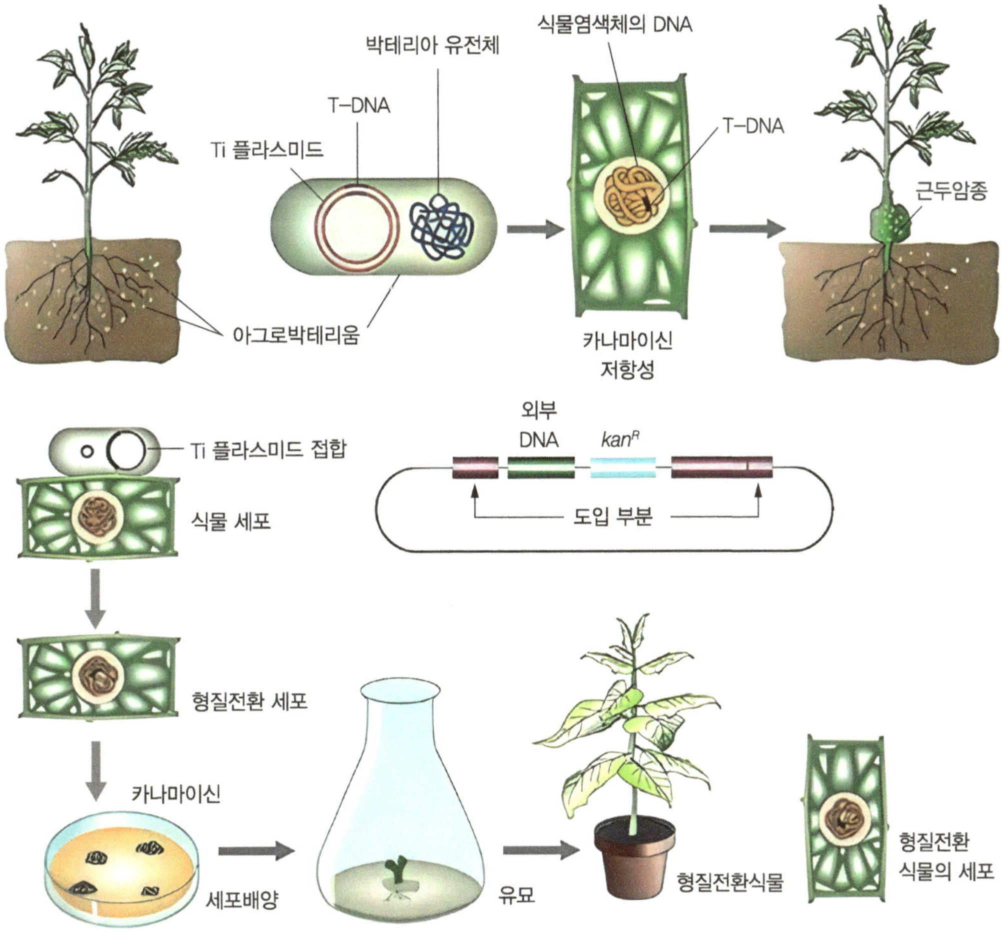

그림 8-2. 티아이 플라스미드(Ti-plasmid) 운반체를 이용한 형질전환 식물체 형성
(출처: http://biotechhelpline16.blogspot.kr/2012/07/ti-plasmid.html)

5) 식물 유전자 운반체의 종류

식물세포 내로 삽입된 DNA가 안정하게 유지되기 위해서는 핵, 엽록체, 미토콘드리아의 염색체 속에 있거나 바이러스와 같이 독립된 복제원(replicon)으로 존재해야 하므로 각각의 경우에 맞는 기능을 갖는 운반체가 이용되어져야 한다. 핵내 염색체로의 유전자 전환을 위해서는 아그로박테리움(*Agrobacterium*)의 Ti 프라스미드에서 유래된 운반체와 DNA를 대장균을 이용하여 증폭시킨 상태로 직접 이용하는 직접 전환용 운반체가 쓰이고 있다. 엽록체의 염색체를 형질전환시키기 위해서는 엽록체에 대한 동형 유전자 조합을 위한 목표 시퀀스(target sequence)를 갖는 Ti 프라스미드 유래 운반체나 직접전 환용 운반체가 쓰이고 있으며, 선발표지 형질이 개발되고 있다. 미토콘드리아의 형질전환을 위해서는 연구 중이긴 하나 아직 명확한 결과는 없는 것 같다. 독립적인 복제원으로서 존재하기 위해서는 바이러스의 기능을 이용하는 방안을 들수 있으며 이를 위해 콜리플라워 모자이크 바이러스(califlower mosaic virus, CaMV)나 제미니 바이러스(gemini virus) 등의 두 가닥 또는 단일가닥 DNA 바이러스와 같은 RNA 바이러스가 연구되고 있다.

7. 식물 형질전환의 방법

세포는 고유 유전자를 보존하기위해 핵산 분해효소의 생산을 위시한 여러 가지 기작을 영위하고 있는 반면 외부환경에 대한 적응을 위해 외래유전자를 도입한 징후도 있다. 다만 외부 유전자의 직접전환 예가 많지 않은 것은 보존기능이 더욱 강화되어 있기 때문으로 생각된다. 형질전환 방법을 크게 나누면 세포의 외래 고분자 흡착기능 인위적인 삽입으로서의 물리화학적처리 그리고 자연상태에서의 감염 등을 들 수 있으며 현재까지 시도된 실례는 다음과 같다.

① 고분자 흡착기능 이용에는 건조 종자 및 배의 DNA 용액 내 침지배양, 조직, 세포의 DNA 용액 내 배양, 원형질의 DNA 용액 내 배양 등이 있다.

② 인위적 삽입처리는 화학적처리, PEG 처리, 리포좀(liposome) 처리, 리포좀(liposome) 주입 등이 있는데 여기서 리포좀은 인지질로 감싸진 작은 구형입자로 악물이나 영양분을 내부에 담아 인체 내 효율적인 흡수를 돕는 제형이다.

③ 물리적처리는 마이크로레이저(microlaser), 조직의 전기영동(electrophoresis into tissue), 유전자 총(bioslstic or particle gun), 미세 주입(microinjection), 다량 주입(macro injection), 전기충격법(electroporation), 생물학적 방법(자연적 감염체), 아그로박테리움(*Agrobacterium*), 바이러스(virus) 등이 있다.

1) 생물학적 방법

(1) 아그로박테리움(*Agrobacterium*, 근두암종병균) 이용 형질전환

자연적으로 식물을 감염하는 아그로박테리움(*Agrobacterium*)은 쌍자엽식물에 종양을 일으키며, 이 종양 형성이 아그로박테리움(*Agrobacterium*)의 고유 유전자를 식물의 세포 속에 전이시켜 식물의 유전자로서 발현시키기 때문에 일어나는 것이 확인됨에 따라 이 기능이 널리 쓰이고 있다. 유전자가 식물세포의 핵 염색체에 전이되며 Ti 프라스미드(Ti-plasmid)의 T-DNA 부분이 거의 정확히 전이된다는 장점이 있다. 자연 상태에서 아그로박테리움(*Agrobacterium*)의 기주범위가 단자엽식물에 제한된다는 점이 제약되었으나, 최근에는 단자엽에 대한 이용보고가 증가되고 있다. 세포질 내 미소기관인 엽록체의 염색체에 대한 형질전환에도 일부 보고되고 있으나 널리 받아들여지고 있지는 못하다.

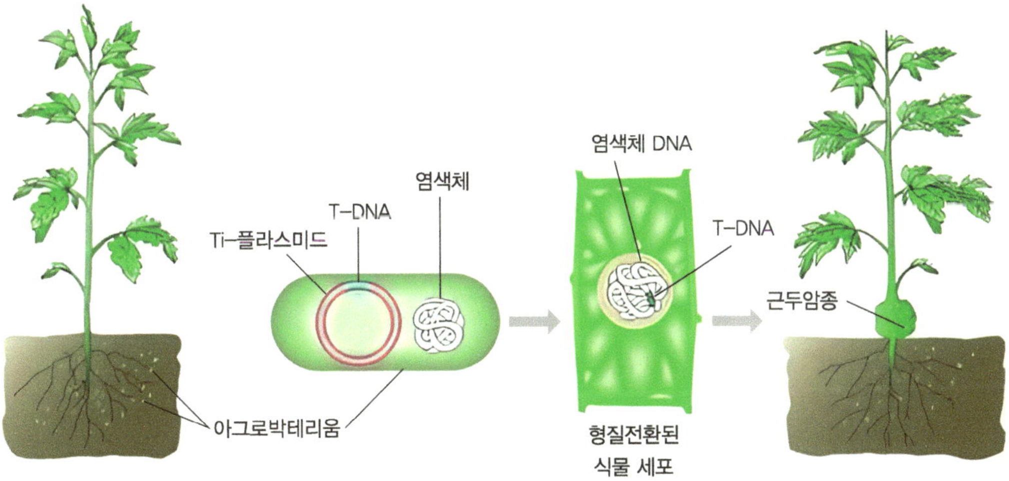

그림 8-3. 아그로박테리움(*Agrobacterium*)을 이용한 형질전환(출처: 농촌진흥청 국립식량과학원)

(2) 바이러스

주로 2중나선 DNA 바이러스인 CaMV와 제미니바이러스(gemini virus)가 연구되었으나 RNA 바이러스인 TMV의 이용도 보고되고 있다. 바이러스의 전신 감염 기작과 세포 내 증식에 따른 카피 수(copy number)가 많기 때문에 유전자의 발현이 높으리라는 기대를 받고 있으나 종자를 통한 후대 전달 등에 문제가 있다.

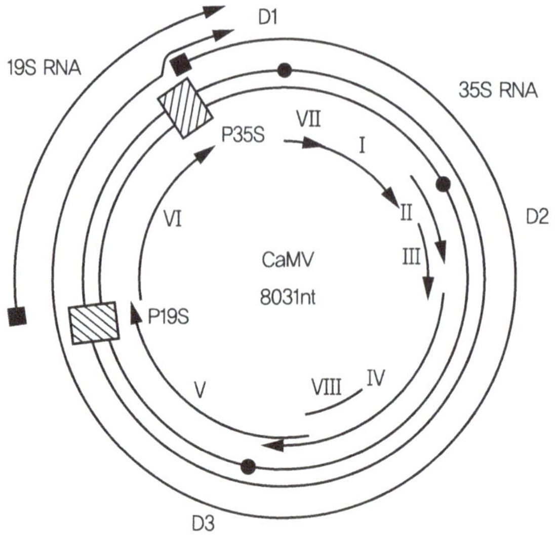

그림 8-4.
콜리플라워 모자이크 바이러스(Cauliflower Mosaic Virus, CaMV) (출처: http://what-when-how.com/molecular-biology/)

2) 물리적 방법

대량의 DNA를 식물세포 속에 주입시킨 뒤 자체 방어기작에 의해 파괴되고 남은 DNA가 세포주기 중의 특정시기에 세포 속의 염색체로 삽입되는 것을 기대하는 방법으로서 자연적인 감염 기작이 확립되지 않은 식물종이나 세포내 미소기관으로의 유전자 전환에 주목적이 있다. 목표유전자 이외에 운반체의 DNA의 상당부분이 함께 전이된다는 점이 약점이다. 유전자총, 전기충격, 미세주입법, 대량주입법, 탄화 규소(silicon carbide) 등을 들 수 있으며 화학적 방법으로는 폴리에틸렌글리콜(polyethylene glycol), 리포솜(liposome) 이용 등을 들 수 있다.

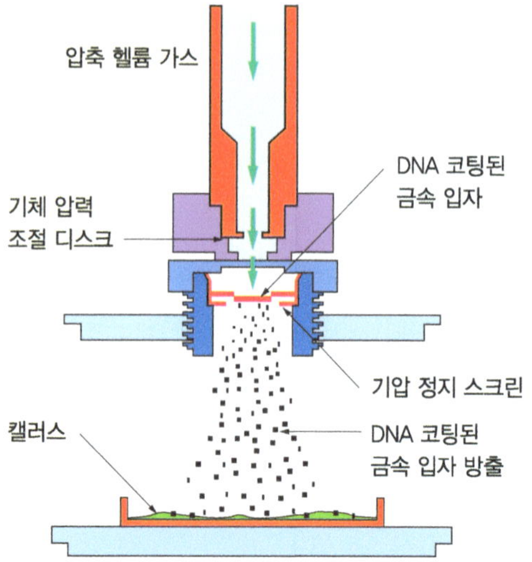

그림 8-5. 유전자총 모식도
(출처: http://study.zum.com/book/13137)

(1) 유전자총

유전자총(biolistic) 방법은 짧은 역사와 유전자 도입에 의한 식물의 형질전환 기술 중에서도 가장 최근에 개발된 기술이나 많은 파급효과를 가지고 있다. 입자 충격(particle bombardment) 기법이라고도 불리는 본 기술은 작은 금속 입자를 외래유전자에의 내부 또는 외부 에 덮어씌워 식물에 쏨으로 원하는 유전자를 식물세포 내로 도입하고 그 결과 식물의 형질전환을 이루고자하는 기법이다. 1988년도에 처음 보고된 본 기법은 급격하게 기술적인 다양성을 이루고 있어 다른 기술로는 불가능했던 다른 종에까지 형질전환 식물체의 개발을 하였다. 유전자총(biolistic) 방법은 사용되는 금속입자의 여러가지 성질과 피격(bombard)될 식물체의 상태와 성질이 성공적인 결과를 가져오는데 고려되어야 할 중요한 요소로 손꼽히고 있다. 금속입자는 식물체를 뚫고 들어갈 수 있을 정도로 무거워야 하고, 활성이 약한 금속이어야 하고, DNA와 섞어서 DNA의 구조를 깨뜨리지 않아야 한다. 현재 적절하다고 판단되는 금속에는 금, 텅스텐, 백금, 팔라듐(palladium,Pd), 로듐(rhodium, Rh) 이리듐(iridium, Ir) 등이 있다. 금속입자 표면에 DNA나 RNA를 씌우는 과정에는 폴리아민의 일종인 스페르미딘(spermidine)이나 염화칼슘($CaCl_2$) 등이 보조효소로 사용되고 있다. 대상 식물체의 상태와 성질 또한 매우 정밀히 검토되어야 하며 이론적으로는 두 가지 성질을 가지고 있는 식문세포들을 대상으로 하여야 된다고 할 수 있다.

첫째, 식물세포는 형질전환 능력을 가져야 하고 둘째, 재분화 능력을 가져야 한다. 그러나 현재 세포학적 측면에서 이들 성질들을 세포수준에서 구별하는 것은 거의 불가능하기 때문에 조직수준에서 일반적으로 위의 성질들을 가지고 판단되는 배 조직을 대상으로 하여 주로 시도가 이루어지고 있다. 아울러 적절한 식물조직에 유전자를 도입하기 위하여 유전자총(biolistic) 장치에는 금속입자의 살포속도가 정밀히 조절됨이 매우 중요하여 금속입자 살포장치의 개량에 많은 노력이 투여되고 있으며 현재로는 방전(electric discharge) 장치가 주로 활용되고 있다. 유전자총(biolistic) 기법은 아그로박테리움(*Agrobacterium*)을 이용한 형질전환기법이 기능을 하지 못하는 많은 식물체들, 특히 단자엽 식물들의 형질전환을 이룰 수 있는 새로운 기법이다.

현재로는 도입되는 유전자의 수나 크기를 조절하지 못함으로서 형질전환체를 기내 재분화한 후 여러 번의 여교배를 수행하여야 원하는 형질전환체를 얻을 수 있는 어려움은 있으나, 벼를 위시한 많은 수의 주요 작물의 형질전환에 널리 사용되고 있고 더욱 많은 사용이 이루어질 기법이라고 생각되고 있나. 또한 본 기법은 학문적인 측면에서 유전자의 일시 발현을 목표하는 식물 조직 내에서 확인하는 데에 매우 효율적으로 사용될 수 있어 유전자발현의 연구과정에서 널리 사용되고 있다.

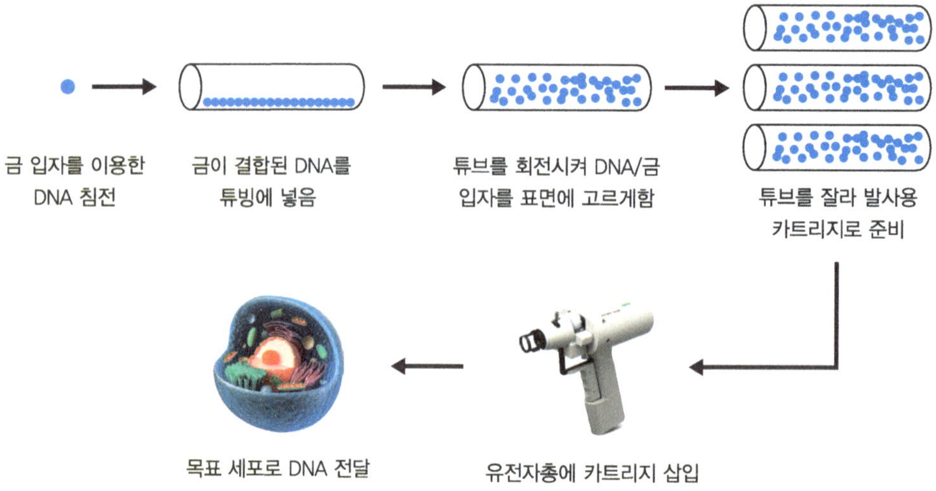

그림 8-6. 유전자총(Biolistic) 방법 (출처: http://www.bio-rad.com/)

(2) 미세주입법

미세주입법(microinjection)은 동물체의 핵과 세포질과의 상호연관성을 연구하기 위한 노력으로 핵의 치환을 시도함으로써 처음 생물현상의 연구에 이용되기 시작하였다. 미세주입 법은 현미경에 부착된 미세조작기를 이용하여 매우 가늘게 뽑은 유리 모세관을 통해 소량의 물질을 세포의 특정부위에 주입하는 과정으로서 동물체의 형질전환에는 널리 이용되는 기법이다. 식물체의 경우는 세포벽이라는 두꺼운 장벽이 일반적으로 매우 가는 유리 모세관의 침투를 막는 관계로 세포벽이 제거된 원형질체를 사용하여야 하는 어려움이 있다. 만일 꽃가루를 대상으로 효율적인 미세주입법(microinjection) 기법이 완성된다면 그 파급효과는 상당할 것으로 판단된다. 미세주입법(microinjection) 기법은 비교적 굵은 관을 이용하여 다량의 유전자를 식물조직에 일시에 투여하는 방법으로 원형질체를 대상으로 하여서는 사용가능한 방법으로 판단되나 세포벽을 가지고 있는 식물조 직을 대상으로 하여서는 효용성이 의문시 되어 원래의 의도를 성취하기 위해서는 많은 개량이 요구된다.

(3) 리포솜

리포솜(liposome)은 인지질을 수용액에 넣었을 때 생성되는 인지질 이중층이 속이 빈 방울 같은 구조를 이룬 것을 말한다. 지질용액을 DNA나 RNA의 수용액에 떨어뜨리면 지질 간의 소수결합에 의하여 DNA나 RNA 수용액을 소량 함유한 지질 소낭(lipid vesicle)가 형성된다. DNA 또는 RNA를 함유한 리포솜(liposome)은 화학적 성질이 원형질막과 유사하기 때문에 원형질체와 융합을 이룰 수 있으며 또는 미세주입법에 의하여 식물세포의 특정내부기관으로 주입될 수 있다. 따라서 본 기법은 유전자의 세포 내로의 도입측면에서는 효율적인 기법이라 하겠다.

(4) 전기충격법

전기충격법(electropolation)은 식물 원형질체의 접합을 위하여 고안된 방법이나 식물 원형질체와 동물세포를 포함한 다양한 세포에 유전자를 효율적으로 도입할 수 있는 방법이다. 도입을 원하는 DNA가 녹아 있는 수용성 완충액에 식물 원형질체를 넣고 강하고 짧은 전류를 적용하면 순간적으로 DNA가 원형질 내로의 도입이 이루어져 식물 염색체 내로의 외래유전자 도입이 가능해 진다. 폴리에틸렌 글라이콜(polyethylene glycol, PEG)은 매우 강한 흡수력을 가지고 있으며 고농도의 PEG 용액에 세포가 위치되면 세포막의 변성을 가져와 산발적으로 PEG 수용액에 첨가되어 있는 DNA가 세포 내로의 전달이 이루어진다. 식물세포의 경우는 역시 원형질체가 대상이 되어야 한다. 이 두 방법의 경우 공통적인 어려움은 유전자의 식물세포 내로의 도입이 아니라 원형질체로부터 식물체의 재분화이다.

(5) 식물조직 특성을 이용한 유전자의 도입법들

식물세포의 원형질체에 외래유전자의 도입은 전술된 화학적 방법, 미세주입법, 전기충격법, 식물바이러스를 매개체로 한 도입법 등 다양한 방법에 의해 비교적 용이하게 이루어질 수 있다. 그러나 원형질체로부터 식물체의 재생은 지난 30년의 엄청난 노력에도 불구하고 아직 매우 드물게 이루어지고 있으며, 특히 외래유전자 도입 후 형질 전환된 세포를 선별하기 위하여 기내 재분화 배지에 첨가하는 항생제 등의 선별표지가 형질전환된 원형질체의 식물체로의 재분화를 거의 불가능하게 만들고 있는 것으로 판단된다. 따라서 원형질체를 대상으로 한 외래유전자의 도입은 주로 일시 발현 연구에 활용되고 있으며 새로 형질전환 식물체의 개발에 널리 사용되기 위해서는 보다 효율적인 기내 재분화 기법과 선별 기법의 발달이 요구된다. 식물체는 시기와 조직에 따라 매우 건조한 부위가 있으며, 이와 같은 건조한 부위는 강력하게 수용액을 빨아들일 수 있다는 현상에 근거하여 새로운 식물체의 형질전환 기법이 시도되었다.

건조한 종자, 특히 배 부위를 DNA 수용액에 담그면 DNA가 건조한 세포 내로 빨려 들어가며 그 결과로 염색체 내로 외래유전자의 도입이 가능하지 않을까 하는 판단하에 실험이 이루어졌고 일부의 성공사례가 보고되고 있으나, 다른 연구진들에 의하여 반복되지 않음이 확인되어 다른 많은 수의 잘못 보고된 형질전환체들과 같이 실험과정의 실수로 판단되고 있다. 식물체의 건조한 조직을 대상으로 외래유전자를 도입하고자 하는 시도는 식물세포벽을 DNA가 통과할 수 없음을 간과한 착상이라고 판단된다. 식물체는 수분과정에서 화분의 핵이 통과하는 경로인 화분관이 형성되어 정자가 난자와 접합이 가능하게 된다. 이와 같은 현상에 근거하여 화분관이 형성되어 정자가 난자와 접합이 가능하게 된다. 이와 같은 현상에 근거하여 화분관이 형성되고 있는 암술의 윗 부위를 절단하고 접합자에 도입하고자하는 목표 유전자 용액을 적용함으로서 화분관을 통한 유전자의 전달이 시도 되어 성공사례가 보고되었으나 반복성 여부가 확실시 되고 있지 않다. 화분관은 비 어 있는 공간이 아니라 칼로스(callose, 식물 세포벽의 주요 성분 중 하나인 다당류)로 급속히 채워지는 관계로 DNA 용액이 통과할 여유가 별로 없을 것으로 판단된다.

제9장 작물육종과 분자육종

1. 개념 이해

최근 식물육종가는 농작물 개량에 있어서 꾸준한 성과를 거두고 있다. 그 예로 wheat. rice, maize의 약 50%가 수확량이 우수한 개량품종으로 육종되었다. 수확량 증가 외에 화학비료와 농작물관리는 품종개량에 한 몫을 한다. 최근의 재조합 DNA 기술(recombinant DNA technology)은 게놈 제어(genome manipulation)하고자 하는 육종가의 다 양한 요구에 부합하여 기회를 제공한다. 따라서 식물 유전자 기술(plant technology)은 농작물 개량에 지대한 영향력을 행사할 것이다. 새로운 식물 유전자 제어 기술은 농작물의 유전자풀(gene pool)을 확장시키고 다양화시키고자 하는 육종가들의 현행 연구활동에 추가 적용될 것이고 특정 유전자가 성적 호환성이 있는 유전자풀(gene pool)에서 가치가 있는지 없는지를 밝힐 것이고, 신품종과 잡종생산에 소요되는 시간을 단축시키게 될 것이다. 다시말해 새로운 식물 유전자 기술(plant technology)은 종래에는 다른 품종 혹은 다른 계통간의 교잡육종에 의해서 우수품종개량이 이루어져왔기 때문에 점차 이용할 수 있는 유전적변이가 고갈되어 가고 있고, 인공교잡에 의한 품종개량은 성적 화합인 경우에 한하여 가능하므로 유용유전형질의 도입에 많은 장애가 되고 있고, 돌연변이를 이용할 때는 인위적이건 우연발생적이건 간에 목적으로 하는 유용형질을 지닌 개체를 선발하는데 어려움이 있기 때문에 그 필요성이 절실하다. 이장에서는 농작물의 개량을 위한 적절한 유전자 기술(gene technology)에 대해 알아본다.

2. 식물체의 유전공학

식물유전공학을 이용한 작물개량은 식물세포의 형질전환을 가능하게 하는 연관유전 자와 벡터의 분자적 조작을 기초로 한다. 식물체의 유전자 기술(gene technology)은 이미 원하는 수준에서 특정조직에서 식물발현유전자를 분리, 조작, 획득을 위한 다양한 방법을 제시하고 있다. 연관된 농업(agronomic)의 특성을 정확히 규명하는 것은 유전공학(genetic engineering) 효과를 높이는 기본 단계이다. 수확량과 같은 많은 중요한 것들은 관련된 유전자를 이미 알고 있더라고 그 유전자와 그리 간단하게 관련되어 있지가 않기 때문이다. 따라서 이러한 유전자들은 유전공학(genetic engineering)을 통해 쉽게 조작될 수가 없고 그 유전자의 유전적 조절에 대한 더 많은 연구가 있어야 할 것이다. 현재 유전공학(genetic engineering)에 의해 형질전환 될 수 있는 것은 식물 저장단백질과 새로운 변성된 효소를 코딩하는 유전자의 형질전환을 야기하는 그 외의 것들이다. 곡류(cereal lereal), 두류(legumes), 감자의 단백질(tuber protein of potato)의 종자저장 단백질은 정확히 규명되어져 세밀한 연구가 이루어지고 있다. 단일 유전자의 사용이 제한되어있는 특정 식물의 특성을 개량하는 것은 클론된 유용형질유전자가 부족하기 때문이다. 이것은 모든 유전자가 질병에 대해 특정 종에 대한 특정 저항성을 부여하는 경우라 할 수 있다. 다시 말해 바다 속에 자랄 수 있는 해조류는 내염성 관련유전자를 갖고 있으며 사막에 서식하는 식물은 내건성 관련유전자를 병충해에 잘 견디는 식물은 내병성, 내충성관련유전자를 갖고 있다는 것이다. 그러나 이런 유전자가 존재하고 있고 대부분의 식물과 병원성 소기관들 사이에 상호작용을 배제한 상태에서 드라마틱한 결과를 얻고 있음에 도 불구하고 이 균은 병에 대한 저항성을 나타내는 대립유전자를 분리하는 것이다. 문제는 전략은 이미 세워져있지만 이러한 유전자는 아직 분리되지 않고 있다는 것이다.

3. 분자육종

생명공학(ㅠiotechnology)의 목적은 전통적인 식물육종과 마찬가지로 작물개량에 있다. 즉 다양한 새로운 식물을 만들고, 작물의 수확량 및 내병성, 내충성, 제초제 저항성 등의 특성을 증가시키는 것이다. 게다가 재조합 DNA 기술(recombinant DNA technology)이 고전적인 육종 프로그램과 접목될 때보다 나은 결과를 얻을 것이다. 식물유전공학(plant genetic engineering)은 보다 차원 높은 기술로써 이미 원칙적이면서도 효과적인 해결법들을 농업분야 문제점에 제공해주고 있다. 개서와 프라레브(Gasser and Fralev, 1989)는 유전공학에 의해 쌀(rice), 옥수수(maize), 면화(cotton), 콩(soybean), 각종 지방종자(oilseed), 유채, 사탕무(sugar beet), 알팔파 품종(alfalfa cultivar)들이 1993~2000년에는 상업화될 것이라고 말했다.

1) 단일 유전자 사용

(1) 제초제 저항성(herbicide resistance)

제초제(herbicide)는 현대농업에서 중요한 역할을 한다. 이것은 경제적으로 잡초를 억제하고 작물생산량을 증가시킨다. 새로운 제초제(herbicide)는 동물에는 저독성을 사용한 후에는 독성의 빠른 감소를 서로 결합시키는 것이다. 그러나 제초제(herbicide)는 식물에 대하여 선택적이 아니기 때문에 사용 전에는 숙지해야만 한다. DNA를 식물체로 유입하는 방법으로써 연구자들은 세 가지 전략으로 제초제에 내성이 작은 작물을 만들려고 시도하고 있다. 특별한 제초제에 대한 목표(target) 효소의 수준을 높이는 것, 화합물에 의해 영향을 받지 않는 돌연변이 효소를 발현시키는 것, 제초제의 독소를 제거하는 효소를 발현하도록 하는 것 등이다. 글리포세이트(glyphosate) 비선택적 제초제로써 경작을 대신해서 작물을 심기(planting) 전에 사용된다. 그러므로 토양의 짧은 생활주기(life-time), 넓은 스펙트럼(spectrum)의 잡초 살생의 활성과 신속한 처리 등의 이점이 있다. 글리포세이트(glyphosate)는 필수적인 방향적 아미노산의 생합성에 대한 과정에서 엽록체 효소인 대두에서 저항성 유전자(5-enolpyruvylshikimate 3-phosphate synthase, EPSPS)를 억제하여 식물을 죽인다. 핵심적 요소는 그것이 매우 낮은 농도로도 광범위한 잡초를 억제하는데 활성적이기 때문에 현재 가장 널리 사용되고 있다, 그것은 토양미생물에 의해 신속히 분해되므로 초기의 제초제보다 환경오염에 더욱 안전하다.

피튜니아(*Petunia hybrida*)의 EPSPS를 암호화하는 클론화된 cDNA의 이식은 형질을 전환시키지 않은 식물 내에서 밝혀진 것보다도 약 20배로 효소활성도 수준을 증가시킨다. 효소의 과도한 발현은 전환된 피튜니아를 야생형 식물을 죽이는 제초제의 4배 정도의 존재에서도 자라게 한다. 그러나 처리된 형질전환된 시물의 생장률은 처리되지 않은 식물의 생장률보다도 낮나. 글리포세이트(glyphosate)가 EPSPS의 합성효소의 저항성 유전자(5-enolypyruvyshikimate 3-phosphate synthase, EPSPS)는 식물과 박테리아의 방향족 아미노산 합성에 중요하나, 제초제의 활성성분인 글리포세이트(glyphosate)에 의해 활성이 억제된다. 박테리아에서 글리포세이트(glyphosate)에 내성이 있는 EPSPS를 암호화하는 유전자가 T-DNA 발현 벡터로 클론되어지고 아그로박테리움(*Agrobacterium*) 중재유전자 이식에 의해 담배로 도입된다.

식물에서 EPSPS는 세포질에서 합성된 후 엽록체로 전달되기 때문에 피튜니아 EPSPS로부터 72개의 아미노산 전이 펩티드를 암호하는 분절을 박테리아의 EPSPS 서열의 아미노말단에 융합시켜 키메라 유전자를 형성했다. 키메라 유전자의 발현은 콜리플라워 모자이크 바이러스(cauliflower mosaic virus, CaMV) 35S 프로모터(promotor)에 의해 통제를 받는다. 전환된 식물은 내부에 있던 식물 EPSPS의 유전 자와 박테리아의 글리포세이트(glyphosate) 내성 효소가 모두 발현되었다, 전이 펩티드가 박테리아 효소를 적절히 엽록체로 이동시켰다는 것을 생화학적 연구로 증명되었다, 전환된 식물은 박테리아 EPSPS가 제초제의 존재 하에서도 계속 기중을 나타내므로 야생형을 죽이는 양의 4배나 되는 글리포세이트(glyphosate) 농도에서도 견딜 수 있었다.

무독화 효소(deoxifying enzymes) 일반적으로 제초제 저항성 식물은 제초제를 무독화하는 효소들의 이용을 기초로 한다. 저항성 식물은 제초제를 비활성을 가진 유도체로 전환시키거나 다른 화합물들로 전환함으로써 창출된다. 현재 가장 진보된 것은 설프하이드릴기 그룹(SH group)에 의해 소수성 제초제의 친전자 중심(electrophilic centerd)에 글루타티온(glutathione)의 결합을 촉매하는 글루타티온 S-트랜스퍼라제(glutathione S-transferase, GST)의 그룹에 속하는 무독화 효소들과의 연결로 만들어졌다. 예를 들어 GST들은 옥수수, 조, 사탕수수 등 많은 화본과 식물에 제초제 저항성을 부여한다. 적어도 세 종류의 서로 다른 GST 동위효소(isoenzyme)들이 옥수수 조직에서 검출되었고 이 효소들은 총 가용 단백질(total soluble protein)의 1~2%로 구성되어 있으며 서로 다른 기질에 대한 특이성을 나타내었다. 동위효소(isoenzyme)의 하나인 GSTH는 제초제의 완화제를 식물에 처리함으로써 유도된다. 제초제의 글루타티온(glutathione)의 접합과 더불어 무독화 반응은 또한 글루코스(glucose)나 아미노산(amino acid)의 접합을 통하여 일어난다고 알려져 있다. 아미노산(amino acid)의 접합자로는 2,4-D와 글루탐산(glutamic acid) 혹은 아스파르트산(aspartic acid) 사이의 반응산물로 알려져 있다. 실제로 이러한 접합을 촉매화하는 단백질의 존재에 대한 생화학적 결과는 아직 밝혀져 있지 않다. 식물의 제초제 저항성에 대한 미생물의 제초제 대사에 관련된 효소들이 보고된 바 있다. 실제로 미생물의 니트릴라아제(nitrilase) 유전자가 빛에 의해 조절되는 조직특이적인 프로모터(promoter)의 조절하에 식물체 내에 도입되어 브로목시닐(bromoxynil)의 합성물에 대한 저항성 수준의 상승을 가져다주었다.

아트라진(atrazine)은 많은 종류의 화합물로부터 유래된 제초제는 광합성의 광계Ⅱ(PS Ⅱ)의 수용부위(acceptor site)에 대한 플라스토퀴논(plastoquinone)의 감소를 방해한다. 서로 다른 구조를 가진 물질들은 엽록체의 틸라코이드(thylakoid)막에 결합해서 광합성에서 전자전달(photosynthetic electron)의 수송을 방해한다. 광친화성(photoaffinity) 마커(marker)인 아지도아트라진(azidoatrazine)의 도움으로 틸라코이드(thylakoid)막에 존재하는 32-KDa의 단백질은 제초제와의 결합을 맡고 있다. 이 제초제 결합단백질은 32-KDa단백질, Q단백질 등과 같은 이름으로 알려져 있고 빛을 받았을 때 특정부위가 변환(turn over)된다. Q단백질의 전구체를 이름짓는(encoding) 유전자가 클로닝되었고 이 플라스트드(plastid) 유전자는 PSB(광합성 세균)라 이름 지어졌다. 이 유전자를 이름짓는 34-KDa의 단백질은 C-말단(C-terminal)이 번역 후 변환 과정(post-translationally process)이 진행되어 32-KDa의 성숙한 형태(mature form)으로 된다. psbA는 제초제의 목표(terget)로서 처음으로 동정된 유전자이다. 설포닐우레아와 이미

다졸리논(sulphonylurea and imidazolinones)의 아미노산(amino Acid) 생합성에 대한 대사경로가 실질적으로 식물과 미생물에서 동일하기 때문에 미생물의 아미노산(amino Acid) 생합성에 대한 많은 정보가 설포닐우레아(sulfonylurea), 이미다졸리논(imidazolinones), 글리포세이트(glyphosate)에 대한 저항성식물을 만들기 위해서 유용한 것으로 판정되었다.

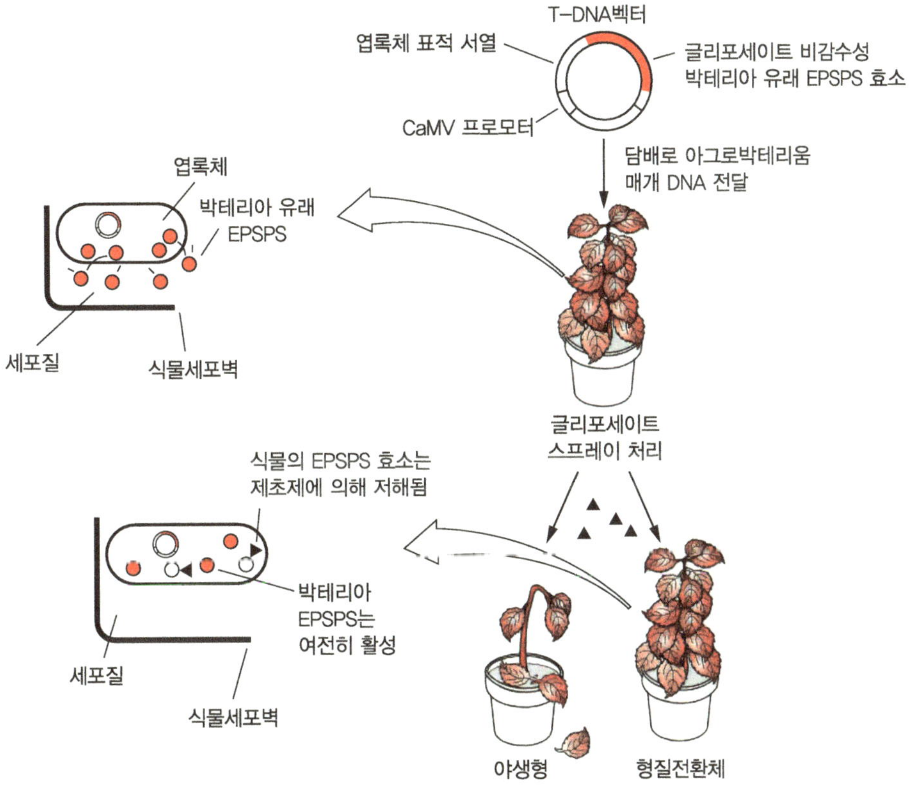

그림 9-1. 글리포세이트(glyphosate) 저항성 작물 개발(출처: http://openwetware.org/)

살모넬라 티피뮤리움(*Salmonella typhimurium*)을 이용한 생리학적 연구로부터 설포닐우레아(sulfonylurea) 제초제인 설포메튜론 메틸(sulfometuron methyl)의 목표는 아세토락테이트 합성효소(acetolactatesynthase, ALS)인 것으로 추정되었고 ALS는 또한 아세토하이드록시산 합성효소(acetohydroxy acid synthase, AHAS)로도 알려져 있다. 이 효소는 아이소류신(isoeucine), 류신(leucin), 발린(valine)의 합성을 요구한다. ALS 아이소자임(isozyme)들은 장내세균(entrobacteria)인 살모넬라 티피뮤리움(*S. typhimurium*)과 대장균에 존재하고 즉 ALS2와 ALS3는 존재하고 ALS은 존재하지 않는다. 설포메튜론 메틸(sulfometuron methyl)에 의해 저해

된다. 담배(tobacco), 클라미도모나스(chlamydomonas, 녹조식물문에 속하는 단세포 생물)로부터 정제된 ALS의 *in vitro* 상의 활성의 분석결과 진핵생물(eukaryotic) 효소들은 설포메튜론 메틸(sulfometuron methyl)에 아주 민감한 것으로 증명되었다(Laland Lal, 1993).

2) 하이브리드 육종(hybrid breeding)

자가 불합성 형질을 S 유전자에 의하여 조절되는데 이 S 유전자의 발현에 의해 자신의 화분이 주두에서 발아되어 생장하는 것을 저해하는 것으로 알려졌다. 담배의 경우 화분의 생장이 화주(style)에서 정지되며(gametophytic system) 반수체인 화분의 형질이 화주의 형질과 맞으면 화분의 발달이 정지된다. 예를 들어 S_1과 S_2 화분은 S_1/S_2 style에서는 S_2화분이 발달되며 S_1과 S_2 화분이 모두 발달되어 수정을 한다. 담배의 S 유전자가 RNase 활성을 가지며, 이 효소는 화 주에서 생산되어 화분관이 자라나는 통로로 분비됨을 밝혔다. 담배의 S 유전자를 CaMV 35S 프로모터(promoter)에 연결하여 연구하여 본 결과 자가수정 능력의 아무런 변화를 가져오지 않았다. RNase를 이용한 키메라 유전자 웅성불임(chimeric GMS)의 경우 RNAse 억제제(inhibitor)를 회복친(restorer)으로 사용하여 웅성불임을 환원시킬 수 있다.

(1) 바이러스 외피 단백질의 발현에 따른 바이러스 저항성 (virus resistance based on the expression of viral coat protein)

TMV는 단사(single stranded) RNA 바이러스로서 숙주세포 내에서 적어도 네 개의 단백질을 만들어낸다. 외부단백질을 식물체에서 다량 발현시키기 위하여서는 우선 강력한 프로모터(promoter)가 필요하다. 현재 많은 실험실에서 손쉽게 구하여 사용하고 있는 것은 CaMV바이러스에서 분리한 것으로 이 35S 프로모터(promoter)는 다른 프로모터(promoter)에 비해 대체적으로 모든 식물세포에서 강하게 기능을 발휘한다고 알려져 있다. 프로모터(promoter) 이외에 터미네이터(terminator)의 종류에 따라 유전인자의 발현이 수십 배 이상 차이가 생기는 것이 보고된 바 있다. 핵에서 만들어진 RNA가 제대로 과정을 거쳐 성숙된 mRNA로 바뀌도록 필요한 인자들이 부여되어야만 한다.

TMV 바이러스의 U1 균주로부터 분리해낸 피막단백질의 cDNA 클론(clone)을 CaMV 프로모터(promoter)와 NOS 터미네이터(NOS terminator) 사이에 삽입시킨 후 티아이 플라스미드(Ti plamid)를 바탕으로 한 유전자운반체에 실어 아그로박테리움(*Agrobacterium*)에 넣어 주었다. 이 운반체에는 피막단백질 이외에 항생제 카나마이신(kanamycin)에서 식물이 살 수 있게하는 선택 가능한 마커(selectable marker)가 함께 들어 있고, 원래의 티아이 플라스미드(Ti plasmid, 식물 세포에 감염되면 자신의 DNA 일부인 T-DNA(transferred DNA)가 숙주세포의 DNA로 통합되어 숙주세포를 종양세포로 전환시키는 플라스미드임)에 존재하여 암세포를 유발시키는 유전인자들이 모두 제거되어있다. 이러한 운반체를 갖고 있는 아그로박테리움(*Agrobacterium*)을 담배 잎의 절편과 섞고 2~3일간 함께 키운 후, 운반체로부터 T-DNA를 전이 받은 식물세포들을 카나마이신(kanamycin) 배지에서 선발하였다. 다량의 피막단백질을 발현하는 식물이 TMV의 감염에 상당한 저항성을 보이고 있다고 발표하였다. 병원성 안티센스(antisense) RNA를 발현하는 형질전환 식물체새로운 방법 중의 하나는 안티센스(antisense) 방법이다. 바이러스의 한 부위를 절단하여 그 반대사슬의 RNA를 강력히 표현하는 식물체를 얻는다. 안티센스(antisense) RNA는 바이러스 RNA와 결합함으로써 침해를 줄일 수 있을 것이라는 가정에서 출발한다. 이렇게 다량의 안티센스(antisense) RNA를 만들어내는 형질전환체는 어느 정도 저항성을 얻기는 하였으나, 위에서 기술한 피막단백질 표현방법에 비해 그 저항도가 월등히 낮았다.

그러나 이러한 결과들은 아직 초기의 실험결과이며, 바이러스의 어느 부위를 안티센스(antisense)로 만드느냐에 따라 실험결과가 크게 다를 것으로 예상된다. 아직 어느 부위의 안티센스(antisense) RNA가 가정에서 효율적으로 저항성을 부여할 것인지에 대한 체계적인 연구가 미흡한 실정이다. 바이러스 위성 RNA를 발현하는 형질전환 식물로 위성 RNA는 도우미(helper) 바이러스에 의해 보존 및 전달되며 혼자의 힘으로 복사할 수 없고 도우미(helper) 바이러스에 의하여만 증식이 가능하다. 위성 RNA는 종종 도무미 바이러스의 병 피해를 감소시키거나 배제하는 것으로 보고되었다. 위성 RNA를 이용하여 오이 모자이크 바이러스(cucumber mosaic viris)와 담배둥근무늬바이러스(tobacco ring spot virus)에 대한 저항성을 가진 형질전환체를 얻는 실험이 보고되었다. 그러나 어떤 바이러스에는 위성 RNA가 발견되지 않는다는 점과 위성 RNA가 어떤 바이러스와 함께 식물을 감염하면 오히려 병의 증상을 심화시킨 경우가 보고되어 있어 이 방법이 광범위하게 쓰이기 전에 해결하여야 할 일들이 많다.

(2) 해충 저항성(insect resistance)

토양세균의 일종인 바실러스 튜린지엔시스(*Bacillus thuringiensis*, 그람 양성 박테리아이자 살충 효과를 가진 토양미생물로 상업적으로 널리 쓰이는 성공적인 미생물 살충제 중 하나임)

는 사람에게는 전혀 해가 없으면서 딱정벌레 등 해충에게만 선택적으로 독성을 나타내는 독소(BT toxin)를 생산하나 생물농약제재로 이 BT(*B. thuringiensis*)를 대량배양해서 추출된 BT 톡신(toxin)이 살충제로 사용되어 왔는데, 이 독소 단백질을 합성하는 유전자가 분리되어 식물체에 도입됨으로써 내충성 작물을 만들게 되었으나, 잎 디스크(leaf disk) 법으로 담배에 도입 형질전환된 담배가 내충성을 갖는다는 것이 보고된 이래 내충성 토마토, 목화, 옥수수, 감자, 벼 등이 개발되었다. 이들 미생물 독소 외에 여러 종류의 식물에서 만들어지는 단백질 억제제 및 아밀라아제 억제제(protein inhitor and amylase inhibitor) 등이 내충성 관련 물질로 알려져 있다. 이들 효소 저해 유전자가 수종의 식물에 도입되어 내충성 식물체가 개발되었다.

유전자를 식물세포로 도입하며 재분화된 식물을 얻는 능력과 함께 새로운 색깔, 모양과 생장특성을 가진 꽃들이 만들어질 수 있다. 그 첫 실험이 옥수수에서 자주색을 띠게 하는 색소인 안토시아닌(anthocyanin)의 생산에 대한 과정에서 효소를 암호화하는 유전자를 옥수수에서 피튜니아로 유입시키는 것이었다. 피튜니아의 변이체로 원형질 전환에 의해 이식된 cDNA는 그것이 색소유전자 중 하나에 돌연변이를 갖고 있었기 때문에 색깔이 엷은 핑크색을 띠었다. 다시 만들어진 식물 15개중 2개는 단순한 붉은 벽돌 빛의 꽃이었고, 4개의 식물은 붉은 벽돌색 부분을 갖는 꽃이었다. 형질전환 된 식물에 대한 노던 블롯 분석(Northern blot anaysis)은 옥수수의 유전자가 정말로 발현되었다는 것을 증명해 주었다.

피튜니아 색소 유전자 제2의 복사체가 색깔을 띤 식물을 갖는 피튜니아 식물에 이식되어 실험이 수행되었다. 피튜니아 색소유전자의 부가적 복사체의 도입은 내인성 대립유전자와 이식 유전자(endogenous allele and transgene)의 발현을 억제한다. 칼콘 합성효소(chalcone synthase, CHS)는 꽃과 옥수수의 씨에서 발견되는 자주색 색소인 안토시아닌(anthocyanin)의 생합성 과정에 관여하는 효소이다. 실험은 클로닝된 피튜니아 칼콘 합성효소(CHS) 유전자를 피튜니아에 도입시켜 수행하였다. 과학자들은 유전자 양의 증가로 식물이 진한 자주색이나 아마도 새로운 색의 꽃을 만들 것이라고 생각했다. 놀랍게도 전환된 피튜니아는 현저한 비정상적 형 태를 보이면서 무색의 부분으로 된 꽃을 만들었다. 몇몇 세포에서 부가적인 CHS 유전자의 존재는 CHS mRNA의 전사를 완전히 억제했다. 안토시아닌(anthocyanin) 형성 과정에 있어 다른 유전자의 발현은 영향을 받지 않았다.

4. 분자생물학과 유용 유전자원의 활용

개량된 식물의 특성은 일련의 복잡한 대사작용들에 의해 영향을 받는다. 그런데도 개량된 식물의 생물(biotic), 항생제 스트레스(antibiotic stress)에 대한 식물반응과 같은 복잡한 속성을 연구하게 된 것은 최근의 일이다. 이에 대한 전략은 바로 대조구에서의 유전자의 다양한 반응을 밝히는 것이다. 대립유전자 분리, 형질 전환된 식물에서 표현형에 따른 유전자들의 역할 규명, 그리고 그 이후에는 유전자를 정확하게 이용해서 작물 또는 프로브들(probes)를 만들고, 각 스트레스 수준(stress level)을 점검하는 것이다.

1) 병 저항성

저항성 유전인자가 세월이 지남에 따라 파괴되고 또한 농약에 견딜 수 있는 돌연변이 병충들이 생겨남으로써 저항성 유전인자의 클로닝과 새로운 저항성 형질의 개발이 시급해지고 있다. 내병성을 갖고 있는 담배잎에 바이러스나 박테리아, 곰팡이 같은 병원체를 감염시키면 여러 가지 새로운 단백질이 축적된다. 분자량이 작은 이러한 단백질을 PR 단백질(pathogenesis related)이라 부른다. 담배 및 토마토, 감자, 콩, 옥수수, 보리 등 여러 가지 작물에서 10가지 이상의 산성 PR단백질 및 염기성 PR 단백질이 발견되고 있다. 병원체의 감염에 의하여 담배잎에 가장 많이 축적이 되는 PR 단백질의 하나는 PR-1이다. 따라서 PR-1의 순수 분리가 비교적 용이하여 아미노산 서열을 부분적으로나마 분석할 수가 있었다. 이 지식을 이용하여 올리고펩티드(oligepeptide)를 만들어 cDNA library로부터 PR-1에 해당하는 클론(clone)들을 얻었다.

병원체에 감염된 잎과 감염되기 전의 잎으로부터 mRNA를 추출한 후 이를 방사성 동위원소가 들어있는 cDNA를 이용하여, 감염된 잎으로부터 나온 mRNA와는 강하게 결합반응을 나타내나 감염 전의 잎에서 얻은 mRNA와는 반응이 약하거나 없는 클론을 조사함으로서 PR단백질에 해당하는 유전인자들을 얻을 수 있었다. PR 단백질 중 가장 잘 알려진 것으로 키틴(chitin) 분해효소인 키티네이즈(chtinase)로 콩에서 분리하여 담배와 유채에 발현시 결과 잎집무늬마름병(Rhizoctonia solani)의 침입을 지연시켰음이 알려졌다. PR 단백질 외에도 병원체의 감염에 의해 세포 내에 축적되는 여러 가지 단백질의 일부가 직접 혹은 간접적으로 방어기작에 관여할 것으로 추론된다.

2) 스트레스 내성

실질적으로 수확량을 증가시키려는 계속된 노력에도 불구하고 작물은 여러 가지 환경적인 제한을 받고 있다. 가뭄과 수분 스트레스는 가장 생산력이 높다고 할 수 있는 농업지역에서도 상해를 입고 수확량의 감소를 초래하고 있다. 환경 스트레스인 온도(고온, 저온), 중금속, 염류, 수분 과부족 등에서 유전자 발현의 변화는 스트레스와 관련된 유전자의 분리를 가능케 했고, 이런 유전자는 이미 복제되어서 그 특성이 규명되어 있다. 이후에 추가되어야 할 사항은 스트레스 내성 상태에서 스트레스 단백질(stress protein)의 역할과 구조와 이러한 단백질에 있을 수 있는 효소들의 기능, 그리고 서로 다른 환경적 구조하에서 스트레스 유전자(stress gene)의 발현 메커니즘 등을 명백히 설명하는 것이다. 진단으로 육종 프로그램에 분자 프로브들(probes)를 이용하는 것은 여러 번 제안되었다. 오웬과 디너(Owens and Diener, 1981)는 육종 프로그램에 분자 프로브들(probes)를 이용 감자의 PSTV(potato spindle tuber viroid, 감자갈쭉병) 내에서 감염된 감자(pathogenic organism)의 실체뿐만 아니라 스트레스 정도와 질병의 상호작용을 모니터했다.

3) 개선된 비료 효율성

최근 유전자조작 기술이 발전되면서 식물 스스로가 공기 중의 질소를 바로 이용할 수 있도록 하기 위한 여러 측면에서의 연구가 진행되고 있다. 첫째로 미생물로부터 질소고정효소를 만들도록 하는 방법, 둘째로 콩과 식물로부터 공생관련 유전자를 분리하여 다른 식물에 옮겨줌으로써 벼나 보리 등도 콩과 같이 공생질소고정을 할 수 있도록 만드는 방법, 셋째로 식물이나 미생물에 변이를 주어 공생질소고정 효율을 향상시켜 비료사용량을 절감시킬 수 있는 방법 등이 연구되고 있으나 아직 실용화에 이르지는 못했다.

5. 미래 전망

세계식량 생산량 증대가 절박함에 따라 기존의 유지 농업은 많은 요구사항을 가지게 되었다. 불과 수년 전에, 식물유전자가 1979년 처음으로 클로닝되고, 담배로의 외인성 DNA(exogenous DNA)의 삽입이 1983년에 이루어졌다. 따라서 식물분야에서의 생명공학(biotechnology)은 앞으로의 녹색혁명에 기여하는 바가 클 것이다. 실제로도 신기술은 작물의 생산성과 저항성에 기여하는 바가 크다. 광합성의 효과증진과 이외의 생리적 기작을 통한 생산량증대, 질소고정능력과 그 외 질적 향상과 생물학적 요인(biotic factor)의 저항성 내지는 내성의 증대는 생명공학(biotechnology)을 통해 더욱 촉진될 수 있다. 최초의 이식유전자를 지닌 감자, 면화, 토마토, 담배, 메주콩이 이미 대규모 야외시험을 거쳤으며 특정한 제초제, 바이러스, 곤충에 대한 저항력이 강한 상업적으로 가치 있는 유전공학적 변형식물도 존재한다. 클론된 식물유전자수의 증가 이외에 식물의 생장과 식물의생화학적 경로 규명은 작물의 높은 수확량을 가능케 하고 더불어 환경적인 면에서는 현행 농업 시스템보다는 덜 해로운 효과를 가능하게 한다. 게다가, 생명공학적으로 생산되는 형질전환식물체는 농화학, 식품가공, 특정화학분야, 제약 산업에도 굉장한 잠재력을 제공한다.

제10장 선발방법으로서 마커와 맵핑

1. 유전자 마커에 의한 선발방법

금세기초 식물 육종(plant breeding) 과정을 손쉽게 하기 위한 다형적 단일 유전자 이용이 제시되었다. 기본원리는 쉽게 검출할 수 있는 표현형을 지닌 특성에 대한 선발이 그들에게 연결되었거나 점수화하기에 더 어려운 관심 있는 유전자 복구를 간단하게 할 수 있다는 것이다. 그 첫 번째는 유용한 유전자좌 마커(loci marker)는 식물형태학에 있어 명백한 충격이었다. 형태나 착색 웅성불임성 또는 병저항성에 영향을 미치는 유전자는 많은 식물종에서 유전적으로 분석되었다. 옥수수, 토마토, 보리 또는 밀과 같은 몇몇 우수한 특성을 지닌 작물에서 10개 또는 수백 개의 그러한 유전자들은 서로 다른 염색체에 설정되어 있다.

다형성에 의존하는 마커(marker) 선발법이 이용되었는데, 우량 마커(marker)로서의 가장 중요한 성질은 ① 모든 대립유전자로부터 동형접합체나 이형접합체의 표현형(phenotypes) 쉽게 인식이 가능함 ② 식물발육에 있어 조기 발현 ③ 유전자좌 마커(loci marker)의 교호대립유전자에 대한 식물형태상의 영향이 없어야 함 ④ 분리한 개체(집단)에서 같은 시기에 잦은 이용에 따른 마커(marker)의 일반적인 성질은 현실과 거리가 멀다. 즉 우성이나 늦은 발현, 유해한 영향, 다형질발현(pleiotropy, 하나의 유전자가 두 개 이상의 표현형질에 영향을 미치는 현상), 상위성 그리고 드문 다형성은 통례가 되었다. 결론적으로 식물육종에서 그들의 이용은 매우 제한되어 있다.

최근 30년 동안 단백질과 DNA의 다형성 인식을 기초로 한 고품질 유전적 마커(marker)들의 새로운 소스(source)가 개발되었다. 그것을 분자마커(molecular marker)라 불리며 동위원소, RFLPs 그리고 RAPD를 포함한다. 이러한 마커(marker)들은 상기에 언급된 필수 성질들을 대부분 또는 전부 가지고 있으며 이러한 이유 때문에 식물육종을 위한 도구로써 그들의 가능성은 형태적 유전자의 가능성보다 훨씬 더 크다.

본 장에서 공부할 내용은 ① 선발효율 향상에 이르는 응용의 중요성을 지닌 식물육종에서 마커(marker)의 이용을 재검토하기 위함이고 ② 좌위 마크(loci marker)와 관련된 양적 특성의 선발과 분석에 대한 이론적 모델(model)을 다루고자 한다.

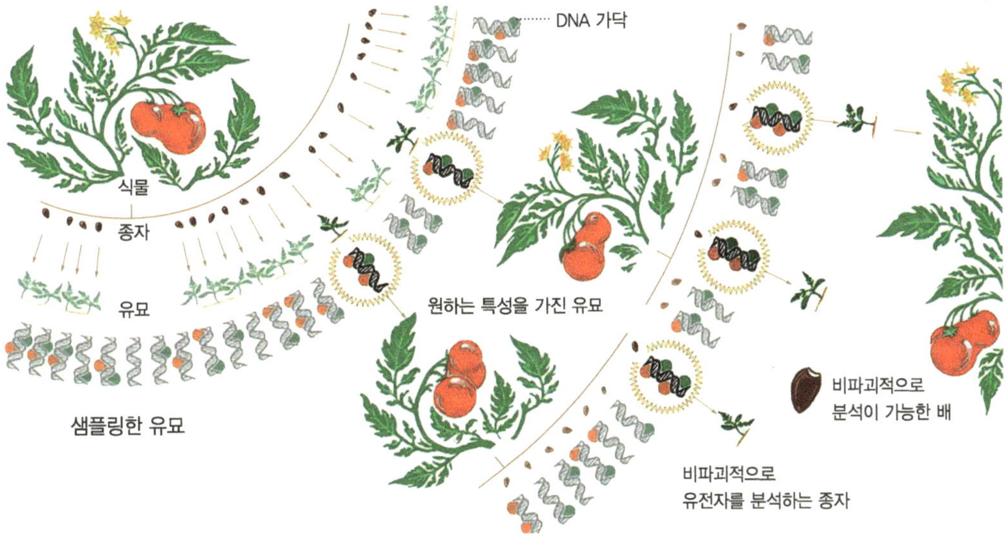

그림 10-1. 종자와 유묘의 형질발현 모식도
(출처: http://apps.washingtonpost.com/g/page/national/선발(screening)-genes-for-better-breeding/870/)

2. 맵핑되지 않은 마커의 적용

1개 또는 그 이상의 유전자좌(loci) 마커(marker) 표현형이 2개의 개체(단일체)라고 알았을 때 그들의 교잡으로 생긴 후대의 표현형을 추측할 수 있다. 그러므로 마커(marker) 표현형에 의해 결정이 가능한 origin 개체가 주어지면 확실한 교잡의 유무를 추측할 수 있다. 마찬가지로 주어진 개체(단일체)의 부계는 그 추정상의 자손이나 다른 양친의 알고 있는 마커(marker) 표현형으로 검사될 수 있다. 식물육종의 실용상의 문제는 이들만큼 간단한 상태에 부합한다. 유전자좌(loci) 마커(marker)는 이들을 해결하기 매우 효과적이며 해결방안을 마련한다. 무성생식에서 순수한 잡종개체단일체의) 확인은 동위효소유전자 이용으로 감귤류(Citrus)속 개체들 간의 교잡후대에서 행해질 수 있다.

잡종은 육종계통의 개개에 있어서 서로 다른 대립유전자에 대해 고정된 아이소자임(isozyme)(동위효소)를 사용하여 F_1 잡종종자 시료로부터 자가수분과 다른 종류의 종자 오염 등을 구분해 낼 수 있다. 동위효소는 이성간 또는 parasexual간 또는 종간 잡종의 조기 선발의 매우 유용한 마커(marker)이다. 마커(marker) 유전자좌는 약(anther) 또는 소포자배양(microspore culture)로부터 유래된 반수체 또는 다중반수체로부터 개체를 분리하는데 있어서 가장 흥미로운 적용법중 하나이다. 마커(marker) 유전자좌에 대해 이형(heterozygous)인 개체의 미생포자로부터 재분화한 반수체 유래식물체는 모두가 동형(homozygous)일 것이며 이배체 약의 세포벽 조직에서 유래된 개체들은 이형(heterozygous)일 것이다.

몇몇 재분화된 이배체들은 원래 반수체인 세포들로부터 배가된 자생의 염색체로부터 생겨난 것이며 따라서 동질적(homozygous)이다. 이 경우에 있어서 반수체 또는 염색체 숫자에 기인한 형태학적 특성을 바탕으로 하는 방법은 무용지물이므로 마커(marker)의 동정이 특히 효과적이다. 같은 원리를 마커(marker) 유전자좌(기대치 1:1 비율에 따른 분리군)에서 동형접합체(homozygote)로부터 유래된 반수체 자손에서 나타나는 분리여부를 확인하는데 사용이 가능하다. 시험한 모든 loci에서 기대보다 더 큰 편차가 나타났는데 이는 배우자의 임의적 조합의 회수는 인정되지 않는다는 것을 의미한다. 교배와 자가수분의 상대비율을 추정하는 간단한 방법은 하나 또는 수개의 분자생물학적 마커(marker)로 고안될 수 있다. 교잡 계통은 자연 개체군의 유전적 변이성과 조직의 수준에 대한 중요한 함축적 의미를 지니고 있다. 이러한 정보에 관한 지식은 유전자원보존에 있어서 좋은 전략적 수집, 혈통의 정확성 입증, 품종의 동정 등과 같은 보다 특정적인 사용방법에 마커(marker)를 이용하는데 매우 중요하다.

3. 마커와 연결된 주요 유전자 선발

경제적으로 중요한 특성과 관련이 있는 중요유전자는 식물계에 있어서 흔히 존재한다. 병저항성, 웅성불임, 자가불화합성, 형태, 색, 전체구조, 열매, 꽃, 잎 등과 관련된 것들의 특징은 주로 몇 개 유전자가 결정한다. 중요유전자와 밀접하게 연결되어 있는 마커(marker) 유전자좌는 직접적인 선발법보다 유용하게 목표유전자를 선발하는데 사용이 가능하다. 마커(maker) 선발이 보다 유용한 경우는 선발되는 특성이 식물 발육에 있어서 늦게 발현되는 경우(열매, 꽃, 성숙후 특성), 목표유전자가 열성인 경우, 목표유전자의 발현에 특별한 조작이 필요한 경우(내병성, 내충성 등의 육종 시)이다.

내병성 육종 시(마커(marker) 선발 시) 부가적 이점은 첫번째로 병원균 접종을 행하지 않아도 된다. 이는 불합리한 접종방법으로 인한 오차 최소화하고 그 다음은 안전성 문제해결을 위한 포장상태에서 시험이 가능하다. 두번째로 환경적으로 불안정한 저항성 유전자의 효과 인식의 문제 배제가 가능하다.

하나의 마커(marker)가 관심이 있는 유전자에 라벨이나 분류하는 유전자 태깅(gene tagging)에 사용되려면 선발된 개체의 단지 약간의 분절(fraction)만이 재조합되었다는 것을 확인하기 위해 목표유전자에 밀접하게 연결되어 있어야 한다. 또는 2개의 이웃하는 마커(marker)가 사용되려면 그들 간의 간격이 20cM 정도이어야 하는데 이는 동시에 2개의 마커(marker)에 대한 선발은 적어도 99% 정도의 목표유전자 획득 가능성을 갖고 있기 때문이다.

1) 중요유전자에 대한 마커(marker)로서의 동위효소

지금까지 밝혀진 동위효소 유전자와 연결된 쌍의 전체수는 많지않은 이유는 다음과 같다.

① 아이소자임(isozyme)의 수가 적다.

② 이들이 중요 유전자에 연관되어 있을 확률이 높지 않기 때문이다.

③ 유전연구에 관한 문헌 내에서 동위효소와 중요 유전자의 동시분리에 관한 내용이 맞지 않기 때문이다.

따라서 동위효소가 각기 다른 유전자의 마커(marker)로서의 가능성은 아직 밝혀져 있지 않으며 앞으로 더 많은 유용한 연결이 필요하다. 구간 매핑(interval mapping)에는 ① 핵웅성불임(nulclcar male sterility)의 토미토 ② 셀러리의 매년 반복되는 특성(annual habit(Hb) in celery)과 이웃하여 존재하는 마커(marker)는 동위효소 마커(marker)와 형태적 마커(marker) 등이다. 강한 상관관계유지는 중요한 양적형질유전자좌(QTL)가 존재하는데 ① 동위효소와 광합성능 ② 동위효소와 종자단백질 성분

2) 주요 유전자에 대한 마크로서 RFLP

동위효소 마커(marker)의 극히 일부만이 RFLP상에서 나타나지 않을 뿐이다. 따라서 완전하게 유전체 지도(likage map) 있는 종에 있어서 경제적으로 중요한 유전자 전부는 아니더라도 매우 많은 유전자들이 하나의 RFLP 마커(marker) 또는 적당히 떨어져 존재하는 마커(marker) 집단으로 표지가 가능하다. 만일 그들이 마커(marker)와 유전자좌와 연결되어 있다면 동시에 많은 유용유전자의 선발이 가능하다. 병에 대한 저항성이 하나의 품종에 도입되었거나 지속적인 저항성 발휘를 위해 특정 병원균에 대한 많은 유전자가 특정 유전자형(genotype)에 축적되어 있을 경우에 밝혀낼 수 있다는 것이다.

4. 여교잡 육종에 있어서 마커 선발의 활용

유용유전자의 전이는 주로 여교잡으로 확인하며, 일회친에 의해 제공되는 유전자를 배제하고 반복친과 같은 유전자형질을 갖는 개체 획득을 목적으로 하며, 반복친은 우량형질을 발현하고 일회친은 농업적으로 가치가 별로 없는 형질발현과 관계가 되나 반복친에는 없는 유용형질을 발현하는 개체로 선정한다. 여교잡의 과정은 F_1과 계속되는 후대 즉 반복친과 여교잡을 반복한다. 이때는 일회친의 게놈(genome) 구성 비율이 감소한다. 세대마다 반복친의 우량형질과 목표유전자에 대한 선발 최소한 5~6세대의 반복이 필요하다. 분자적 마커(marker)를 이용 시 반복친의 유전형 회복에 더 유리하다. 형태적 특성선발은 반복친 게놈의 발현에 도움이 되고, 마커(marker)를 이용한 게놈(genome)의 구성비는 마커(marker)의 수와 염색체상의 위치에 따라 달라진다. 전이된 유전자는 또한 다른 처리가 필요하게 되는데 ① 전이된 유전자가 마커(marker)와 연결되어 있거나 마커(marker) 집단에 있다면 이질 접합체(heterozygous) 상태로 선발가능 ② 연결되어 있지 않거나 위치를 모르면 마커 선발이 매우 어렵다. 그래서 많은 개체와 마커가 필요하다.

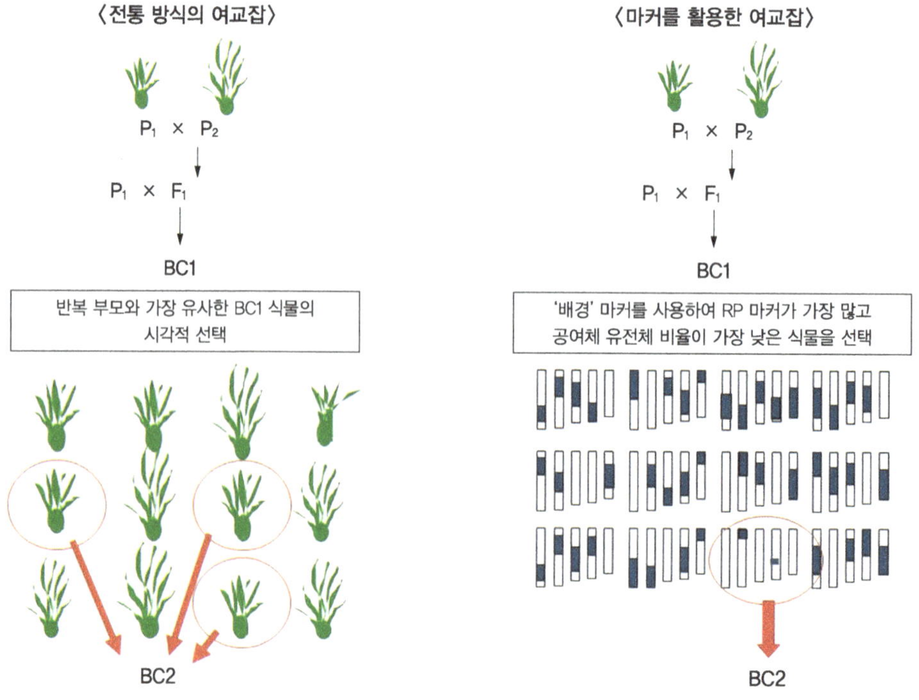

그림 10-2. 전통 여교잡 육종과 마커(marker)를 활용한 여교잡 육종의 비교
(http://www.knowledgebank.irri.org/ricebreedingcourse/마커(marker)_assisted_breeding.htm)

전 게놈 선발(whole genome selection)을 사용할 경우 개체를 얻는데 소요되는 세대(generation)의 감소와 시간절약을 할 수 있다. 여교잡은 주로 1~2년생 작물에 주로 이용되고 있으며 과수 수목류 등 영년생 식물에는 거의 이용을 못한다. 그 이유는 한세대가 5~7년 소요되고 세대 간 시간이 너무 길기 때문이다. 주로 대목 등의 생산에 이용되고 품종개량에는 거의 적용 못하고, 새로운 유전자의 적절한 시간 내에 다른 개체로의 전이에 효율적이기 때문에 단지 몇백개의 개체만으로도 성공이 가능하다. 그러나 과수, 수목류에 있어서 실지 이용은 동위효소 마커(marker) 선발이 많이 이용하고, 최근에는 RFLP 지도로 발전하며, 마커(marker)를 이용한 선발 가능성을 제시하기도 하였다. 전혀 다른 상황에서도 적용가능한데 그것은 목표 유전자 선발은 1회친(공여체)의 염색체 절편의 전이를 의미한다. 목표 유전자의 근처에 이웃하는 마커(marker)는 linkage 효과를 최소화가 가능하다. 목표유전자와 마커(marker)는 연관지체(linakage drag) 효과가 최소화할 가능성이 있고, 목표유전자와 마커(marker)의 재조합이 일어나기 때문에 목표유전자와 반복친의 대립유전자를 갖는 개체들을 단지 몇세대 후에 획득이 가능하다.

5. 양적형질의 맵핑

QTL은 개체 마커 위치(individual marker loci, M)과 플랭킹(flanking, 누군가 또는 무언가의 편에 서는 것을 의미) 마커 위치(marker loci)와 관련이 있고 마커(marker) 유전자는 실제로 토마토, 밀, 옥수수 등의 작물에 있어서의 양적형질을 지배하는 유전자와 연결되어 있다.

1) 개체 마커 위치(individual marker locus)

마커(marker)와 QTL의 재조합 빈도가 높을수록 편차가 크다. 긍정적, 부정적 효과를 갖는 몇 개 유전자좌(loci)가 마커(marker) locus와 관련 있다면 개체의 QTL 효과 대신 전체적으로 혼란스러운 QTL 효과를 추정하게 된다. 선발에 있어서의 특정의 유전력이 낮으면 개체 식물체의 표현형 가치가 환경적인 착오요소를 가질 수 있으므로 더 많은 수의 식물체를 시험해야 한다.

(1) S_1 세대(S_1 generation)

S_1 라인이 F_2 식물체와 같은 마커(marker) 집단에 분류한다. F_2의 1, 2번과 같은 단점을 갖게 된다. 그러나 낮은 환경적 착오 때문에 적은수의 F_2를 시험할 수 있다. 여교배 세대(backcross generation) P_1, P_2에 여교잡 하는데 있어서 양적형질에 기여하는 잔여유전자의 유전형적가 치가 관여한다.

(2) 자가수분 여교배 후대(selfed backcross progeny, BS1, BS2)

여교잡으로부터 자가수분 된 후대는 복제가 가능하여 부모세대 개체보다 환경적 오차가 적기 때문에 낮은 유전력의 QTL을 추정하는데 보다 효과적이다. 각각의 자가수분에 의한 여교잡 후대는 부모세대의 같은 마커(marker) 집단으로 분류된다.

(3) 서로 다른 세대의 유전형질 정보를 결합하여 분석

우성이 제도점과 다르면 결합된 F_2(or S_1)와 여교배(backcross)를 사용하여 편차는 줄일 수 있다. 유전자 효과의 추정과 관련된 오차는 자가교배(selfing) 세대에 의해 감소 가능, 편차가 보정되면 중요한 부수적인 오차가 편차가 없는 추정치와 관련이 있다.

(4) 플랭킹 마커 위치(flanking marker loci)

개체 마커 모델(individual marker model)의 한계와 단점 보완을 위해 제시, 동위효소와 RFLP 마커(marker)에 의한 고밀도 간격에서의 유전체 매핑(genome mapping) 가능성의 장점을 지니고 있다.

2) 자료분석 전략

(1) 마커 분류수단의 비교방법

개체 마커(individual marker)의 경우는 순수한 추정치를 다음과 같은 가정하에 취할 수 있다.

① 추정치가 큰 오차를 지닌다하더라도 우성효과는 편차를 추정하기 위해 QTL에 존재한다.

② 단지 하나의 QTL이 마커(marker)와 관련이 있다.

③ QTL은 독립적으로 잔존하는 QTL과 분리된다.

플랭킹 마커(flanking marker)의 경우에 순수한 추정치 획득이 가능하다.

① 단지 하나의 QTL이 두 마커(marker)so에 존재한다.

② 두 마커(marker) 사이의 QTL은 양적형질에 관여하는 잔존 loci로부터 독립적으로 분리된다.

(2) 최대 가능도 방법(method of maximum likelihood)

단독 마커(marker)의 경우는 F_2 세대에서의 단독 마커(marker)에 연결된 QTL 효과를 추정하는 최대가능성 방법이지만 대량의 개체가 score되지 않으면 작은 효과의 위치(loci)에 대한 의미 있는 결과를 얻지 못한다. 플랭킹 마커(flanking marker)의 경우는 ML을 이용하여 간과된 자료로써 QTL 효과를 추정할 수 있는 고밀도 연결의 힘을 이용하는 방법으로서 단독 마커(marker)의 경우와 방법이 비슷하며, 흔히 컴퓨터 프로그램(computer program)을 이용한다. 전반적으로 보아서 이방법의 보완점은 다음과 같다.

① 많은 수의 후대를 시험하지 않으면 작은 유전자 효과는 확인할 수 없다.

② 우성효과는 확인할 수 없다.

③ 인접부위에서 QTL이 다른 것과 독립적으로 분리하지 않으면 많은 수의 후대 개체가 필요하다.

④ 높고 낮은 성능으로 인위적으로 선발된 2개의 다른 스트레인(strain)은 큰 유전자 효과를 추정하는데 이용한다.

(3) 다른 방법

위 방법들의 단점을 보완하기 위하여 다음과 같은 방법을 사용한다.

① 상가적 유전효과와 우성 유전효과의 순수한 추정치를 얻을 수 있어야 한다.

② 진정한 QTL 위치의 작은 주변에서의 ρ(파라) 측정치를 얻어야 한다.

③ 완전한 지도작성은 복잡하고 비싼 과정이므로 제한된 수의 개체를 사용할 수 있어야 한다.

④ 거대한 타입 I과 II에 대한 추정치를 보존해야 한다.

중회귀(multiple linear regression)는 RFLP에 의존 QTL 자료 분석으로서 순차 진행형 회귀며 가장 효율적인 분석 과정이다. ① 선택한 F값에 의해 모델 내의 변수가 조절가능 ② 많은 통계적 처리에 컴퓨터 서브루틴(computer subroutine)이 사용가능하며 단점은 예측치의 부분적인 회귀가치의 평가는 다른 예측치에 의존한다.

3) 식물 육종(plant breeding) 적용

QTL 지도작성이 식물육종에 있어서 매우 중요한 마커(marker)를 다양하게 적용이 가능하다.

(1) 게놈에서 상의 QTL의 위치

옥수수 연구결과에서 17~20개의 동위효소는 단일 마커(marker) loci로 활용하고 있다.

① 마커(marker) loci와 많은 양적 특성이 매우 유의성이 있다.

② 다른 게놈 부위가 생산에 기여한다.

③ 유전자 발현 형태가 알곡 생산, 선단 이삭 무게, 길이, 부수적인 이삭, 2차 이삭 중량 등에 우성이다.

④ 단일 마커(marker) 위치 효과는 0.3~16%, 축척 마커 위치 효과는 8~40%의 표현형 특성을 나타낸다.

(2) 내혼 계통의 발전(development of inbred lines)

마커(marker) 정보를 이용하여 계보방법에 의한 F_2로부터 자식계통의 육종 시 선발방법을 구축할 수 있다. 이들을 자식계통 육성에 이용하는데에는 QTL이 고정되었을 때 더 효율적이다.

(3) 자식계통의 개선

양적형질에 미치는 좋은 형질의 대립유전자 전이방법은 우량형질의 자식 계통을 주로 F_1으로 이용한다. 여교잡이 필요하며 반복되어야 한다. 좋은 형질의 반복친을 사용할 경우 짧은 세대 내에 우량의 표현형을 획득 가능하다.

(4) 개체군의 개량

농업형질 중 중요하면서도 실제 육종과정에 선발과정의 어려움을 겪고 있는 양적형질의 경우에도 QTL 맵핑(QTLs mapping)에 의해 유전형을 직접 선발하여 우량한 계통을 육성하거나 품종을 개발하는데 활용할 수 있으리라 기대된다. 그러나 이를 직접 육종에 활용한 연구는 아직 많지 않다.

(5) 잡종 생산(hybrid performance)

유전적 거리(genetic distance)는 마커(marker)를 지니는 평가로서 자식계통 사이의 혈연관계 확립을 위한 제안이며 그를 단교잡의 생산력을 증진시킨다. 결과는 이(Lee 등, 1989), 갓샬크(Godshalk 등, 1990), 멜칭거(Melchinger 등, 1990)과 더들리(Dudley 등, 1991)으로 인해 이질적 그룹(heterotic group)에 옥수수 자식계통을 배분하여 사용할 수 있는 RFLP를 기초로 한 로저스(Rodger's)의 유전적 거리를 나타내게 되었다. 하지만 관련이 없는 라인(unrelated lines)간에는 단교잡의 잡종 생산(hybrid performance)을 증가시키는 것이 제안되었다.

마블스(Marbers)의 큰 수(large number)는 유전적 거리의 확실한 수치를 판단하기에 필요로 한다. 잡종생산을 위한 Rodger's의 유전적 거리의 제한은 다른 마커 위치(marker loci)에서 대립유전자 빈도의 차이를 바탕으로 설명할 수 있다. 양적형질에서는 마커(marker)와 관련해서 변화를 가져오지 못한다. 유전적 거리는 잡종생산에 있어서 확실한 변화를 나타내는 QTL-관련 마크(QTL-associated marker)와 관련해서 증가를 나타낸다.

6. 마커 연구의 전망

1) 지도 기반 유전자 클로닝(map-based gene cloning)

2) RAPD 마커(marker)

DNA 다형성을 검출할 수 있는 유전 마커 시스템 개발로서 수행 순서는 염색체 DNA(genomic DNA) 추출을 하고 PCR(polymerase chain reaction) 반응액을 준비하고 PCR로 증폭하는데 이 과정은 변성(denaturation), 결합(annealing), 신장(extention)이다. 그다음 증폭된 산물의 아가로스 겔(agarose gel) 전기영동에 의한 확인한다. 이 방법의 장점은 방법이 간단하고, 신속한 마커 개발이 가능하고, 높은 수준(high level)의 다형성을 얻을 수 있고, 전반적으로 저비용이며, 단점으로는 무작위 프라이머(random primer)가 반응조건과 증폭조건에 민감하고 증폭된 산물의 유전적 기원(genetic orgin) 밴드(band)가 아닐 수 있다는 것이다.

표 10-1. 마커의 종류와 특성표

마커 (marker)	수 (number)	공우성 (co-dominant)	다형성 (polymorphism)	유전자좌 특이성 (locus specificity)	기술 (technicity)	비용 (cost)
아이소자임(isozyme)	〈90	Yes	낮음	Yes	낮음	낮음
RFLP	무한	Yes	중간	Yes	High	중간
RAPD	무한	No	중간	No	낮음	낮음
DAF	무한	No	매우 높음	No	낮음	낮음
AP-PCR	무한	No	매우 높음	No	낮음	낮음
마이크로 위성 (Microsatellite)	무한	Yes	매우 높음	Yes	낮음[a]	낮음[a]
SCAR	무한[b]	Yes/No	낮음/중간	Yes	중간	낮음
CAPS	무한[b]	Yes	낮음/중간	Yes	중간	낮음
ISSR	무한	No	높음	Yes	낮음/중간	낮음/중간
AFLP	무한	No	높음	No	중간	중간
시퀀싱(Sequencing)	무한	Yes	높음	Yes/No	높음	높음
EST	무한	Yes	낮음/중간	Yes	중간	중간
SNP	무한	Yes	매우 높음	Yes	높음	높음

[a] 마이크로위성이 이미 식별되고 프라이머가 설계되었을 때
[b] 다른 마커에 따라 이미 사용 가능하다. (출처 : IPGRI 및 미국 코넬대, 2003)

제11장 기내선발과 분자유전학

1. 개념 이해

자연선발은 자연과 그 자체로서 약한 이삭, 긴 포복경, 유독의 종자를 가지는 식 물의 안전한 종의 보존에 도움이 된다. 이런 관점에서 인간의 음식, 먹이, 혹은 산업용 원자재로서 필요를 충족시켜주는 식물의 선발에 서로 작용해야한다. 결과적으로는 이것이 육종과정의 중요한 단계이다. 성공하느냐는 분리된 집단 내에서 상위식물을 얼마나 쉽고 빨리 확인하느냐에 달려 있다. 고전적인 식물육종 프로그램에서 선발(selection)은 정상적으로는 포장의 거대한 집단 내에서 수행되어 진다. 그러나 이런 포장 선발은 환경적인 조건에 많은 영향을 받고 불확실하며 시간이 오래 걸리고, 특히 소유전자 배경을 가진 양적 특성의 육종인 경우에는 더 그렇다.

이러한 특성은 한 선발 주기당 아주 미미한 변화만을 보여주며, 원하는 농업적 특성을 개선하기에는 10~20년이 걸린다. 이런 이유로, 페트리 디시 내 인위적인 상태하에서 기내식물의 생장이 가능해졌을 때 그것은 기쁜 일이었다. 그러나 생물공학의 이상과 도전은 여전히 논란의 대상이며, 그 어떤 양화 혹은 음화 결과도 일반화되지는 못하고 있다. 생장하는 식물과 미생물로서의 식물세포는 새로운 선발 기술의 기초를 제공하고 있다. 이것의 한 가지 장점은 환경의 다양한 영향을 받지 않는다는 것이다. 더욱 중요한 것은 반수체 소포자에서 파생된 세포 집단 내에서 유전학적으로 서로 다른 거대한 단세포 집단에 작용하는 기회이다. 특히 PCR(연쇄 종합 반응)과 연관된 게놈 및 유전자 진단과 같은 다른 생물 공학적 접근과 합동으로 DNA level에서의 선발은 식물의 작은 부분에서는 이미 가능하며, 페트리 디시 내에서는 이미 행해졌다.

결론적으로 기내 기술은 식물육종에서의 선발 과정의 질적 향상을 나타내는 반면, 포장에서 생산 및 포장 변이성의 사용에 있어서의 생물공학은 단지 이용 가능한 수단의 양적 향상에 도움이 된다. 기내선발의 설명에 있어서 한 가지 주의할 점이 있다. 종종 체세포 돌연변이의 사용과 연관하여 성공적인 기내선발에 대한 보고의 유행(boom) 이후로 오늘날 포장 상태에서 나타내어지는 기내 특성은 불과 몇몇 되지 않는다. 식물생리학에 대한 광범위한 지식이 없으면, 기내선발은 생산적인 과학적 도구보다는 많은 경우 예술(art)이 된다.

그림 11-1. 기내 생장 중인 고구마 사진(http://www.micronesialandgrant.org/assessment)

2. 포자체에서의 기내선발

기내선발의 첫째 장점은 예측 불가능한 환경을 피할 수 있는 것이다. 그러므로 이미 식물 선발은 부분적으로 포장에서 온실로 옮겨졌고 이것은 온실에서 다시 기내선발로 이어지는 다음 단계로의 논리적인 발전이다.

1) 식물전체 혹은 식물기관

이형접합체 식물군락의 파종은 민다나르(Mindaner) 등이 1987년 푸사리움 클모둠(*Fusarium culmorum*)에 저항하는 밀의 선발에서 보여준 바와 같이 이중재배 체계에서 영향받기 쉬운 것은 좀 더 천천히 자라는 반면, 곰팡이가 정상적으로 존재하는 가운데도 자라나는 식물 들을 분별할 수 있었다. 이런 테스트에 항상 식물 전체가 필요한 것은 아니고 종종 식물기관만을 배양하는 것이 좀 더 편리할 때도 있다. 많은 방법 중에서 잎 조각을 액상 아가(agar) 배지에서 배양하면 거기서 병의 징후를 나타내기 전까지는 상당기간 활발히 잘 자란다. 이어, 어린 호밀 혹은 보리의 잎 조각에 표준화된 가루곰팡이 포자현탁액을 접종한다. 감염의 빈도는 엽면적당 곰팡이를 헤아려서 측정하고 또 감염된 잎으로부터 포자체를 씻어낸 뒤 가장 잘 견뎌내는 식물을 선택하여 앞으로의 육종에 사용한다.

유채(*Brassica napus*)에서 얇은공버섯 속(Leptospaeria)으로부터 재배 여과액이 있는 상태에서 서로 다른 재배품종의 파종 민감도는 병원균에 대한 이들 재배품종의 알려진 저항력과 연관이 있다. 그러므로 여과액은 기내 종자 군락에 있어 선발에 사용될 수 있다. 때때로 식물전체 파종 혹은 배아에 대해 기내검사에 사용하는 재배배지는 병원균에 대한 반응에 영향을 준다. 미키타(Msikita)는 오이(*Cucumis sativus*)의 엽액 배아에 대한 피티움 아파니더마텀(*Pythium aphanidermatum*, 잘록병의 원인균)의 징후의 심각성 및 발달속도는 MS배지의 식물호르몬에 의해 변화함을 발견하였다. 2mg/L BA와 NAA 0.2mg/L가 있는 배지에서는 식물호르몬의 농도가 그 이상 혹은 그 이하 일 때보다 병충해가 더 적었다. 진정한 의미에서 특수화된 기내재배는 아닐지라도 이런 조기선별 시스템은 응용육종에서는 아주 중요하다.

오늘날 진균포자에 대한 감수성과 같은 이런 단순한 선별검사는 화려하지만 종종 비생산적인 단세포 시스템과는 달리 병 저항력에 대한 많은 육종 과정을 이미 훌륭히 치른 기내선발이다. 비슷한 접근이 무기염에 대한 저항 및 내성을 밝히는데 사용되고 있다. 내염성 사탕무는 싹이 나기 시작한 성숙한 배아의 엽병 재배로부터 발달할 수 있다. $NaHCO_3$, NaCl, $MgSO_4$ $CaSO_4$와 같은 복합염이 엽병의 5%가 생존하고 재생되는 배지에 첨가되어 진다. 몇 번의 기내 사이클 후에 소식물체는 개선된 토양으로 옮겨지고 종자가 얻어진다. 그 결과도 똑같이 내염성을 나타낸다. 결론적으로 내염성은 격리에 대한 멘델 비율이 발견되지 않았더라도 유전적인 것으로 주장되고 있다. 내염성에 대한 선발은 집단 내 변이성이 있을 때 혹은 그것이 기내과정 도중 생겼을 때만이 성공할 수 있다. 사탕 무, 담배, 중국 양배추, 그리고 유채 종자의 신초재배는 부가적인 염이 추가된 배지에서 자란다. 24 sub-culture cycle이 되기 전에는 배양에 있어 내염성의 그 어떤 증가에 대한 증거도 없다. 사탕무를 제외한 모든 선발재배는 대조 재배보다 덜 활발했다. 그러므로 내염성에 대한 식물기관 level에서의 기내선발의 유용성에 대한 일반적인 증거는 아직은 없다.

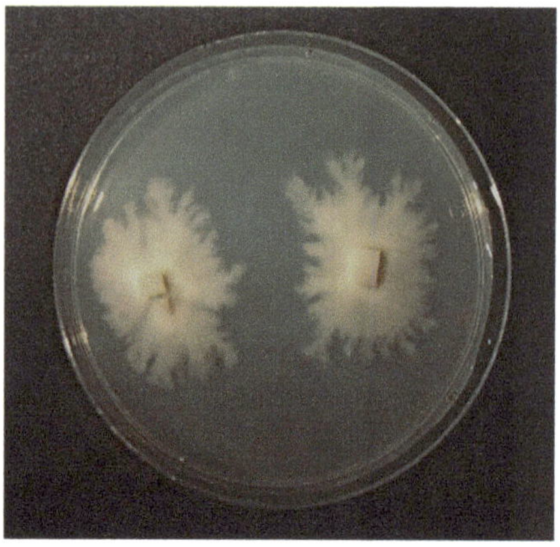

그림 11-2.
고생자낭균 속(Archaeorhizomyces finlayi) 곰팡이의 기내배양
(출처: http://ur.umich.edu/1011/Aug15_11/2546-hidden-soil-fungus)

3. 캘러스 배양(callus culture)

이들 식물은 정상적으로는 종자로부터 자라나고 이것은 대부분의 경우에서는 한 유전자당 하나의 식물을 의미한다. 이 사실은 선발에 있어, 특히 양적 특성에 있어서는 중대한 결점이다. 하지만, 우선 이런 식물의 생장이 배가되고 각각의 유전형으로부터 좀더 큰 그룹의 식물들을 선발하는데 유리하다.

요즘은 300종 이상이 가능한, 기내생장의 증폭은 정상적으로 캘러스(callus)의 형성을 동반한다. 이런 캘러스(callus)의 증가는 보다 빠르고 신초의 재생으로 진행되므로 캘러스 수준(callus level)에서 직접 선발하도록 노력하는 것이 논리적이다. 재생은 많은 식물의 종에 있어 여전히 어렵고, 단지 아주 적은 선택된 유전형에서 유도되어지고 있다.

그림 11-3. 벼 캘러스(callus) 배양(출처: http://www.nibb.ac.jp/annual_report/2001/html/ann401.html)

1) 체세포 돌연변이의 선발

캘러스 배양(callus culture)은 단순히 유전형 증식의 한 시스템을 제공할 뿐 아니라, 종종 부가적으로 자연 발생적인 새로운 변이를 나타내기도 한다. 방사선조사 혹은 연장된 재배시간과 같은 많은 처치에 의해 새로운 변이의 양은 점점 더 증가한다. 자연 발생적이거나 유도된 이런 변이를 체세포 돌연변이라 하고 이의 사용이 지난 10년간 논란의 대상이 되고 있다. 세포배양은 고전적인 돌연변이의 알려진 결점과 함께 새로운 돌연변이원의 역할을 한다고 판단될 뿐만 아니라 재배종 내(intracultivar)에서 향상된 훌륭한 기술로도 보이고 있다. 후자의 경우에선, 기내배양이 안정적일 동안 탈분화 그리고 재분화된 세포로부터 재생된 식물에서 나타나는 유전적인 변화가 성적으로 표현되어지거나 최소한 생장학적으로 전이되어 진다고 예견되어진다. 체세포 돌연변이의 원인은 아직 이해되지 않았지만 실제연구에 있어서 는 그런 이해가 반드시 필수 불가결한 것은 아니다. 새로운 변이의 창조는 그 자체로서, 특히 새로운 특징이 자연적으로 유전자 풀(pool) 내에 존재하지 않는 경우에 도움이 된다. 그러나 존재하는 품종 내 하나 혹은 그 이상의 특징의 변화는 반드시 발견되어져야 하고 향상된 품종들을 위해서는 효과적인 기내선발 시스템과 연계되어져야 한다. 이러한 필요조건에도 불구하고 새로운 특성 발견의 가능성은 자연스러운 육종방법에 있어 굉장한 흥미를 자극시키고 있다.

병저항성을 위한 선발은 조직배양으로부터 재생된 식물 중의 변이는 사탕수수에서 처음으로 발견되었다. 하인즈(Heinz) 등은 피지(Fiji) 바이러스병에 저항하는 캘러스(callus)들로부터 재생물을 발견하였고 후에 이것은 헬민타스포리움 사카리(*Helminthasporium sacchari*)에도 저항성이 있음을 발견하였다. 최근에는 푸사리움(*Fusarium*)에 저항하는 셀러리(*Apium graveolens*)의 체세포 돌연변이를 캘러스(callus) 조직배양을 통한 이병성 품종으로부터 얻고 있다. 이러한 특성은 유전적인 것으로 보이며 육종과 결합시킬 수 있다. 질병저항에 대한 기내선발의 초기에는 웬젤과 도브(Wenzel and Daub)에 의해 연구되었다.

2) 환경적 스트레스를 위한 선발

조직배양의 실제 사용초기에는 자연발생의 스트레스를 위한 선발에 있어 흥미가 있었다. 많은 결과들이 Dix에 의해 요약되었지만 그들중 대부분이 실제 응용에 이르지 못했으므로 여기서 고려하지는 않겠다. 냉동 저항성에 대한 선발은 겨울밀의 종류인 노이스타(Noistar)의 캘러스(callus) 조직배양에서 나온 조직집단으로부터 행해졌다. 조금 덜 냉동저항성인 것과 더 냉동 저항적인 체세포 영양계가 발견되었는데 라자르(Lazar) 등은 이런 차이가 유전적인 것이라고 하였다. 장식품과 같이 생장적으로 증식된 농작물은 자연적으로 원하는 돌연변이체가 재생된 캘러스(callus) 조직으로부터 선택될 수 있다. 특히 글라디올러스(gladiolus)와 푸크시아(fuchsia)에서 새로운 체세포 영양계의 상급 반응의 원인에 대한 생리학적 이해는 아직 없으며 캘러스(callus) 조직을 사용한 접근 및 농업의 유용한 발전에는 많은 행운이 필요하다. 하지만 이에서 인용한 긍정적인 예들은 성공 할 수 있다는 증거이다.

3) 선택 인자(selection agent)를 이용한 선발

체세포 돌연변이는 선발압력이 기내단계동안 적용될 때는 단순한 돌연변이 육종보다는 우위에 있다. 이것은 특정한 성질 즉 생물적이거나 무생물적(biotic and abiotic) 스트레스 혹은 발육패턴의 변화를 목적으로 하고 있다. 숙주 병원균 시스템은 기내 매개변수와 생체 내 반응양식 사이의 연관을 이용하여 선발방법의 발달의 길을 열었다.

(1) 병저항성을 위한 선발

멘델은 숙주인 포도(*Vitis vinifera*)와 그와 같이 자라는 노균병원균(*Plasmopara viticola*)의 가능한 장점을 알아냈다. 그러나 기내 진균저항성을 선발해내는 그런 이중배양 기술의 더 이상의 발달은 그렇게 빨리 진척되지 않았다. 최근에는 저항성 있는 동시에 감수성도 있는 소나무 캘러스(callus) 조직에서의 피토프토라 신나모니(*Phyophthora cinnamomi*)의 생장에서 의미 있는 차이점을 발견하였다. 성공적인 시험에서의 필수조건은 한 실험실에서 진균과 캘러스(callus) 조직에 대한 적절한 배양조건이다. 여기서 병원균 대신에 병원균에 의해 생성된 독소 혹은 배양 여과액을 선발에 사용한다. 이러한 접근에 의한 가정은 병원균에 의해 생성된 여과액 내의 독소 산물이 병원 인에 한 역할을 담당하고 병원균에 저항성 있는 세포에 대한 선발 압력에 기여하는데 이용되기 때문이다. 저항성 있는 캘러스(callus) 조직 혹은 세포로부터 재생된 식물이 병원균에 역시 저항성이 있다는 보장은 없지만 이 방법은 다수의 식물-병원균 시스템에 적용되어 왔다.

벤케(Behnke)는 감자 역균병(*Phytothora infestans*)과 시들음병균(*Fusarium oxysporum*)의 배양 여과액을 가진 감자 캘러스(callus) 조직 내에서의 선발 과정을 보고하였다. 시들음병에 저항성이 있는 알팔파 식물은 진균의 배양 여과액 내에서 자란 캘러스(callus) 조직들로부터 발생한다. 그러나 후세대들의 저장성에 대한 안정성은 결과 분석에 의한 확정이 아직 되지 않았고 유전적 기초와 본질에 대한 의문은 아직 남아있다. 이것은 현탁배양으로부터 선발된 푸사리움(*Fusarium*)에 대한 증가된 저항성을 가지는 알팔파 유전형에 대해서도 같이 적용된다. 하나의 확실한 독소에 의해 만들어진 병원균에 대한 저항의 제어된 선발사항에서 첫 번째 실험은 옥수수 캘러스(callus)조직에서 시행되었다. 그러나 옥수수 잎마름병(*Helminthosporium maydis*)에 대한 감수성 으로부터 저항성으로의 전환은 수컷불임에서 생식능력으로의 전환을 유도하는 원형질 내의 유전 변화와 관계있었다. 그러므로 이 결과는 실제적인 가치가 없었다. 보리의 캘러스(callus)조직과 밀의 유전형의 진균 옥수수 잎마름병(*Helminthosporium maydis*)에 의해 생성된 정제된 배양 여과액에 대한 저항성이 선발되어 졌다. 식물은 독소처리에 살아난 체세포 영양계로부터 재생되어 왔으며 첫 번째 기내세대는 유의하게 향상된 계통을 생산해 냈다. 이것은 기내 레벨(level)에서의 선발은 작용하지만 뒤이은 포장 테스트와의 연관은 믿을 수 없음을 의미한다. 이러한 불일치가 유전적 차이의 결핍 때문인지 혹은 시험 과정의 포장의 미미한 양적 변화를 발견해내는데 부적절해서인지는 불분명하다. 블랜차드(Branchard)는 또한 보리 캘러스(callus) 조직의 반응과 화본과 잎사귀병균 린초스포리움(Rhynchosporium)에 대한 보리 파종과는 연관이 없고 측정되는 반응에 관계되는 독소는 기내 캘러스(callus)조직에 의해 생성된 글루코시데이즈(glucosidase)에 의해 파괴됨을 제안했다. 후놀드(Hunold) 등은 드렉슐라 테어(*Drechslera teres*)에서 나오는 독소를 사용하여 선발 후 보리식물을 재생했다. 재생된 식물은 저 항성이 증가되나 비선택된 대조군 식물에서의 결과는 같았다. 이 사실은 이런 특성 속에서의 체세포 돌연변이로서 설명될 수 있다. 비슷한 결과가 밀 조직배양에서도 나타났고, 선발 프로그램은 슈도모나스 시링가에(*Pseudomonas syringae*) 박테리아로부터 생성된 척수공동증(syringomyelia)과 같이 시행되었다.

유채(*Brassica napus*)의 이차적인 배아 계열은 부분적으로 정제된 알터나리아 브라시콜라(*Alternaria brassicola*) 여과액을 포함하는 선택배지에 대한 민감성에 있어 다르다. 선택배지의 민감도와 병원균에 대한 감수성 사이의 연관성은 없더라도 일부 재생물은 같은 품종에서 자란 식물의 종자보다 병원균에 더 저항성이 있다. 이런 다소 부정적인 면과는 달리 헬게슨(Helgeson) 등은 1972년 사실 이것이 이런류의 실험에서 진정한 시작이라 할 수 있다. 피토프토라 파라시티카(*Phytophthora parasitica*)에 저항성 있는 잎담배 캘러스(callus)조직을 생산한다는 사실을 입증했다. 또한 라이(Lai) 등은 토마토에서, 식물은 이병성의 배양여과액에 저항적인 감자역병균으로부터 재생됨을 증명했다. 게다가 디튼(Deaton) 등은 역병(*Phytophthora parasitica*)에 대한 저항성이 담배 캘러스(callus)조직에서 정량적으로 표현됨을 보여 주었다. 그러나 한정된 독소 세르코스포린(cercosporin)에 의한 실험에서 이 종은 많은 양을 생산한다. 진균에 저항성이 있는 품종이 독소에 의해 죽을 수 있으므로 행해지지 않는다. 여기서 항생의 세르코스포린(cercosporin)은 진균에 의해 아마도 공격적인 시스템보다도 방어적으로 사용되어진다. 비슷한 문제가 과민반응이 세포 수준에서 선발되어 질 때 일어난다. 이런류의 저항성에 있어서는 저항성 식물의 세포는 너무나 빨리 죽어서 병원균이 살거나 증식하거나 퍼져 나갈 수 없어 다른 조직부분은 모두 살 수 있다. 이런 세포작용은 유기화된 조직을 요구한다.

피로프토라(Phytophthora) 독소를 포함하는 배지에서 이 독소에 과민한 토마토 캘러스(callus)조직은 빨리 검게 되어 죽어 버리고 반면에 포장 저항성에 비과민적인 다른 영양계로부터의 캘러스(callus)조직은 좀더 천천히 자란다. 현재 병 저항성 전략에 있어 가장 강력 한 방법의 하나인 과민반응을 기내에서 선발하는 것은 불가능하다. 과민반응과 연관된 기내선발을 사용할 수 없음으로 해서 조직배양접근의 유익성을 상당히 감소시킨다.

(2) 내염성을 위한 선발

비생물적(abiotic stress)에 대한 내성의 선발은 저항성이 요구되어지는 스트레스에 노출된 조직과 관계있다. NaCl 혹은 Na_2SO_4가 풍부한 배지에서의 선발은 어렵지 않음이 증명되어 왔다. 램(Ram) 등에 의한 내염성에 대한 기내선발의 재 고찰에 있어 다수의 식물종으로부터 세포주(cell line)이 선발될 수 있었지만 식물 재생은 매우 드물었다. 무엇보다도 이러한 작업은 염분에 대해 강화된 저항성을 나타내는 세포주(cell line)의 선발에 달려 있다. NaCl과 NA_2SO_4가 고농도인 배지에서의 캘러스(callus) 조직 생장은 사탕무, 유채 종자, 토마토에서 많이 보고되고 있다. 쌀의 내염성 세포주(cell line)의 선발에 대한 몇 가지 실험이 보고되고 있지만, 긴 캘러스(callus) 조직기 때문에 대부분의 재생식물이 아니다. 자포니카(japonica) 혹은 인디카(indica) 쌀의 내염성 캘러스 조직으로부터 식물이 재생될 수 있다고 해도 유전적 변화에 대한 증거는 아직 없는 실정이다.

옥수수에서는 식물재생이 긴 기간의 내염성 세포배양으로부터 얻어지고 내성은 기내에서 염분 없이 3개월 동안이나 보존될 수 있다. 그러나 재생물의 종자 set는 매우 좋지 못하다. 재생된 내염성 식물중에 네 개만이 토양에서 살아남고 서로 교배된다. 그럼에도 불구하고 몇몇 라인에서 더한 생장력이 보인다. 하더라도 자손에서의 증가된 내염성은 불분명하다. 알팔파에서 염분 내성의 세포주(cell line)로부터 재생된 대부분의 식물들은 염색체 이상을 보여준다. 단지 하나의 재생된 식물에서 꽃이 피었으나, 염분 내성의 유전성을 시험할 수 없어 열매를 맺지 못하게 되었다. 식물이 아마(*Linum usitatissimum*)의 내염성인 세포주(cell line)로부터 재생되고, 이 식물의 자손은 정상 토양뿐만 아니라 염분토양에서 자랄 때도 훌륭하다.

이것은 선발된 특성이 좀 더 일반적인 기작의 결과이고 재생물의 전체 생장력의 증가에 기인함을 나타낸다. 자인(Jain) 등을 그들의 배추 속(Brassica) 실험을 통해 생장기와 생식기 동안 그들의 내염성에 있어 서로 달리 작용하는 라인을 선택했기 때문에 서로 다른 체세포 영양계는 다른 내염성 기전을 가진다고 결론지었다 많은 종에서 얻은 내염성 세포주(cell line), 그리고 이런 라인으로부터 나온 안정된 재 생물의 보기 드문 발달에 대한 한 가지 설명은 생리학적인 적응에 기인한 저항성이다. 이런 익숙한 후생적인 변화는 안정된 유전적 돌연변이를 가진 세포의 선택을 모호하게 한다. 그러나 생식력 있는 식물의 재생 및 그들 자손으로의 저항적인 표현형의 전이만이 육종과정에 유익한 유전적 변화의 확실한 증거를 제공한다.

(3) 금속 내성을 위한 선발

기내선발은 카드뮴, 아연, 알루미늄과 같은 금속에 대한 저항성을 수행해왔다. 이런류의 첫 연구는 메르디스(Meredith)가 알루미늄 저항성에 관한 선발적 실험에서 토마토 세포배양을 이용했다. 선발된 군은 스트레스가 없는 상황에서 2~4개월 생장 후 저 항성 있게 남았으나 재생된 식물은 없었다.

(4) 온도 스트레스를 위한 선발

내한성 캘러스(callus)조직의 배양 또한 기내에서 성립되었다. 그러나 재생은 단지 몇몇 경우에서만 관찰되었고 이 특성에 대한 기내와 생체내의 연관성은 아직 입증되지 않았다.

(5) 제초제 내성을 위한 선발

샬레프와 파솜(Chaleff & Parsom)에 의한 제초제인 피클로람(picloram) 저항성 담배 체세포 영양계의 초기 연구 이후에 다양한 제초제에 대한 내성에 관한 많은 연구가 있었다. 오늘날 이 내성에 대한 기전과 유전학적인 기술과 연관된 것의 사용에 상당한 관심을 보이고 있다. 파라콰트(paraquat)에서 효소는 독소를 비활성 대사물로 바꾸고 반면에 목적 유전자의 증폭은 글리포세이트(glyphosate)에 대한 저항성을 준다. 다른 제초제의 광범위한 적용을 위해 기내선발이 제초제 내성 조직을 발견해내는데 이용된다. 대부분의 경우에는 클로르설푸론(Chlorsulfuron)에 대한 아마 속(Linum)처럼 어느 수준의 내성을 나타내는 식물을 재생하는 것이 이미다졸리디논(imidazolinone) 저항성의 옥수수처럼 유전자 전이 기술이 어려운 작물에서의 저항이다. 다른 경우에는 캘러스(callus) 조직의 배양이 제초제 저항성 돌연변이를 확인하고 돌연변이된 유전자 배열을 분리시키는데 사용되어 진다. 글리포세이트(glyphosate)의 경우에는 피튜니아(Petunia) 캘러스 조직 배양에서 확인된 저항성이 다수 작물육종으로 전이되었다. 이 마지막 예가 응용 기내선발의 중요한 결과중의 하나이다.

4) 단세포 체계

단세포로 시작되는 체계는 크로스 피딩(cross-feeding, 한 미생물이 생성한 대사산물을 다른 미생물이 이용하는 현상)과 키메리즘(chimerism, 한 개체에 서로 다른 유전구성을 가진 세포가 공존하는 현상)의 문제를 우회하도록 도와주고 가치있는 돌연변이를 발견하는 기회를 증가시킨다. 게다가 개개의 숫자는 106까지 증가할 수 있고 이것은 자연적으로 돌연변이율의 범위 내에 있다. 체세포 원산지의 2가지 종류의 단세포 체계 즉 세포 현탁배양과 원형질체 배양이 사용되고 있다. 여기서, 많은 개체들이 작은 면적에서 선별되므로 미생물학적인 과정이 효과적으로 적용될 수 있다.

(1) 생물 스트레스 저항성에 의한 선발

셰퍼드(Shepard)는 루셋 버반크(Russet Burbarnk)라는 4배체 품종으로부터 감자영양계 내의 굉장한 변이를 원형질체는 새로운 유전형을 창조한는데 유용하다고 가정했고 재생된 원형군의 30% 이상이 유용한 변이체임을 주장했다 많은 변이체가 총체적인 변체라 하더라도 일부는 감자 역병균(*Alternaria solani* 혹은 *Phytophthora infestans*)에 향상된 저항성을 보여주었다. 그러나 생장하는 번식동안에 조차도 모든 변이체가 유전학적으로 안정적이지는 못했다. 이것은 유전적 돌연변이와는 다른 변화에서 기인된 것이다. 주디스(Judith) 감자로부터 식물은 원형질 재배를 통해 감자 역병균(*Phytophthora infestans*)에 향상된 저항성을 가지면서 재생될 수 있었다.

에르위니아(Erwinia)에 상당히 높아진 괴경 저항성을 가진 영양계가 원형질체 파생 재생물의 비 선발집단에서 발견되었다. 2개의 반수체감자의 실험에서 원젤(Wenzel)은 원형질로부터 3,000영양계 이상 재생시켰으며 소수에서 총체적인 변이체임을 발견하였고 이들 대부분은 실제적 의미가 없는 이수체임이 증명되었다. 나머지는 표현형 및 총 단백질 형에서 일치하였다. 이런 사배체와 이배체 감자의 반응의 차이는 변이체 생존에 있어 배수성 레벨의 강한 영향력을 보여준다. 고로 변이의 정도는 배수성 레벨(level)과 유전형에 따른다고 결론지을 수 있다.

예를 들면 체세포 변이의 높은 빈도를 보여준 감자 품종 루셋 버반크(Russet Burbarnk)는 포장에서 확실히 높은 빈도의 변이체를 보여준다. 유용한 새 유전형의 계획된 생산에 대한 기내배양 단계의 특별한 기여도는 결과적으로 아직 의문이다. 단세포체계는 병원성을 나타내는 독성물질이 민감한 원형질을 제거하는데 사용되는 경우 저항성 선발에 있어 좀 더 정확하게 이용될 수 있다.

원형질체 파생 캘러스 조직이 무름병균의 다른 농도 접종에 노출되었다. 균에 대한 반응은 캘러스(callus) 조직균 내에서 상당히 다양했고 향상된 저항성을 지니는 캘러스 조직 계열이 확인되어 졌다. 그러나 재생물의 숫자는 약한 부패병의 포장시험 및 기내와 생체 내 사이의 연관성을 만들기에는 너무 작았다. 2개의 반수체 영양계 감자 원형질은 시들음병 혹은 역병균 추출물의 선택된 농도 하에서 재생되었다. 선발압력이 없이 발달한 재생된 최초의 영양계와 비교해서 많은 수의 최초의 영양계는 2차적 캘러스 조직 혹은 잎 실험에서 독소에 의해 영향을 받지 않음이 증명되었다. 진균저 항성에 대한 기내 수준(level)에서 작용함이 증명되었다 하더라도 뒤따르는 포장시험과의 연관성은 믿을 수 없는 것이다. 이것은 인위적인 기내선발에 의한 것도, 민감하지 못한 포장시험에 의한 것 때문에 아니며 체세포 돌연변이에 의한 평균량에서 생긴 차이보다 더 큰 차이를 발견할 수 있다. 유용한 새로운 유전형의 발현을 가능케하는 정확한 전략을 반전시키기 위해서는 병원균의 작용 및 오염된 식물의 반작용에 대해서 반드시 알아야 한다.

첫 번째 선별을 위해 감염 작용[예를 들어 유채(*Brassica napus*)내의 배추의 뿌리썩음병균인(*Phoma lingam*)에 의해 생성된 독소 시로데스민(sirodesmin PL)]과 필수적으로 연관된 선발약품을 사용하는 것이 중요하다. 저항성인 것에서부터 이병성 품종으로 분리된 원형질체는 1㎛보다 높은 농도의 독소로 처치 시에는 죽는 반면 체세포 집합체에서는 저항성인 것에서부터 이병성 품종사이에 유이한 차이가 얻어진다. 살아 있는 식물에서는 독소에 대한 민감성과 병원균에 대한 감수성 사이의 동일하고 분명한 연관관계가 발견되어진다. 함메르슐라그(Hammerschlag)는 복숭아 배아로부터 캘러스(callus) 조직을 유도하고 이것을 복숭아의 잎 반점의 일반적인 매개체인 산토모나스(*Xanthomonas*)의 여과액에 배양시켰다. 4개의 재생된 식물 전부로부터 2개가 공여체 유전형보다 산토모나스(*Xanthomonas*)에 더 유의하게 저항성이 있었다.

그림 11-4.
높은 빈도로 체세포 변이가 나타난 감자 품종 '루셋 버뱅크(Russet Burbank)' (출처: http://en.wikipedia.org/wiki/Russet_Burbank_potato)

(2) 비생물성 스트레스를 위한 선발

① 내한성을 위한 선발

감자에서는 잎에 프롤린(proline)의 축적이 높을수록 내동성이 증가한다. 2개의 반수체 감자군의 세포정지기로부터 체세포군은 야생형태보다 25배 높은 프롤린(proline) 함량으로 선발되어진다. 재생된 식물에서 냉동을 해제시키는 온도도 역시 야생형태보다 높지만 항상 잎에서 프롤린(proline)의 높은 농도와 관련되는 것은 아니다. 잎에서 나타나는 저항성과는 대조적으로 괴경 냉동내성은 개선되지 않는다.

② 알루미늄 내성을 위한 선발

FeEDTA 혹은 $Al_2(SO)_3$와 같은 알루미늄 이온을 포함하는 배지의 사용에 의한 세포 정지시의 선발은 당근(*Daucus carota*), 담배(*Nicotiana plumbaginifolia*) 그리고 감자(*Salanum tuberosum*)의 세포라인을 생성한다. 재생된 캘러스(callus)조직은 몇달 동안 알루미늄이 없는 배지에 내성적으로 남아있고, 알루미늄 내성의 재생물을 얻을 수 있다. 당근에서는 선발된 재생 식물의 종자로부터 자란 어린묘목이 내성을 유지한다. 감자에서는 재생물이 영양번식을 하지만 알루미늄 내성은 영구적이 아니다. 첫 번째 시도 후에는 영양계의 30%가 대조 영양계보다 유의하게 높은 Al-내성을 보였지만 여러 번 시도 후에는 단지 5%만이 대조 배지 내의 계대배양 후에도 항상 새로운 특성을 유지하였다. 코너(Conner)와 메르디스(Meredith)는 담배(*N. plumbaginifolia*)에서 50%의 불변함을 발표하였고 알루미늄(Al)-내성을 야기한 단일 우성 돌연변이를 발견하였다.

③ 제초제 내성을 위한 선발

유채(*Brassica napus*) 품종인 뉴젯(Jet Neuf)의 현탁배양은 설포닐우레아(sulphonylurea) 제초제 내성을 분리시키기 위해 사용되어졌다. 배지는 5×10^{-8}M 농도의 클로설푸론(chlosulfuron)으로 채워졌으며 생존하는 세포는 재생되었고 저항성 있는 변이체는 선발 배지에서 캘러스(callus) 조직을 형성하였으며 이것은 저항성이 기관 형성 동안 없어지지 않았음을 나타낸다. 아트라진과 디우론(atrazine and diuron) 내성의 캘러스(callus) 조직 및 식물은 플라스톰(plastome) 돌연변이원인 N-에틸-N-니트로소우레아(N-ethyl-N-nitrosourea)의 첨가 후에 납작앞 담배(*Nicotiana plumbaginifolia*)의 원형질체 배양으로부터 새로이 분리된 원형질체 배양으로 복원된다. 살아남은 캘러스(callus) 조직은 식물로 재생되고 제초제가 뿌려졌으며 몇몇 영양계는 각각 아트라진(atrazine)과 디우론(diuron)에 저항성이 있었다. 베르순(Wersuhn) 등은 2-메틸 · 4-클로로페녹시 산(2-methyl · 4-chlorophenoxy acid)과 소디움-2,2-디클로로프로피온(sodium-2,2-dichloropropionate) 제초제에 저항성이 있는 감자영양계를 선발하였다. 다른 경우에서는 재생된 식물이 종종 비정상을 나타내었고 제초제에 의한 크로르설푸론(chlorsulfuron)에 대한 벌노랑이(*Lotus corniculatus*)의 반응이 약했다.

4. 세포 융합산물의 선발

원형질체 융합은 재결합 없이 이형질 접합자 유전인자의 체세포 결합의 유용한 기술이다. 사용되는 서로 다른 방법의 세부 사항과 잡종을 선발하는 어려움이 있다. 이 기술을 이용해서 두 개의 게놈(genome)을 완전하게 합하는 것과 합해지는 것 중의 하나를 부분적으로 혹은 완전하게 불활성화시키는 것이 가능해졌다. 기내선발과 함께 이런 비대칭적인 교잡은 하나의 식물종에서 다른 종으로의 한 특성을 전이하는 것을 가능케 했다. 예를 들면 메토트렉세이트(methotrexate, MTX)에 저항성인 유전자를 가진 홍당무로부터 담배(*Nicotiana tabacum*) 원형질체로의 염색체조각의 전이, 혹은 2배체 담배(*Nicotiana plumbaginifolia*)로부터 담배(*Nicotiana tabacum*)으로의 카나마이신(kanamycin) 저항성 같은 것이다. 게다가 렙토스페리아 매큘란스(*Leptosphaeria maculans*)에 대한 저항성이 비대칭적 융합에 의해 다른 저항성의 배추 속(*Brassica*)으로부터 유채(*Brassica napus*)로 전이되는 것이 가능해졌다.

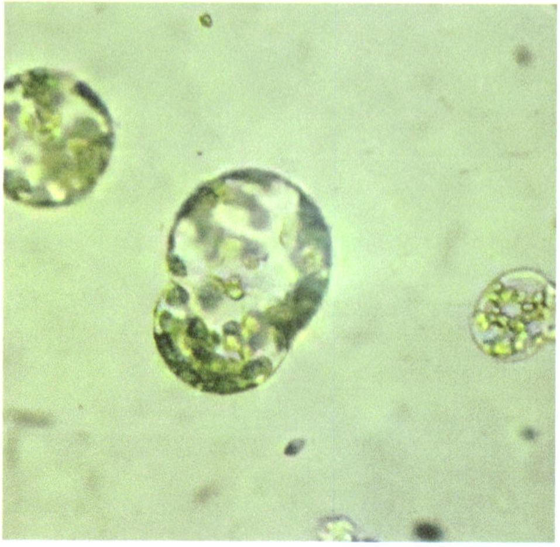

그림 11-5. 유채와 흑겨자의 원형질체 융합
(출처: http://www.angenetik.fu-berlin.de/gerdemann_원형질(protoplast)enfusion_eng.html)

공여체 원형질체는 X-ray조사를 받게 되고 유채 원형질체와 결합한 후 렙토스페리아 매큘란스(*Leptosphaeria maculans*)에 의해 생성된 독소인 시로드신 PL은 곰팡이(*Leptosphaeria maculans*)가 생산하는 식물 독소로, 콩이나 옥수수 등 작물에 검은 줄기병을 일으킴) 함께 잡종 세포배양을 위해 선발이 사용되어진다. 세포질 웅성불임 역시 당근(*Daucus carota*), 배추 속(*Brassica*), 담배 속(*Nicotiana*)에서 비대칭적 융합을 통해 전이되어진다.

5. 배우체 세포에서의 기내선발

반면에 포자체 세포집단에서의 새로운 변이성은 아무도 무작위적으로 나타나는 자연적인 변이로부터 생겨나고, 배우체 세포집단은 부모의 분리된 유전자에 의존하는 변이성을 나타낸다. 배우체 집단은 감수분열동안의 재결합 때문에 새로운 결합에서 부모의 모든 특성을 다 포함하게 된다. 그러므로 농업학적으로 중요한 성질의 결합을 발견할 수 있는 기회가 기내돌연변이 유발보다 더 높다.

1) 이형부모로부터의 소포자

이형세포집단의 가장 알맞은 근원은 이형부모로부터의 소포자이다. 재생된 약 배양내 뿐만 아니라 분리주 배양 내에서도 가능하나. 분리된 소포자 배양은 약 배양보다 더 소포자 집단으로부터 재생되고 있는 무작위 표본의 좀 더 효과적인 체계를 제시할 수 있다. 선발 목적을 위한 소포자 사용의 장점은 다음과 같다.

① single 반수체 세포의 큰 집단을 사용할 수 있다.

② 체세포 돌연변이의 낮은 레벨l은 새롭고 바라지 않은 특성을 가진 식물을 거의 만들지 않는다.

③ 선발이 아주 초기에 발육 혹은 육종 단계에서 수행될 수 있다.

④ 열성의 특성 및 선발개체의 표현은 염색체배가 이후에 동형접합성(homozygous)으로 될 수 있다.

체세포 집단 내의 선발과는 대조적으로 기대되는 열성의 특성은 한쪽 부모로부터 전달되어진다. 이러한 사실은 한 번의 선발 포장에서 나타나는 표현 행동의 결과를 낳는 복잡한 반응을 충분히 발견하지는 못하더라도 이 기술이 복합체의 한 구성 성분을 확인하는데 충분함을 의미한다. 이 구성성분이 전 과정에 연관되어 있는 한 전 복합물은 아마도 전이되어 질 것이고 이런 선발 시스템이 동형접합성(homozygous) 물질의 분리에 작용할 것이다. 약배양과 기내선발을 결합하여, 예(Ye) 등은 0.8% 이상의 Na_2SO_4를 포함하는 액체배지 내에서 내염성 및 정상적이고 감수성 있는 품종을 교배한 보리 F_1으로부터 약배양을 하였다. 고염도 배지에서 배양된 F_1소포자로부터 나온 자손은 어떤 것도 감수성 있는 부모처럼 그렇게 감수성이 있지는 않았다. 이 실험에서 그 결과는 민감한 소포자는 제거됨을 나타낸다. 염에 대한 내성이 증가된 수준을 보이는 선발된 계통은 배우자 영양계변이보다는 재결합의 결과 때문이다.

다시 크로스 피딩(cross-feeding)은 체세포배양내로의 약내에서 조밀한 소포자 배양동안 선발의 효과를 모호하게 한다. 그러므로 약(anther)로부터 분리된 배양은 특히 그것이 배아 재생경로를 통과 했을 때는 이점이 있을 수 있다. 이 재생과정이 부가적으로 캘러스(callus) 조직의 형성을 피해주므로 정상적으로 바라지 않은 유전적 결함(배우자영양계변이에 의함)의 빈도를 감소시키고 좋은 농경적 합성을 가진 많은 계통을 낳게 된다. 배추 속(*Brassica*)의 소포자 혹은 반수체 배아의 이미다졸리논 혹은 설포닐우레아(imidazolinone or sulphonylurea) 제초제에 대한 그들의 내성이 스왐섬(Swamsom, 1988) 등에 의해서 선발되었다. 배가된 반수체 식물은 생장하였고, 그 자손은 권장하는 제초제 토양비율의 최소한 2배에서도 내성이 있었다.

2) 배주와 배양 동안의 선발

배주배양(ovule culture)은 여전히 어렵고 아직까지는 기내선발의 실험이 없다. 그러나 수정 후 묘의 선발은 가능하다. 이 선발은 모종 선택과정과 아주 유사하나, 기내배양의 모든 장점을 다 가진다. 각각의 배(embryo)는 생식과정의 결과이고 서로 다른 유전형과 체세포선 발과는 아주 다른 차이를 나타낸다. 보리와 밀에서 덜 성숙된 배가 푸사린산(fusaric acid)을 함유하는 B 5배지에서 선발되어졌다. 2mm 크기의 밀 배아(수분후 10일 뒤) 중 2%만이 0.4mm 푸사린산(fusaric acid)을 가진 배지에서 생존하였고 보리에서는 0.2mm가 한계농도였다. 제초제 아줄람(asulam, 잡초 방제용 제초제)에 대한 저항성 내의 품종 간 변이를 찾기 위해 콜린(Collin) 등은 자른 배아를 이용하여 보리변이인 '마이다스(Midas)'를 선발해냈다. 식물들은 선발이 안된 변이와 비교해서 증가된 저항성을 보이며 선발되어질 수 있었다. 저항성은 안정성이 있었고 그 자손으로 전해졌다.

6. 기내선발과 분자유전학

기내선발에 대한 현재 전략의 가장 큰 한계는 원하는 표현형을 책임지는 생리학적인 혹은 화학적인 반응에 대한 지식의 결핍이다. 현재, 기내선발은 진단체계가 너무 약하여 일반적인 고정이 될 수 없다. 표현형 level에서는 향상된 형태학적 혹은 생물학적 실험이 염색체 레벨에서 더 나은 염색체 확인 작업이 유전자 산물 레벨에서 좀 더 일반적인 면역 실험과정이 요구된다. 하지만 유전자 산물 레벨(단백질과 효소)에서 준비되어 있다 하더라도 이들 기술 그 어떤 것도 그 원인인 DNA와 염기배열의 차이를 DNA 레벨에서 다룰 수는 없다.

1) 분자 표시체의 사용

직접적인 DNA 진단은 식물 게놈(genome)의 특성 및 변화의 초기 발견을 가능케 한다. DNA 교잡을 이용한 유전자 진단과 게놈 진단은 선발에 있어 일반적인 방법이 되고 있다. 정상적으로 이들의 사용은 충분한 양의 DNA를 추출할 수 있는 상당한 양의 조직을 필요로 한다. 고로 작은 캘러스(callus)조직 혹은 단세포, 소포자를 가진 기내 시스템은 분자 탐사를 사용하기에 적합한 물질은 아니다. 1985년 PCR(중합효소연쇄반응)이 발달되었고 이것은 1mg의 아주 작은 무게의 식물 부분에도 교잡이 가능하게 하였다. 그러므로 정해진 염기배열의 존재는 발달과정의 아주 초기에 결정되어 진다. PCR과 결합하여 분자표시체를 만드는 모든 기술은 이제 기내선발에 적용되게 되었다.

2) 유전자 전이 동안의 선발

표시체를 기초로한 기내선발과 함께 분자유전학은 유전자 전이에 대한 기술을 제공한다. 거의 모든 전이 체계에서 기내배양과 기내선발이 사용된다. 아그로박테리움(*Agrobacterium*) 혹은 좀 더 직접적인 체계에 의한 대부분의 유전자 구조물은 분리 가능한 표시체를 가지고 있고 아주 초기 큰 집단에서 변형된 세포 혹은 조직의 선발을 가능케 한다. 항생적인 저항성과 운반체 유전자를 사용해서 기내선발과 육종 프로그램과 함께하는 그것의 직접적인 적용은 호쉬(Horsch) 등에 의해 잘 예시되었고 그는 기내선발 기술을 비선택성 제초제인 글리포세이트(glyphosate), 확실한 유전자의 분리 및 다른 식물종으로의 변형에 결합시켰다.

7. 일차와 이차적 산물을 위한 기내선발

작물 식물은 단지 인간이나 동물을 먹이기 위해 자랄 뿐만 아니라 다양한 비 음식 복합물의 생산에도 사용된다. 특히 중요한 일차적인 산출은 기름, 지방, 그리고 전분이다. 기내선발을 통한 이런 일차적인 산물의 증가 기회는 다소 제한되어 있지 만 이차적 산물의 형성에는 기내선발이 기여하리라 기대된다. 식물세포배양은 특히 제약품에 있어서는 경제적인 잠재력을 가지나 아직은 화학적 합성이 불가능하다. 높은 생산을 위한 선발과 연계된 기내생산은 다음과 같은 장점이 있다.

① 일부 약품 식물은 야생에서 얻어지기 때문에 공장에서 공급해야하는 문제를 해결할 수 있다.

② 생산물은 쉽게 특별한 요구에 적응할 수 있다.

③ 통제된 사항에서 기내 생산된 이차적 산물은 동일한 품질을 보장한다.

④ 이차적 생산물은 식물의 특별한 기관에서 생성되고 저장된다.

원칙적으로 이러한 생산이 기내에서 작합한지에 대한 질문에는 '그렇다'라고 답할 수 있다. 그러나 기내에서 이차산물의 생산 가능한 선발에 대해서는 긍정적이라기보다는 부정적인 예가 아직은 더 많다. 이 기술의 가장 탁월한 적용은 지치 속(Lithospermum)의 세포배양 내의 시코닌(shikonin, 한약재 자근(*Lithospermum erythrorhizon*)의 주요 성분으로, 나프토퀴논(naphthoquinone) 색소) 생산이다. 세포배양 유래의 시코닌(shikonin)은 염료로서 이를 함유하는 립스틱(lipstick)이 일본에서 '바이오스틱(Biosticks)'로 나오면서 유명해졌다.

털디기탈리스(*Digitalis lanata*)로부터 두 가지 중요한 알칼로아드(alkaloid)가 분리되었는데 둘 다 심장병 치료약으로 사용된다. 디기탈리스(Digitalis) 세포 현탁배양을 이용해서 디기톡신(digitoxin)으로 변경하는 배양을 선택하는 것이 가능해졌다. 그러나 공업에서는 현재의 생산과정을 변화시키거나, 이 기내과정을 채택하기는 아직 꺼리고 있다. 상황은 일일초 속(Catharamnhus) 같은 다른 의료 식물에서도 마찬가지이다. 캘러스(callus) 조직은 동일한 세포집단은 아니지만 물리적으로 분리 가능한 다양한 세포형태를 가지고 있다. 이런 분리된 체세포의 일부 는 실제 살아있는 식물보다 더 많이 복합물의 생산을하는 고생산 세포계통을 생산해 낸다.

이런 계통의 분리를 위해 세포 현탁배양이 고체배지에 입혀지고 군락이 분리되며 이들 중 일부는 유전적으로 서로 다르다. 계대배양 중에는 고생산 유전형이 발견될 수 있다. 이러한 방법이 이차 산물생성의 불안성 때문에 고생산 계통의 선택은 시간 낭비이고 비경제적이다. 게다가 고등식물의 세포배양은 박테리아에 비교해서 좀 느리고 배양배지 또한 비싸다. 그래서 요즘 복합물의 생산에 관여하는 효소의 분리 코드(code) 순서를 적립하는 것 영양계 유전자를 박테리아에 옮기는 것 등이 흥미를 가지는 추세이다. 또 다른 계획은 감자 괴경 같은 저장 기관을 이런 기술적인 효소와 같은 복합물을 만드는데 이용하는 것이다. 기내배양의 중요성은 점차적으로 줄어들고 있는 중이다.

8. 미래 전망

식물육종에 있어 선발과정을 위한 기내 세포 및 조직배양의 가장 중요한 장점은 다음과 같다.

① 기후와 자연적인 환경의 영향으로부터 자유로워서 일반적인 병 저항성의 다원적으로 유전된 특성의 작은 양적 차이도 쉽게 측정할 수 있다는 것이다.

② 매우 작은 공간에서도 많은 수의 개체를 조작할 수 있다.

③ 소포자와 반수체에서 작업할 수 있는 능력이다.

이들 좀 더 단순한 게놈(genome)은 비교적 작은 집단 내에서 열성의 특징과 부가적인 특징을 발견할 수 있게 해준다. 게다가 기내선발은 전체 유전자 변형실험의 통합적 분야이다. 모든 유형의 선발이 제6장에서 기술된바 무질서와 질(변이와 선발)은 식물육종의 과정에서 필수적인 순서이고 필요조건임은 기내선발에 있어 명백한 사실이다. 식물의 왕국에서 볼 수 있는 수백만 년 진화의 결과인 변이성은 자연적인 변이와 자연적인 선발의 상호작용의 결과이다. 유전자 풀에서 증명된 자연적인 변이가 현재 변이의 직접적인 기초라 하더라도 자연적인 선발의 직접적인 이용은 거의 불가능하다. 원하는 특성을 위한 선발은 (이미 기내에 선 DNA 프로브(probe) 같은 것을 사용) 만약 그 특성이 유전 형태로 농작물에 이용 가능하다면 유전자 전이의 계획보다는 아마 더 쉬울 것이나. 이런 프로브의 이용은 육종프로그램에서 흥미 있는 특성을 결합하고 결과적으로 분리된 세대를 선택하는 것을 가능하게 해준다. PCR을 사용하면 이것은 재생되는 이형접합 소포체 집단 내에서 가능해진다. RFLP 표시에는 염색체에서의 QTL을 찾아내는 적절한 기술을 제공한다. 그러므로 RFLP 표시체와 의문시되는 장소(loci)의 연결이 아주 가깝다면 유전인자의 유전성은 전체 식물 수준(level)에서의 선발 없이 기내에서 추적이 가능하다.

현재 많은 기내선발의 실패는 이 분자 기술이 더 나은 선발 전략 프로그램을 허용하는 직시(이 전략을 선발 과정의 초기 단계에서 원하는 표현형의 선발뿐만 아니라 원하지 않는 변화를 제거하도록 도와주는 것) 극복될 것이다. 끝으로 포장 내에서 생장하고) 있는 모든 기내 선발된 식물의 필요성에 대해 강조하고자 한다. 강하나 기내 저항성이 아주 흔히 포장 상황 아래의 전체 식물 수준에서 나타나지 않는다. 심지어 예를 들면 2,4-D 저항성 담배계통 같은 데서 보이는 후 세대로부터 뒤이어 유도된 캘러스(callus) 조직이 다시 저항성을 나타낼 때도 그렇다. 게다가 밀러(Miller) 등에 의해 지적된 바와 같이 기내 접근과 전통적인 육종프로그램을 연결하는 것이 중요하다. 어떠한 기내 선발접근법의 가치는 최종적으로 결정하는 것은 포장시험이다.

제12장 육종에서 생리적 특성 활용

1. 광합성과 호흡 효과

식물의 생장률은 많은 환경과 내생 요소에 달려 있지만 결과적으로 광합성, CO_2 동화 산물과 호흡값 사이의 평형에 의한 탄소로서, 마슬(Masle) 등에 의한 모델인 탄소 분배 요소에 의해 궁극적으로 정의될 수 있다. 이론적으로 생산성과 최종 생물학적 또는 경제적 생산량은 광합성량의 증가, 불필요한 호흡 감소, 또는 적절한 수용부위로 탄소를 분할함에 의해(동화 산물의 최대치) 식물 생장을 향상시키는 것이 가능하다. 광합성 증가의 한 방법은 광화학 수준(빛 흡수, 전자 이동, ATP 합성 등) 또는 생화학 수준(CO_2 고정, 또는 동화산물 반응, 광호흡, 동화산물의 이용 등)에서 이 진행의 효과 개선에 의해서이다. 엽면적당 순광합성 또는 CO_2 동화산물(A)은 전술한 광합성의 광화학과 생화학적 요소를 잎 가스 확산 작용과 함께 유용하게 합칠 수 있다. 이 매개변수 A는 비교적 측정이 쉽고(예: gas 교환기술) 외부 조건을 조절했을 때 이해할 수 있고 게다가 A는 높은 광합성 효과를 가진 지시 식물로 분명히 될 만한 것일 것이다.

예를 들면 C_3 식물과 비교해 C_4 식물의 더 높은 엽광합성률은 그들 각각의 적정 환경조건 하의 더 높은 생장률과 관계가 있다. 역설적으로 주어진 종들에서 최고의 엽순광합성률의 선택이 더 높은 생산력 또는 수량과 관련이 있는 것은 아니다. 그러나 면적당 엽순광합성 비율과 생장 사이의 정의 관계(예로 상대생장속도, 생물학적 생산량 등)는 몇몇 속, 종 그리고 품종에서 알려져 있다. 게다가 그것을 엽면적당 광합성률과 생장 사이에 하나의 일반적인 경향만 존재하는 것이 아니라는 것을 밝혔고 이 관계는 모든 종에서 증명이 필요하다.

그러나 기대했던 것처럼 그것은 지금 일반적으로 생장기간동안 식물 수관부에서의 광합성 총량과 생물학적 생산량이 서로 관계가 있는 것으로 받아들이고 있다. 이에 대한 역설로 가능한 설명은 순간적인 성숙엽 광합성률과 식물 또는 작물의 총광합성량이 반드시 상관있는 것은 아니라는 사실과 연관시킬 수 있으며 광합성은 수관에 의해 차단된 총 방사와 총 엽면적, 엽수명의 작용이다. 게다가 A에서 유전적 변이는 몇몇 경우 총엽면적과 빛 차단 특성의 형태적 변화에 의해 보상될 것이다. 반면 식물의 발육단계 동안 순광합성률의 단기간 측정은 일반적으로 복잡한 생육기간 동안 순광합성률의 단기간 측정은 일반적으로 복잡한 생육기간 동안 광합성량을 반영하지 않는다. 또한 암에서 호흡의 변화는 식물 생장 효과에 유의성 있게 기여한다. 그것은 광합성에 의해 고정된 탄소의 약 40~50%는 하루의 호흡에 의해 정상적으로 배출된다. 호흡률의 감소는 작은 가능성을 제공하지만, 어떤 종들은 수량이 유의성 있게 증가한다. 호흡 효과와 직접적인 관련이 있는 탄소의 이용 효과는 식물에서 유의성 있게 증가한다. 그러나 여전히 그것이 실지로 존재하는 호흡의 요소가 적절한지에 관한 생리학과 생화학 사이의 이 의문은 식물 생산량 증가를 위한 유용한 과정으로써 호흡의 이용에 대해 분명히 해야만 한다. 수량은 많은 유전자에 달린 복잡한 특성이다. 게다가 식물육종과 유전을 통해 조작할 수 있는 많은 생리학적, 생화학적 작용의 상호작용에 의해 결정된다.

그러나 수량의 생리학(대사 등)과 생화학(효소 활성 등)의 기초는 식물육종가들에게 유용한 선발 수단을 주기 위해 더 많은 이해가 있어야 한다. 결국 수량은 광합성과 호흡 사이의 평형 작용 즉, 시스템에 의해 고정된 순탄수화물 작용이 만만한 방법이라고 정의할 수 있다. 이 장에서 중심 문제는 식물 생산과 수량(생산량)은 광합성과 호흡 효과에 기여한 하나 또는 더 이상의 반응을 조작하여 유의성 있게 증가시킬 수 있는지, 없는지를 아는 것과 연속적으로 이들 반응을 조작하기 위한 성공적 방법이다. 광합성과 호흡 효과의 향상은 현대농업의 향상된 도입(비료, 물, 살충제 등)을 감소시키는 데 도움을 줄 것이고 게다가 결과적으로 건강과 환경의 측면에 유리한 투입이나 생산율, 또는 모두를 최대한 이용한다.

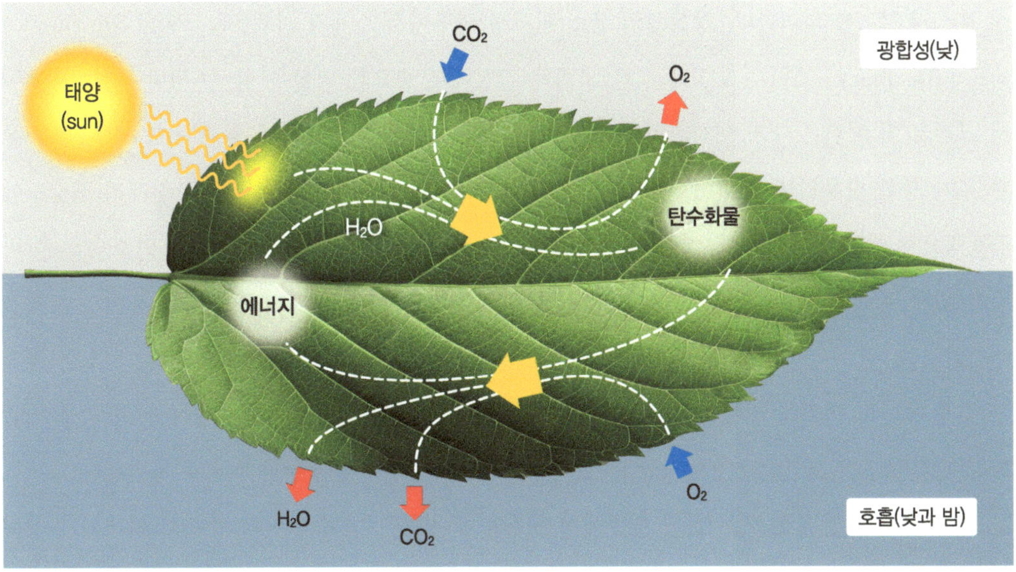

그림 12-1. 광합성과 호흡

2. 식물 생산력의 제한

광합성과 호흡의 생화학적 또는 유전자 조작의 어떤 가능성을 고려하기 전에 적절한 의문은 식물 생산량이 광합성 때문에 제한되는지 어떤지에 대한 것이다. 그 대답은 식물이나 작물 수량이 어떤 스트레스 없이 높은 방사와 높은 이산화탄소에서 많이 증가할 수 있기 때문에 분명히 긍정적이다. 이들 요소는 잎 하나의 순 이산화탄소 동화율의 증가로 알려져 있다. 밀(wheat)은 이 작물의 잠재적 생산력의 제한을 알기 위해 스트레스가 없는 매우 높은 총 방사와 높은 이산화탄소, 일정 조건에서 수경재배를 하였다. 그들은 밀이 노지에서 가장 높게 기록된 수치보다 생산력과 광합성 효과가 더 높은 생리학적, 유전학적 능력이 있음을 결론지었다. 정상적인 조건에서 효과가 더 낮은 이유 중 하나는 잠재적 생산력을 제한하는 유용한 빛 때문이다. 높은 이산화탄소 농도는 광합성의 수량 증가, 광호흡 감소 때문에 광합성 효과를 향상시킨다. 또한 브그비(Brgbee)와 샐리스베리(Salisbury)는 비록 그것이 충분히 연구된 것은 아니지만 탄소는 생장에서 효과적으로 이용되고 유지 조건은 최대 생산력에 또 다른 중요한 요소라고 하였다. 게다가 빛, 이산화탄소와 호흡, 잠재적인 작물의 수량 증가는 탄소가 광합성에서 이용되고 식물 수준(level)에서 그들의 분배와 이용으로 종종 제한된다. 그것으로 엽광합성은 잎에서 탄수화물 과다로 억제될 수 있다는 것을 잘 알 수 있다.

이 피드백(feedback) 억제의 기구는 세포 안의 무생물인 산도나 영양분(비료염) 제한과 광합성 효소의 감소를 의미한다. 광합성의 산소 민감성 연구에서 소게와 샤키(Soge and Sharkey)는 피드백(feedback) 제한은 노지에서 탄소 획득 결정에서 중요한 역할을 할 수 있다. 특히 저온에서 그리고 이 제한은 대기 이산화탄소 농도가 증가함으로써 더 중요하게 될 것이다. 분명히 이용할 추가 동화 산물의 능력을 증가시킴에 따른 더 높은 광합성적 효과의 조합은 잠재적 생산량에 긍정적으로 영향을 미친다. 그것은 스티트와 퀵(Stitt and Quick)은 다른 경로로 탄소 흐름을 바꾸기 위해 효소 활성 변화로 만들어진 돌연변이체에 의해, 탄소 분배의 조작이 가능하다는 것을 제안하였다. 탄소 분배 경로의 조절에 영향을 미치는 중대한(crucial), 즉 핵심(key) 효소는 유의성 있게 농업적 형질에 영향을 미침을 확인할 필요가 있다. 그런 효소 중 하나는 당 합성을 위한 핵심(key) 효소로 당-인산을 합성할 수 있다. 그것은 옥수수에서 생장률과 서로 관련된다.

그러나 탄소 분배로 모든 식물 수준에서 생장을 조절하는 방법은 아직 충분히 이해되지 않는다. 몇몇 학자들은 이미 기본으로 논의했던 광합성과 호흡 효과의 향상에 대한 분자생물학 기술로 이용을 제안했고, 이것은 식물에 대한 전환 기술의 발달과 함께 새로운 전망을 열었다. 예를 들면 반대 능력(안티센스, antisense) 기술의 이용은 대사경로에서 효소의 변경을 결정하기 위한 강력한 수단일 수 있다. 이미 존재하는 다수의 광합성적 돌연변이의 이용은 분자생물학자에게 유용하다. 관행 육종과 비교해 식물 개량에 대한, 이 새로운 접근의 이점은 새 유전자형을 얻는데 더 짧은 시간규모를 요구한다. 그러나 관행 육종 기술은 아직 멀리 보지 못한다. 비록 그것이 광합성과의 관계에서 성공적인 것과 거리가 멀다는 것을 인정할지라도 그 이유는 몇 종(귀리 등)에서 생장률 증가를 위해 직접적으로 육종하는 것이 가능하기 때문이며 후에 방법론과 엽의 더 높은 최대 광합성률이 명시될 것이다.

3. 광합성 효과의 향상

실험의 증거로 엽의 순광합성율에서 많은 종간, 종내 유전학적 변이성이 있다는 그것을 제시하였지만, 육종프로그램에서 이 변이성을 이용하기 위한 시도는 일반적으로 충분하지 않다. 예를 들면 양친 C_3 식물보다 더 높은 광합성률을 얻은 C_3, C_4 종 사이의 잡종 생산이 기대하는 결과를 주지 못했다. 선발(screening)의 진행은 라인(line)을 찾기 위해 CO_2 보상점 하에서 생존에 근거를 둔 선발(screening)의 진행 또는 더 높은 광합성과 더 낮은 광호흡을 지닌 C_3 식물의 잡종은 유사하게 성공하지 못했다. 이들 선발(screening)의 방법은 그것이 간단하고 큰 척도(scale) 적용의 가능성 때문에 과거에 인기 있었고 광합성률의 직접적인 측정을 기초로 한 선발방법의 주된 기술의 제한을 극복할 희망을 보급할 것이다. 일반적으로 수량 증가에서 육종가들의 중요성과는 광합성률 또는 속성에서 직접적인 변호를 통해서가 아니라 식물 발달, 형태학에서 변화를 통해 이루어졌음을 인정하였다. 전통적인 예는 밀 종의 진화에서 발견할 수 있다. 수량이 높은 근래의 4배체 품종은 명확히 다른 형태를 가진다(왜성 유전자와 관계가 있음). 더 높은 지수(index)를 수확하고(그것은 곡식에서 총건조의 큰 비율) 역설적으로 초기의 2배체 밀 품종보다 단위면적당 광합성률의 광 포화율이 더 낮다. 형태 학적 변이의 흥미 있는 또 다른 예는 세포 또는 심지어 잎 크기의 선발이다. 이것은 잎에서 광합성적 기구의 농도와 가스의 확산 경로에 영향을 미칠 수 있다. 우리 관점에서 동정과 조작의 key 또는 제한된 광합성적 반응은 비록 더 높은 또는 최대치의 엽광합성률의 선택은 어떤 한정되었을 때 유용할지라도 일반적인 잎에서 광합성 효과를 향상시킬 것이 주목적일 것이다.

1) 광화학 작용

독립적으로 자연조건하에서 이용할 수 있는 빛에 의한 광합성의 잦은 제한과 관계 없이 개개의 광화학적 반응 조작은 이른바 암반응 조작보다 광합성 효과의 유의성 있는 증가에 작은 가능성을 제공하는 것처럼 보인다. 양자 수율(quantum yield, 흡수된 빛의 양자당 특정 과정이 일어나는 분자 또는 광자의 수) 예로 CO_2 고정 분자수 또는 광합성에서 이용된 광자당 방출되는 O_2)은 광화학 기구의 효과를 잘 반영한 매개변수이다. 잎에서 측정한 최댓값은 제트 스킴(Z-scheme)의 이론상 최대치와 매우 가깝고 더 이상 증가하는 것 같지는 않다. 그러나 양자 수율(quantum yield)은 스트레스(예로 수분스트레스, 낮은 온도, 광억제 제초제 등)에 매우 민감하며 자극 에너지 이용 조절의 더 낮은 효과를 반영하고 광합성 막에 의한 분사, 그것은 스트레스하에서 양자 수율(quantum yield) 값을 최소한으로 하는 것이 수량을 유리하게 하는 것이라고 제시해 왔다. 게다가 광화학적 반응 효과의 증가는 더 유용하고 태양광을 이용하는 것을 피하여 실행하거나 심지어 스트레스 조건이 있을 때 광화학 메커니즘을 파괴할 수 있다. 반면 형태학적, 생리학적 변화를 통하여 식물이 이용할 수 있는 빛의 최대(예로 엽면적의 증가와 수명, 잎의 각도와 방향 개선 등)는 광화학 메커니즘의 속성 변화가 없을 때 식물 또는 작물에서 빛 이용의 효과에 확실히 영향을 미친다. 구스칙(Gutsschick)은 더 낮은 수관에서 감소한 엽록소 함량과 빛 분산을 향상시키기 위해 엽흡수에 따라 선발된 식물을 시뮬레이션 모델(simulation model)로 하여 제시하였다. 그것은 총수 관의 광합성에서 약간의 증가를 가져왔다. 결론적으로, 광화학적 기구의 효과는 아주 적절하며 게다가 노력을 최대한으로 이용하는 데 시간을 사용해야 할 것이다.

2) 암반응

CO_2 고정에서 탄소 생성을 이끄는 생화학 반응은 광화학반응보다 더 높은 유전적 변이를 보이며 광합성 효과를 증가시키는 데 더 직접적인 가능성을 제공한다. 효소인 루비스코(ribulose-1,5-bisphospate-carboxylase-oxygenase, RuBisCO) 촉매는 아마 광합성 반응을 제한하는 데 가장 중요하고 작물학의 수량을 명확히 결정할 것이다. 루비스코(Rubisco)는 많은 주목을 받을 것이고 현재 그것의 구조, 촉매 기구, 조절, 유전학, 생합성과 조립(assembly, 어셈블리)에 대한 상당한 지식이 있다.

카복실라아제(carboxylase) 반응과 경쟁하는 이것은 루비스코(Rubisco)의 산화반응은 활성 효소 영역 주위의 O_2와 CO_2의 농도에 달려 있다. 광호흡의 시작점이며, 과정은 식물에서 순 CO_2

손실로 끝난다. 광호흡효소에서 부족한 돌연변이 연구는 광호흡의 필수 작용은 초기에 산호 활성의 결과로 이 세포기관에서 손실이 탄소의 큰 부분인 엽록체에 의해 회복된다. 게다가 카복실라아제(carboxylase)/옥시게나아제(oxygenase) 비율 조작은 잎 기본에서 순광합성을 크게 증가시키는 유망한 방법이다. 또한 더 높은 카복실라아제(carboxylase)와 oxygenase) 비율의 이점은 세포 사이의 더 낮은 CO_2 농도에서 더 나은 카복실화(carboxylating, 탄소화) 활성이 일어날 수 있고 수분 이용 효과를 향상시키고 루비스코(Rubisco) 단백질에 질소를 공급하면 최대한으로 이용할 수 있다. 카복실라아제(carboxylase)/옥시게나아제(oxygenase) 비율은 몇몇 광합성 기구 사이에 상당한 정도의 변이성을 보이지만 같은 종 내에서 중요한 변화를 발견하기 위한 시도는 아직 성공하지 못했다.

예로 특별한 돌연변이 site에 의한 효소 구성의 조작은 촉매의 대사전환(turnover)을 같은 다른 중요한 효소 특성에 부정적인 영향 없이 카복실라아제(carboxylase) 활성을 향상시킬 수 없다. 돌연변이 식물의 선택, 낮은 CO_2 또는 매우 높은 O_2 내에서 오랜 기간 생존 또는 저항한 돌연변이 식물 선발은 카복실라아제(carboxylase)/옥시게나아제(oxygenase)를 또는 CO_2 보상점에서 변화로 일어나지 않아야 한다. 일례로 선발된 반수체 담배 식물 경우 홍미롭게도 젤리치(Zelitch)는 더 높은 O_2에 저항하는 광합성에서 선발된 담배는 더 높은 수준의 촉매에서 나다나는데 글리신 디카르복실라제(glycine decarboxylase, 글리신 탈수소효소)에 의해 전달되는 것보다 디카르복실라제(decarboxylation) 반응에 의해 더 높은 온도에서 광호흡의 CO_2 배출로 감소할 것이다. 결과적으로 순광합성율은 더 높은 온도에서 경미하게 향상될 수 있다. 루비스코(Rubisco)의 증가된 엽 수준 내에서 식물의 선발을 육종목표로써 제시해 준다.

그러나 유용한 증거로 루비스코가 어떤 잎의 조직에서 과다하게 나타났기 때문이다. '안티센스(antisense, DNA의 한 가닥이 mRNA를 만들어서 단백질을 생성하는 데 사용될 때, 이 mRNA와 상보적인 서열을 가진 RNA를 '안티센스 RNA(antisense RNA)'라고 하는데 이것은 mRNA와 결합하여 번역을 막는 역할을 함)' 루비스코(Rubisco) 유전자 내에 변형된 형질전환(transgenic)이 된 담배 식물의 시리즈(series)를 이용함으로써 얻어진 수량에 대한 일반적 생화학 마커(marker)가 없음을 제시해 왔다. 이유 중 하나는 루비스코(Rubisco)는 이 효소의 농도를 유의성 있게 증가시키는 엽세포에서 다량의 루비스코(Rubisco)를 주면 단백질 합성 내에서 질소와 에너지의 많은 투자로 끝날 이전에 언급된 역동적(kinetic) 특성에 따라 변한다. 그리고 확실히 작물 수량은 동일한 비율로 증가하지는 않는다. 반면 높은 질소량으로 식물구조를 유지하는 호흡량은 많고 만일 루비스코(Rubisco) 단백질이 광합성에서 효과적으로 이용되지 않는다면 수량에 부정적인 영향을 미칠 수 있다.

4. 호흡 효과의 향상

사실상 호흡은 주로 '에너지 퇴화의 경로로' 간주하였다. 그러나 지금은 이 작용에 더 나은 생화학의 지식이 있어야 하고 그것은 식물세포 대사의 정지를 완성(integration)하게 된다. 예로 광합성이나 질소대사 등에서 식물 생장은 호흡 없이 불가능하다. 왜냐하면 ATP와 중개 대사물질 부족으로, 탄수화물로 다른 기질이 생합성 경로에서 작용할 수 없기 때문이다. 필요한 호흡 활동의 결과로 탄소는 모든 식물로부터 유의성 있게 손실되었고, 조명한 잎을 포함하여, CO_2 대기에 복귀된다. 그리고 유의성 있는 탄소의 헛된 손실인지, 아니지 식물에 어떤 이점을 연관시킬 수 있는지 없는지가 의문이다.

호흡은 에너지 관점에서 오히려 효과적인 과정이라고 간주하고 효과의 개선은 어렵게 보이며 육종가들과 분자 생물학자의 주의를 충분히 끌지 못한다. 그러나 몇몇 호흡작용은 미토콘드리아 이동 경로, 가장 큰 영향을 주는 사이안화물에 저항성이 있는(cyanide-resistant), 사이안화물(cyanide)의 독성으로부터 영향을 덜 받거나 보호받는 상태, 즉 대체 산화효소(alternative oxidase, AOX)는 다양한 생물의 미토콘드리아에서 전자전달계의 일부를 형성하는 효소를 포함한 비인산화(non-phosphorylating)의 끝부분에 그런 활발한 효과가 없었고 대체 결로(alternative pathway)의 작용은 현재 잘 정립 되어있지 않다.

흥미 있는 가설로 '에너지 과잉 유출(energy overflow)'처럼 대체 산화효소(alternative oxidase)가 생장, 유지, 이온 이동과 다른 필요조건에 과다하게 탄수화물이 있어 이용될 수 있다는 것을 제시하였다. 그러나 이 작용은 하나 더 고려해야 할 것이 대체 산화효소(alternative oxidase)는 전자이동에 대한 '적응성(flexibility)' 증가를 위해 호흡 체인 내에서 밸브로 작동해야 한다는 것이다. '토끼풀(white clover, 화이트 클로버)' 식물 호흡의 중요한 부분으로 맥크리(Mccree)에 의해 발달한 실험적 균형은 광합성에 의해 얻어진 매일의 순탄소 비율이다. 반면에 나머지에 의하면 식물의 살아있는 물질에 대한 건물중률이다.

이 호흡의 분배는 생장과 관련된 호흡 부분의 기능적 개념을 이끌고(직접적으로 광합성과 연결) 다른 부분은 식물의 생활작용의 유지와 연결되어 왔다. 경험의 증거로 고려해 볼 때 이 호흡

모델의 필요한 기본과 일치한다. 그러나 엄밀히 화학적 관점에서 볼 때 생장과 유지 호흡 사이에 구별은 명확하지 않다. 호흡과 식물 미토콘드리아 내의 비인산화(non-phosphorylation) 경로의 존재는 이 두 구성요소 사이의 관계는 에너지 관점에서 헛되이 탄수화물을 소비하므로 현재 명확하지 않다. 대체 산화효소(alternative oxidase)가 사실상 헛된 호흡이라고 말하는 것이 자연스럽다. 게다가 생장과 호흡 유지 그러나 경험적 증거가 더 요구된다.

리스(Rees)에 의하면 기질의 어떤 양에 대한 산화작용은 어떤 생장, 유지 EH는 다른 호흡을 연관이 없는 생화학 조절의 제한 이내일 수 있다고 가정하였다. 이것은 조절은 100% 효과가 아님을 의미한다. 그러나 그것은 헛된 호흡의 증거는 아니다. 그러나 작물학적으로 불필요한 것과 연관된 호흡이 일어날 수 있고 대체 산화효소(alternative oxidase)의 작용과 반드시 연관되지 않는 상황일 수 있다. 예로 광합성산물이 존재하는 구조의 유지 조건을 주었을 때 새로운 생장에 주어진 광합성산물과의 관계에서 비례적으로 증가한다. 그때 호흡은 생산적으로는 낭비일 수 있지만 여전히 에너지적으로 잘 연관되어 있고 그 제한 내에서 대사조절에 의해 부가된다.

유지와 생장에 이용되는 광합성 생산물량 사이의 불균형은 식물이나 작물에서 나이가 증가함에 따라 발생하거나 수용조직의 생장이 충분하지 않고 몇몇 스트레스 하에 있을 때 발생한다. 왜냐하면 식물 생장률은 감소하고 종종 스트레스에 적응할 수 있는 절대적인 유지값이다. 단정적인 수학 모델의 기본에서 말스(Malse) 등은 어떤 환경조건에서 상대 생장률 감소는 탄소고정률을 더욱더 크게 호흡손실을 일으킨다는 것을 명백히 밝혔다. 구조적 조정의 감소는 햇빛으로부터 그늘 조건에 식물을 적용시키는 것이 필요하다.

예로 정상적인 음지식물은 루비스코(RuBisCO)를 포함하여 광합성 효소의 더 낮은 양을 가진다. 식물종은 구조적 조직 투자(investment)에서 크게 다르고 호흡 유지 계수 또한 다르다. 게다가 어떤 종의 유전적 선발에 의해 생산량에서 유의성 있게 긍정적으로 영향력을 가진 성숙한 조직의 유지 조건 감소를 나타내는 몇몇 증거가 있다. 광합성이 어떻게 생장, 유지 그리고 다른 에너지 요구에 효과적으로 이용되는지에 대한 더 나은 이해는 탄소균형모델(carbon balance model)에 의해 지적되었던 것처럼 서로 다른 환경에서 최대한의 식물 생장과 생산력을 유의성 있게 이용할 것이다.

단위면적당 성숙한 엽호흡의 종내 변이성을 고려해 보면 몇 종[2년생 라이그래스(ryegrass), 옥수수(maize), 밀(wheat), 톨페스큐(tall fescue), 담배(tobacco), 땅콩(peanut) 등]이 발견된다. 피어맨(Pearman) 등은 곡류(grain)의 생장 동안 밀 이삭의 호흡에서 많은 변종의 차이를 보고하였다. 이 같은 경우 조직호흡의 유전적 변이는 식물 수량과 크기와 반 비례관계를 가진다. 아란다와 비에토(Aranda and Bieto)는 담배 라인(line)에서 엽의 호흡 차이는 총 실생묘 무게와 어린 실생묘의 암호흡 사이에 강한 반비례 관계를 발견하였다. 성숙 조직의 암호흡률은 유지 요소를 정상적으로 반영한다. 그것은 질소와 단백질 함량이 관련되어 있고 특히 암에서 몇 시간 후에 시토크롬(cytochrome) 경로에 의해 지배된다. 롭슨과 파슨스(Robson and Parsons)는 더 낮은 호흡 유지를 위해 선택 기준으로 암에서 몇 시간 둔 후 엽호흡률의 이용을 제안하였다.

서언에서 성숙한 조직의 호흡률은 육종프로그램에 유용하고 충분한 종 내의 변이성을 가진 매개변수로 보인다. 엽호흡에서 변종 차이에 대한 생화학적 기초는 잘 알려지지 않았지만 라이그래스(ryegrass)는 몇 해당 작용(glycolytic) 효소의 수준(level)에서 변화와 관계시킬 수 있다. 게다가 대체 산화효소(alternative oxidase) 호흡 유지(주로 시토크롬(cytochrome) 경로를 포함함)는 자연에서 보존된 에너지 없이 수량 증가를 위해 호흡률 조작에 목표를 가능하게 하는 것이라 가정해 왔다. 어떤 세포질적 웅성불임(CMS) 계통은 부족하거나 대체 산화효소(alternative oxidase) 활성을 조금 가지며 대체 산화효소(alternative oxidase)를 가진 어떤 종의 임성 라인(line)보다 더 많은 수량을 가진다. 특히 많은 탄수화물 축적에 유리한 조건에서 자랐을 때. 그러나 다른 저자들은 같거나 다른 라인을 재현시키는 것이 불가능하다고 하였다. 왜냐하면 대체 산화효소(alternative oxidase)는 웅성 임성 라인(line)과 달리 많은 양에 항상 존재하기 때문이다. 따라서 대체 산화효소(alternative oxidase) 없이 유전자형을 찾는 것은 매우 어려웠다.

최근 대체 산화효소(alternative oxidase)의 단백질성 질이 유전자 조작의 가능성이 열리면서 증명되었다. 이 방법에 있어 조직에서 대체 산화효소(alternative oxidase)의 효소적 수준(level)을 바꾸기 위한 안티센스(antisense) 유전자 기술의 가까운 미래에서의 이용은 작물 생산성과 그 기능을 이해하는 이 안티센스(antisense)의 중요성을 결정하는데 매우 유용할 것이다. 높은 대기 중 CO_2가 풍부한 상태의 긴 기간(3~5년의) 실험은 C_3 식물 조직호흡에서 중요한 감소세를 보여주지만, C_4 식물은 그렇지 않다. 높은 CO_2 수준(level)에서 자란 식물의 호흡 변화는 시토크롬 경로(cytochrome pathway)에서 시토크롬(cytochrome)과 산화효소(oxidase)의 활성 감소와 연관이 있다. 대체 산화효소(alternative oxidase) 함량은 CO_2 처리에 의해 바뀌지 않는다. 이 결과는 시토크롬 산화효소 수준(cytochrome oxidase level)이 자연 상태 아래에서 자란 식물 호흡 조절에 기여할 것이다. 호흡에서 중요한 생리학적 제한 요소인 시토크롬 산화효소(cytochrome oxidase)의 가능성은 그 이상 세밀히 조사해야 할 것이다.

5. 미래 전망

이상에서 재검토해 보면 우리는 광합성과 호흡의 조절은 작물 수량을 증가시키고 품질을 높이는 조절이 주목적으로 이를 위해 루비스코 활동(Rubisco kinetic)의 유지, 스트레스 하에서도 수량 향상, 그리고 성숙한 조직에서 유지된 호흡률의 감소를 유용하게 계획할 수 있다. 최대 수량을 가능하게 할 수 있는 대체 산화효소(alternative oxidase)와 시토크롬 산화효소(cytochrome oxidase)의 효소 레벨(level)에서 조절 가능성은 더 연구되어야 한다. 특히 루비스코(RuBisCO)는 광합성과 호흡에 관여하는 중요한 효소로 이를 효율적으로 제어하는 기술의 개발도 중요하다.

생명공학기술 Biotechnology

부록편

1. 용어해설

bp (base pair)

염기쌍을 의미하며, DNA 또는 RNA에서 상보적인 두 염기가 결합(pair)된 형태로 염기의 수를 나타낸다.

EPSPS (5-enolpyruvylshikimate-3-phosphate synthase)

식물과 미생물에서 발견되는 효소로, 방향족 아미노산 생합성에 관여하는 시킴산 경로(shikimate pathway)의 핵심 효소이다. 특히 제초제인 글리포세이트의 표적 효소로 잘 알려져 있다.

kb (kilobase)

1,000개의 염기쌍을 의미하는 길이 단위이다.

mer (monomer, polymer 등)

염기(nucleotide) 몇개로 이루어진 DNA 또는 RNA 자체를 말한다. 생물학에서 mer는 반복되는 단위체를 의미하며, 특히 고분자 화합물이나 중합체에서 반복되는 기본 구조를 나타내는 접미사로 사용된다. 주로 단백질, 핵산 등 생체 고분자에서 반복되는 부분의 개수를 세거나 특정 구조를 지칭할 때 사용된다.

NOS 터미네이터(NOS terminator)

식물 형질전환 벡터에서 유전자 발현을 종결시키는 역할을 하는 DNA 서열이다. 정확히는 아그로박테리움의 특수 아미노산인 노팔린 합성(nopaline synthase) 유전자에서 유래한 터미네이터 서열을 의미한다.

nt (nucleotide)

뉴클레오티드, 즉 DNA 또는 RNA의 기본 구성 단위로 단순히 염기의 길이를 나타낸다.

PCR 과정(PCR process)

먼저 ① 변성(denaturation): 높은 온도를 이용하여 DNA 이중나선을 단일 가닥으로 분리한다. ② 결합 (annealing): 온도를 낮춰 프라이머가 단일 가닥 DNA의 특정 부위에 결합하도록 한다. ③ 신장 (extension): DNA 중합효소가 프라이머를 시작점으로 하여 새로운 DNA 가닥을 합성한다. 위 과정을 여러 번 반복하여 원하는 DNA 조각을 증폭시킨다.

SDS-PAGE(sodium dodecyl sulfate-polyacrylamide gel electrophoresis)

단백질을 분자량에 따라 분리하는 전기영동 기술로 단백질 시료를 SDS라는 음이온 계면활성제와 함께 변성시켜 단백질 분자 크기별로 이동 속도 차이를 이용하여 분리한다.

난편발생(merogony, 정핵생식)

실험적 조건에서 동물난세포의 세포질조각이 발생하는 현상으로 대부분은 정자를 주면 그 침입에 의해 발생이 개시되지만 단위생식적인 발생이 일어나는 예도 있다. 발생을 시작한 난편을 난편발생체(merogon)라고 한다. 성게에서 난을 흔들어 파괴하여 생기는 무핵의 난편에 정자를 침입시키면 수정막이 형성되고, 발생이 진행하여 때에 따라서는 거의 완전한, 그러나 소형의 유생이 형성된다.

노던 블롯(northern blot)

분자생물학연구에서 샘플의 RNA을 검출하여유전자 발현을 연구하는 데 사용되는 기술이다. 노던 블롯을 이용하면 분화 및 형태형성뿐만 아니라 비정상적인 상태에서 특정 유전자 발현 속도를 결정함으로써 구조 및 기능에 대한 세포 제어를 관찰할 수 있다. 노던 블롯은 크기에 의해 RNA 샘플을 분리하기 위해전기영동을 사용하고, 일부 또는 전체 표적 서열에 상보적인 혼성화 탐침을 이용한 검출을 포함한다. 노던 블롯은 실제로 전기영동 겔로부터 블롯팅 막으로 RNA의 모세관 전달을 지칭한다. 노던 블롯은 RNA을 분석한다는 점이 서던 블롯과 다르다.

니트릴라아제(nitrilase)

니트릴 화합물을 가수분해하여 해당 산과 암모니아로 전환시키는 효소이다. 즉, 유기 화합물인 니트릴을 가수분해하여 카복실산과 암모니아로 분해하는 촉매 역할을 한다.

다중양성전해질(polyampholytes)

하나의 분자 내에 양전하와 음전하를 동시에 갖는 고분자를 의미한다. 즉, 양쪽성 전해질(amphoteric electrolyte) 특성을 나타내는 고분자이다. 이러한 특징 때문에 용액 내 pH 변화에 따라 전하 특성이 달라지며, 다양한 분야에서 활용될 수 있다.

다형성(polymorphism)

동종 집단 가운데에서 2개 이상의 대립형질이 뚜렷이 구별되는 것을 말한다.

동정생식(androgenesis)

수정란이 발달하는 과정에서 오직 아버지의 핵 유전물질만으로 새로운 개체를 만들어내는 것을 말한다.

루비스코(RuBisCO)

광합성 과정에서 이산화탄소를 고정하는 효소로 리불로스-1,5-비스포스페이트(RuBP)에 이산화탄소를 첨가하는 촉매 작용을 한다. 지구상에서 가장 풍부한 단백질로 알려져 있으며, 식물이 광합성을 통해 유기물을 생성하는 데 필수적인 역할을 한다. 루비스코는 광합성 과정 중 암반응(캘빈 회로)에서 이산화탄소를 고정하는 역할을 한다. 엽록체 내에서 대기 중의 이산화탄소를 식물이 사용할 수 있는 유기물로 전환하는 데 역할을 한다. 루비스코는 지구상에서 가장 풍부한 단백질로 식물의 잎에 있는 단백질의 상당 부분이 루비스코로 구성되어 있다. 광호흡의 문제로 루비스코는 이산화탄소뿐만 아니라 산소와도 반응할 수 있다. 이 때문에 광호흡을 유발하여 광합성의 효율성을 떨어뜨릴 수 있다. 루비스코는 C_3 식물에서 주로 작용하며, C_4 식물과 CAM 식물은 다른 방식으로 이산화탄소를 고정한다.

리불로스-1,5-비스포스페이트(Ribulose-1,5-bisphosphate, RuBP)

광합성의 캘빈 회로에서 이산화탄소를 고정하는 데 사용되는 물질이다. 특히, 루비스코(RuBisCO)라는 효소가 RuBP에 이산화탄소를 결합시켜 탄소 고정 과정을 시작한다.

미세포 배양(microspore culture)

식물 생명공학 분야에서 식물의 꽃가루(미세포)를 인공 배양하여 식물체를 얻는 기술이다. 이 기술은 식물 육종 및 연구에 유용한 도구로 활용된다.

배상체(embryoid)

식물조직배양에서 외식편이나 캘러스, 배양세포로부터 부정배, 또는 배와 유사한 구조물이 분화, 형성되는 일이 있는데 이것은 본래의 배와 구별하여 배상체 또는 배낭체라 함. 배낭(embryo sac)의 바깥 체세포 조직에서 접합체의 수정 없이 형성되는 부정배를 말한다.

비바이러스성(non-viral)

바이러스와 관련되지 않거나 바이러스로 인한 것이 아닌 것으로 생물학 분야에서 바이러스에 의해 발생하는 질병이나 현상이 아님을 나타낼 때 사용된다. 예를 들어 비바이러스성 질병, 비바이러스 전달 벡터 등이 있다.

비번역부위(untranslated region, UTR)

핵산 분자, 특히 mRNA에서 단백질로 번역되지 않는 부분을 의미한다. UTR은 mRNA의 양 끝, 즉 5' 말단과 3' 말단에 존재하며, UTR은 번역되지 않지만, 유전자 발현을 조절하는 중요한 역할을 한다.

시토크롬(cytochrome)

중심에 철(Fe) 원자를 가진 헴(heme)을 포함하는 산화환원 활성 단백질로 전자 전달계와 산화환원 촉매 작용에 관여하며, 헴의 유형과 결합 방식에 따라 분류된다. 전자 전달계로 시토크롬은 세포 호흡 과정에서 전자를 한 분자에서 다른 분자로 이동시키는 역할을 한다. 이는 ATP 생성에 필수적인 과정이다. 산화환원 촉매 작용으로 시토크롬은 다양한 산화환원 반응에서 촉매 역할을 한다.

삼염색체 종(triploid species)

염색체 수가 일반적인 개체와 다른 종을 의미한다. 일반적으로 인간을 포함한 대부분의 생물은 체세포에 짝을 이루는 염색체를 두 개씩 가지고 있지만, 어떤 종에서는 염색체 수가 비정상적으로 많거나 적은 개체가 나타날 수 있다. 이러한 개체들이 속한 종을 3염색체 종이라고 한다. 3염색체는 특정 염색체 수가 3개인 경우로 다운 증후군은 21번 염색체가 3개 있는 삼염색체성 질환이다.

삼차삼염색체성(balanced tertiary trisomic, BTT)

삼차삼염색체(tertiary trisomic)이란 2개의 다른 염색체의 일부가 전좌되어 있는 염색체가 추가로 있는 3염색체(trisomic)를 말하며, 밸런스드(balanced)란 추가로 있는 전좌된 염색체의 전좌부위에 아주 가깝게 우성표지 유전자가 존재하고 정상적 1쌍의 상동염색체에는 열성표지 유전자가 존재하여 BTT의 자식후대는 우성유전자를 가진 BTT개체와 열성유전자를 가진 2배체(diploid)개체로 분리하는 분리양상을 계속하는 현상을 의미한다.

생식계열(germline, 생식세포)

생식 세포(난자와 정자)를 포함하는 세포 계열로, 유전형질을 다음 세대로 전달하는 역할을 한다. 생식계열의 세포에서 발생하는 유전적 변이(germline mutation)는 자손에게 유전된다. 이는 신체의 다른 세포에서 발생하는 체세포 변이(somatic mutation)와는 구별된다.

생장점(meristem-tip)

식물의 정단부, 즉 식물의 줄기와 뿌리 끝부분에 위치하여 세포 분열을 통해 식물의 성장과 발달을 담당하는 조직인 정단분열조직(apical meristem) 을 의미한다. 특히, 식물체의 1차 생장을 담당하며, 길이 생장을 촉진하는 역할을 한다. 정단분열조직 (apical meristem): 식물체의 줄기와 뿌리 끝에 위치하며, 끊임없이 세포 분열을 통해 새로운 세포를 생성하고, 이 세포들이 분화하여 식물체의 다양한 조직을 형성한다.

서던 블롯 전이(Southern blot transfer)

아가로즈 겔 전기영동으로 분리된 DNA 절편들을 고체 지지체(니트로셀룰로오스 막이나 나일론 막 등)로 옮기는 과정을 의미한다. 이 과정은 DNA 절편들이 변성되어 단일 가닥이 된 후, 모세관 현상이나 전기영동을 이용하여 막으로 이동하게 된다. 이렇게 옮겨진 DNA는 이후 특정 DNA 서열을 검출하기 위한 탐침(probe)과의 혼성화 반응에 사용된다. 즉, 서던 블롯에서 전이(transfer)는 DNA를 겔에서 막으로 옮겨 탐침과의 반응을 용이하게 하는 단계이다.

선택 인자(selection agent)

개체군 내 유기체의 생존과 번식 성공에 영향을 미쳐 자연선택 과정을 주도하는 모든 요인을 말한다. 선택제는 생물 인자(biotic)나 무생물 인자(abiotic)일 수 있으며 다음을 포함할 수 있다. ① 포식자는 다른 유기체를 잡아먹어 개체군에 영향을 미치는 유기체, ② 기생충(parasites)은 숙주에 살면서 숙주의 체력과 생존에 영향을 미치는 유기체, ③ 환경 조건으로 온도, 습도, 먹이 및 물과 같은 자원의 가용성과 같은 요인이 생존에 영향을 미칠 수 있음, ④ 인간 활동은 서식지 파괴, 오염 및 기후 변화 등 다양한 종에 대한 선택 압력을 바꿀 수 있음, ⑤ 경쟁자는 동일한 자원을 놓고 경쟁하는 다른 유기체로 어떤 개체가 번성하고 번식하는지에 영향을 미칠 수 있다.

세르코스포린(cercosporin)

식물 병원성 곰팡이인 써코스포라(Cercospora) 속 곰팡이가 생성하는 2차 대사산물이자 광활성 독소로 이 물질은 빛에 노출되면 활성화되어 식물 세포를 손상시키고 곰팡이가 기생하는 식물에 병해를 일으키는 원인이 된다.

세슘 클로라이드 밀도 구배(cesium chloride density gradient)

세슘 클로라이드 용액의 농도를 조절하여 용액 내에서 밀도가 점진적으로 변하도록 만든 것을 의미한다. 이러한 밀도 구배는 주로 등밀도 원심분리(isopycnic centrifugation) 과정에서 핵산(DNA, RNA)이나 바이러스 입자 등 다양한 생체 물질을 분리하고 정제하는 데 사용된다. 세슘 클로라이드 용액은 원심분리 과정에서 특정 물질의 밀도와 평형을 이루는 지점에서 해당 물질이 위치하게 되므로, 밀도 구배를 이용하면 각 물질을 분리할 수 있다.

세포외 공간(extracellular space)

다세포 생물에서 세포 외부의 공간을 의미하며, 세포와 세포 사이의 공간을 채우는 체액(interstitial fluid, 혈장, 림프액 등)과 세포 외 기질 등으로 구성된다. 세포외 공간은 세포의 기능에 영향을 미치는 다양한 물질들(대사산물, 이온, 단백질 등)을 포함하고 있으며, 세포 간의 상호작용 및 신호 전달에 중요한 역할을 한다.

소기관 게놈(organellar genome)

세포핵에서 분리된 소기관, 특히 미토콘드리아와 엽록체 내에서 발견되는 DNA를 말한다. 이러한 게놈은 일반적으로 작고 원형인 DNA 분자로 구조와 복제 면에서 원핵생물 게놈과 유사하다. 이들은 이러한 세포 소기관의 기능과 진화에 중요한 역할을 하며 진화 관계와 분자 생태학을 연구하는 데 유용하다.

스캐폴드(scaffold)

신호 전달에 관여하는 단백질 복합체를 지칭한다. 생물학에서 스캐폴드(scaffold) 단백질은 신호 전달에서 매우 중요한 조절자이자 기초 물질의 단백질로서 신호 형질 도입을 조절하고, 원형질막, 세포질, 세포핵, 골지체, 엔도솜, 그리고 미토콘드리아와 같은 세포 내 특정 위치의 복합체로 구성된 신호 전달 물질들을 전달하는 과정에 큰 역할을 한다.

시아노겐(cyanogen)

화학식 C_2N_2를 갖는 무색의 독성 기체이다. 두 개의 시안화기(CN)가 결합된 유사 할로겐 물질로, 1815년 프랑스 화학자 게이뤼삭에 의해 합성되었는데 사이아노젠은 특유의 자극적인 냄새를 가지고 있으며, 눈과 호흡기에 자극을 주고, 흡입 시 심각한 건강 문제를 일으킬 수 있다.

신호서열(signal sequence)

단백질이 세포 내 특정 위치로 이동하거나 세포 외부로 분비될 때 사용되는 아미노산 서열이다. 이 서열은 단백질의 '주소'와 같은 역할을 하며, 리보솜에서 단백질 합성 과정 중 특정 신호 인식 입자(SRP)에 의해 인식되어 단백질의 이동 경로를 결정한다.

아가(agar)

한천을 나타내며 배지를 고체화시키는 것으로 셀룰로오스로 탄수화물이다.

아가로스(agarose)

아가에서 아가로펙틴을 제거한 것이다. 홍조류에서 추출한 이종다당류이다.

아포믹시스(apomixis)

수정 없이 새로운 개체가 형성되는 생식 과정을 의미한다. 즉, 배우자 세포의 결합 없이 유전적으로 동일한 자손을 만드는 무성생식의 한 형태이다. 아포믹시스로 만들어진 자손은 모체와 유전적으로 동일한 클론이 된다. 아포믹시스는 다양한 형태로 나타날 수 있으며, 예를 들어 단위생식, 무포자생식, 아포가미 등이 있다. 아포믹시스는 주로 식물에서 연구되며, 특히 식량 작물의 품종 개량에 활용될 가능성이 있다.

안티센스(antisense)

유전 정보 흐름에서 센스 가닥(sense strand)의 상보적인 염기서열을 갖는 DNA 또는 RNA 가닥을 의미하는데 주로 유전자 발현을 조절하는 데 사용되는 기술이나 물질을 지칭하기도 한다. 안티센스 RNA는 표적 mRNA에 결합하여 번역을 방해하거나 RNase H 효소를 활성화하여 mRNA를 분해하는 방식으로 작용한다.

앵커드(anchored PCR, A-PCR)

DNA 서열의 일부만 알고 있을 때 특정 DNA 영역을 증폭하는 데 사용되는 PCR 기술의 변형이다. 특히, 유전자 변이 영역이나 미지의 서열을 연구할 때 유용한다. 한쪽 끝의 서열만 아는 DNA 단편을 증폭할 수 있으며, 이를 통해 유전체 내 특정 영역을 연구할 수 있다. 불완전한 DNA 서열 정보 활용으로 A-PCR은 DNA 서열의 한쪽 끝만 알고 있을 때, 예를 들어 변이 영역이나 미지의 서열이 있는 경우에 사용된다. 특정 영역 증폭으로 A-PCR은 두 개의 프라이머를 사용한다. 한 프라이머는 알려진 서열에 상보적인 반면, 다른 프라이머는 특정 서열에 결합하도록 설계된 어댑터(adapter) 또는 '앵커' 역할을 한다. 알려지지 않은 서열 연구에서 A-PCR은 T 세포 수용체 가변 영역과 같이 알려지지 않은 서열의 연구에 유용한다. 이를 통해 다양한 상황에서 유전자 발현과 기능을 연구할 수 있다.

여교배법(backcrossing method)

실용적이 아닌 품종의 단순유전을 하는 유용형질을 실용품종에 옮겨 넣을 것을 목적으로 비실용품종을 1회친으로 하고 실용품종을 반복친으로 하여 연속적으로 또는 순환적으로 교배, 선발을 하여 비교적 작은 집단의 크기로 짧은 세대 동안에 품종으로 고정해 가는 육종법이다.

역 PCR(inverse PCR)

알려진 유전자 서열 주변의 미지 영역을 증폭하는 데 사용되는 PCR 기법의 변형이다. 기존 PCR과 달리, 역 PCR은 이미 알고 있는 DNA 서열의 양쪽 바깥쪽에 위치한 미지의 영역을 증폭할 수 있다.

연관지체(linkage drag)

육종 과정에서 특정 유전자를 도입할 때 의도하지 않은 다른 유전자, 특히 바람직하지 않은 유전자들이 함께 따라오는 현상을 말한다. 쉽게 말해, 원하는 형질을 가진 유전자와 함께 원하지 않는 유전자들이 함께 유전되어 육종 목표 달성을 방해하는 요인이 된다.

염기쌍 (base pairing, bp)

DNA 또는 RNA에서 두 개의 염기가 수소 결합을 통해 결합된 상태를 의미한다. 핵산의 기본 단위인 뉴클레오타이드에는 아데닌(A), 구아닌(G), 티민(T, DNA의 경우) 또는 우라실(U, RNA의 경우), 시토신(C)과 같은 염기가 포함되어 있다. 이 염기들 중 특정 염기들끼리만 수소 결합을 형성하는데, 이러한 결합을 염기쌍이라고 한다. DNA에서는 아데닌(A)과 티민(T)이, 구아닌(G)과 시토신(C)이 염기쌍을 이루고, RNA에서는 아데닌(A)과 우라실(U)이, 구아닌(G)과 시토신(C)이 염기쌍을 이룬다.

올리고뉴클레오타이드 프라이머(oligonucleotide primer)

DNA 증폭 또는 시퀀싱(sequencing) 과정에서 DNA 중합효소(polymerase)가 새로운 DNA 가닥을 합성할 때 시작점으로 사용되는 짧은 DNA 조각(oligonucleotide)을 의미한다. 쉽게 말해, DNA 복제나 증폭 반응에서 특정 위치에 결합하여 DNA 중합효소가 작업을 시작할 수 있도록 안내하는 역할을 한다.

용원성(lysogenic)

주로 바이러스, 특히 박테리오파지(세균을 감염시키는 바이러스)가 숙주 세포에 감염될 때 나타나는 증식 방식 중 하나를 의미한다. 이 방식에서 바이러스의 유전체는 숙주 세포의 DNA에 통합되어 함께 복제되며, 숙주 세포를 즉시 파괴하지 않고 공생하는 특징을 보인다. 용원성 생활사(lysogenic cycle)는 바이러스가 숙주 세포에 감염되면, 바이러스 DNA가 숙주 세포의 DNA에 삽입된다. 이 상태에서 바이러스는 증식하지 않고 숙주 세포와 함께 복제된다. 용원성 생활사는 바이러스가 숙주 세포를 즉시 파괴하지 않고 공생하는 반면, 용균성 생활사(lytic cycle)는 바이러스가 숙주 세포 내에서 증식한 후 세포를 파괴하고 방출되는 방식을 취한다.

원형질체(protoplast)

식물 세포에서 세포벽을 제거한 세포로 세포벽이 없는 세포 상태를 말한다. 이는 유전적으로 다른 세포를 융합하거나 세포 내 유전물질을 이식하여 잡종 세포를 만들 때 사용되는 원형질체 융합 및 체세포 잡종 기술 연구에서 중요한 역할을 한다.

유전자 대 유전자 관계(gene-for-gene relationship)

식물과 그 질병이 각각 감염 중에 상호작용하는 단일 유전자를 가지고 있다는 식물 병리학의 개념이다.

유전적 거리(genetic distance)

종 또는 개체군 간의 유전적 차이를 수치화한 척도이다. 유전적 거리가 짧다는 것은 두 집단 간의 유전적 유사성이 높고, 공통 조상으로부터 비교적 최근에 분화되었음을 의미한다. 반대로 유전적 거리가 길다는 것은 유전적 차이가 크고, 공통 조상으로부터 오래전에 분화되었음을 시사한다. 유전적 거리는 종 분화, 집단 유전학, 진화 등의 다양한 연구 분야에서 활용된다. 유전자 이동, 유전자 흐름, 유전자 표류 등 유전적 다양성에 영향을 미치는 요인들을 분석하는 데도 중요한 도구로 사용된다. 예로 두 집단 간 유전적 거리가 가깝다면 이들은 최근에 분화된 것으로 추정할 수 있고, 반대로 유전적 거리가 멀면 오랜 시간 동안 격리되어 진화해왔을 가능성이 높다. 따라서 유전적 거리는 생물 다양성 연구와 종의 진화 과정을 이해하는 데 중요한 지표로 사용된다.

유전적 연관(genetic linkage)

같은 염색체상에 있는 유전자들은 서로 가까이 위치할수록 함께 유전될 가능성이 높다. 이를 유전적 연관이라고 한다. 유전자 연관은 감수분열 과정에서 염색체 교차(crossing over)가 일어나더라도 유전될 수 있다.

유전체 매핑(genome mapping)

유전자 지도 제작은 염색체 또는 게놈 상에서 유전자의 위치와 유전자 간의 상대적인 거리를 확인하는 과정을 의미하는데 이는 지도가 특정 장소의 위치를 표시하듯 유전체에서 유전자의 위치를 파악하고 서로 어떻게 연결되어 있는지를 나타내는 것이다.

유전체 지도(linkage map)

유전자나 유전 표지(marker)들이 염색체상에서 상대적인 위치를 나타내는 지도이다. 이때, 유전자들의 상대적인 거리는 재조합 빈도를 기준으로 표시되며 물리적인 거리를 나타내는 것은 아니다. 즉, 유전자들이 얼마나 함께 유전될 가능성이 높은지를 보여주는 지도이다.

자가가소적(autoplasmic)

자기 조직을 이용하여 손상된 신체 부위를 복원하거나 재건하는 것을 의미한다.

자가방사선술(autoradiograph)

전자현미경에서 자가방사선술은 방사성 동위원소를 포함하는 물질로 표지된 생체 시료의 특정 부위를 관찰하는 방법이다.

잡종강세(heterosis)

서로 다른 유전 형질을 가진 두 개체를 교배했을 때, 그 자손이 양친보다 더 우수한 형질을 나타내는 현상이다. 예를 들어, 수확량이 늘어나거나 병해충에 대한 저항성이 강해지는 경우를 말한다.

중합효소 연쇄반응(polymerase chain reaction, PCR)

이 기술은 특정 DNA 조각을 선택적으로 증폭시키는 분자생물학적인 기술이다. 즉, 아주 적은 양의 DNA도 필요한 만큼 복제하여 연구에 사용할 수 있도록 만드는 방법이다.

PCR의 기본 원리 : PCR은 DNA의 두 가닥을 분리하고, 특정 DNA 서열에 상보적인 프라이머를 결합시킨 후, DNA 중합효소(DNA polymerase)를 이용하여 새로운 DNA 가닥을 합성하는 과정을 반복하여 원하는 DNA 조각을 증폭시키는 방법이다. PCR은 질병 진단, 유전자 검사, 범죄 수사, 유전체 연구 등 다양한 분야에서 활용되고 있는데 이 PCR을 이용하여 질병을 일으키는 바이러스나 세균의 DNA를 증폭하여 진단하거나, 유전 질환의 원인이 되는 유전자를 검출할 수 있다.

맵 기반 유전자 클로닝(map-based gene cloning)

이 위치 클로닝(positional cloning)은 표현형(특정 형질 등)을 나타내는 돌연변이체를 기반으로 유전자를 분리하는 유전학적 방법이다. 이 방법은 유전자 지도를 이용하여 돌연변이 유전자의 위치를 정확히 찾아내고, 해당 유전자를 분리하여 클로닝하는 것을 목표로 한다.

친전자 중심(electrophilic centered)

친전자 중심 화합물은 전자가 부족하여 다른 분자나 이온의 전자쌍을 받으려는 성질을 가지고 있다. 이러한 화합물은 친핵체와의 반응에서 중심 역할을 한다.

컬러 마커(color marker)

주로 두 가지 맥락에서 사용된다. 먼저 그림 그릴 때 사용하는 유성 매직이나 펠트펜과 같은 색깔 있는 펜을 의미하며 다음으로 생물학 실험에서 DNA나 RNA의 위치를 시각적으로 확인하기 위해 사용하는 염료 혼합물을 의미한다.

크로스 피딩(cross-feeding)

미생물 생태학에서 한 미생물이 생성한 대사산물을 다른 미생물이 이용하는 현상으로 즉, 한 종의 미생물이 생성하는 물질이 다른 종의 생존이나 성장에 필요한 영양분으로 작용하여, 두 종 이상이 함께 생존하고 성장하는 데 기여하는 협력적인 상호작용을 말한다.

키메리즘(chimerism)

한 개체 내에 서로 다른 유전적 구성을 가진 두 종류 이상의 세포가 공존하는 현상으로, 이는 유전학 분야에서 사용되는 용어이다. 키메리즘은 선천적으로 발생할 수도 있고, 수혈, 장기 이식 등 후천적인 원인으로 인해 발생할 수도 있다.

파이토프토라 인페스탄스(Phytophthora infestans)

감자와 토마토에 감자 역병(late blight)을 일으키는 난균류의 일종이다. 이 병원균은 1840년대 아일랜드 대기근의 원인 중 하나로 꼽히며, 전 세계적으로 감자와 토마토 농업에 큰 피해를 주고 있다.

푸사리움 옥시포룸(Fusarium oxysporum)

식물에 시들음병을 유발하는 곰팡이의 일종이다. 이 곰팡이는 토양을 통해 전파되며, 감염된 식물의 물관을 막아 물과 양분 공급을 방해하여 시들음 증상을 일으킨다.

플라스톰(plastome)

식물과 일부 원생생물에서 발견되는 세포 소기관인 플라스티드(plastid)의 유전체를 의미하는데 특히 엽록체(chloroplast)의 유전체를 지칭하는 경우가 많다. 플라스톰은 독립적으로 복제 가능한 원형 DNA 분자로, 식물의 광합성, 대사 등 다양한 기능을 수행하는 유전자를 포함하고 있다.

플랭킹(flanking)

유전자 주변의 영역을 지칭할 때 사용되며, 목표 유전자 좌우의 염기서열 영역을 의미한다. 플랭킹 마커(flanking marker)는 분자생물학, 특히 유전자 편집이나 형질전환 연구에서 사용되는 용어로, 목표 유전자 주변의 DNA 서열을 의미하는데 유전자 편집 과정에서 목표 유전자와 함께 삽입되거나 제거되는 주변 서열을 지칭하며, 이를 통해 유전자 편집의 성공 여부를 확인하거나 특정 유전자의 기능을 연구하는 데 사용된다.

하이브리드 육종(hybrid breeding)

서로 다른 특징을 가진 두 품종 이상을 교배하여 유전적으로 우수한 1세대 잡종(F1)을 얻는 육종 방법이다. 이 방법은 잡종강세(heterosis)를 이용하여 생산성을 높이거나 특정 유전형질을 개선한다.

핵과 인(nucleus and nucleolus)

세포 내에서 서로 다른 역할을 수행하는 구조이다. 핵(nucleus)은 세포의 유전 정보를 저장하고 관리하는 중심 기관이며, 인은 리보솜 RNA(rRNA)를 합성하고 리보솜을 조립하는 역할을 한다. 즉, 핵은 세포의 유전자 정보를 담는 '집'이라면, 인(nucleolus)은 그 집에서 리보솜이라는 '도구'를 만드는 곳이라고 할 수 있다. 인은 핵 안에 위치하며, 핵의 지시를 받아 리보솜을 생산하는 역할을 한다. 인은 세포의 성장에 필요한 단백질 합성에 필수적인 리보솜을 만드는 데 중요한 역할을 한다.

헬민토스포리움 마이디스(Helminthosporium maydis)

옥수수에 발생하는 잎마름병을 일으키는 곰팡이의 학명이다. 이 곰팡이는 특히 남부 옥수수 잎마름병(southern corn leaf blight)을 유발하며, 과거 미국에서 옥수수 대흉작의 원인이 되기도 했다.

형질전환(transformation)

유전 물질, 특히 DNA가 세포 내로 도입되어 세포의 유전형질을 변화시키는 현상을 말한다. 즉, 외부에서 유래한 DNA가 세포 내로 들어가 기존 DNA와 결합하여 세포의 유전자 구성이나 표현형에 변화를 일으키는 것을 의미한다.

효소(enzyme)

효소(enzyme)는 생체 내에서 화학반응의 속도를 증가시키는 단백질 촉매이다. 효소는 세포 내에서 일어나는 다양한 생화학 반응, 특히 물질대사에 필수적인 역할을 한다. 효소는 특정 기질과 결합하여 활성화 에너지를 낮춤으로써 반응 속도를 높이고 생물의 세포 내에서 합성되어 소화 · 호흡 등, 생체 내에서 행해지는 거의 모든 화학반응의 매체가 되는 고분자 화합물을 말한다. 단백질 또는 단백질과 저분자 화합물로 이루어져 있으며 촉매하는 반응의 종류에 따라서 가수 분해 효소, 산화 효소, 환원 효소 등 그 종류가 매우 많으며, 각각 특정한 생화학 반응에 대하여 특이적으로 반응한다. 술, 간장, 치즈 등의 식품 제조 및 소화제 등의 의약품에 이용된다.

효소와 촉매(enzyme and catalyst)

촉매는 스스로는 변하지 않으면서 물질 간의 화학반응이 잘 일어나도록 돕는 물질을 말하는데 표면에 흡착된 반응물을 생성물로 빠르게 전환해주는 역할을 한다. 반면 효소(enzyme)는 생체 내의 화학반응을 매개하는 단백질 촉매라고도 할 수 있다.

히스톤 단백질(histone protein)

염색질(chromatin)을 구성하는 핵심적인 단백질로 기본단위인 뉴클레오솜의 중심 단백질이다. 단백질의 크기는 11,400~15,400달톤으로 비교적 작지만 매우 양전하를 띤 단백질로 음전하를 띤 DNA와 밀접하게 결합할 수 있다. DNA가 이 히스톤 단백질 주위를 감싸면서 뉴클레오솜(nucleosome)이라는 구조를 형성한다. 이들은 DNA 사슬이 감기는 실타래 역할을 해서 DNA의 응축을 도우며, 유전자 발현조절에 중요한 역할을 한다.

2. 참고문헌

Altaf Muhammad Tanveer, Liaqat Waqas, Ali Amjad, Jamil Amna, Bedir Mehmet, Nadeem Muhammad Azhar, Cömertpay Gönül, Baloch Faheem Shehzad (2024) Conventional and biotechnological approaches for the improvement of industrial crops. Industrial crop plants: Springer: 1-48

Amzallag GH (2018) Plant evolution: toward an adaptive theory. Plant responses to environmental stress: From phytohormones to genome reorganization: 171-247

Andrade Fernando H, Sala Rodrigo G, Pontaroli Ana C, León Alberto, Castro Sebastián (2015) Integration of biotechnology, plant breeding and crop physiology. Dealing with complex interactions from a physiological perspective. Crop physiology: Elsevier: 487-503

Bennett Michael D (1987) Variation in genomic form in plants and its ecological implications. New phytologist 106: 177-200

Berry Dominic (2014) The plant breeding industry after pure line theory: Lessons from the National Institute of Agricultural Botany. Studies in History and Philosophy of Science Part C: Studies in History and Philosophy of Biological and Biomedical Sciences 46: 25-37

Boote KJ, Kropff MJ, Bindraban PS (2001) Physiology and modelling of traits in crop plants: implications for genetic improvement. Agricultural Systems 70(2-3): 395-420

Ceccarelli Salvatore, Grando Stefania, Maatougui Mohammad, Michael M, Slash M, Haghparast R, Rahmanian M, Taheri A, Al-Yassin A, Benbelkacem A (2010) Plant breeding and climate changes. The Journal of Agricultural Science 148(6): 627-637

Ceccarelli Salvatore, Valkoun Jan, Erskine William, Weigand S, Miller R, Van Leur JAG (1992) Plant genetic resources and plant improvement as tools to develop sustainable agriculture. Experimental Agriculture 28(1): 89-98

Collard Bertrand CY, Mackill David J (2008) Marker-assisted selection: an approach for precision plant breeding in the twenty-first century. Philosophical Transactions of the Royal Society B: Biological Sciences 363(1491): 557-572

Curtis Mark D, Grossniklaus Ueli (2003) A gateway cloning vector set for high-throughput functional analysis of genes in planta. Plant physiology 133(2): 462-469

Dekkers Jack CM, Hospital Frédéric (2002) The use of molecular genetics in the improvement of agricultural populations. Nature Reviews Genetics 3(1): 22-32

Desta Zeratsion Abera, Ortiz Rodomiro (2014) Genomic selection: genome-wide prediction in plant improvement. Trends in plant science 19(9): 592-601

Edwards David, Batley Jacqueline (2010) Plant genome sequencing: applications for crop improvement. Plant biotechnology journal 8(1): 2-9

Fowler Cary, Hodgkin Toby (2004) Plant genetic resources for food and agriculture: assessing global availability. Annu. Rev. Environ. Resour. 29(1): 143-179

Fu Yong-Bi (2015) Understanding crop genetic diversity under modern plant breeding. Theoretical and Applied Genetics 128(11): 2131-2142

Fu Yong-Bi (2017) The vulnerability of plant genetic resources conserved ex situ. Crop Science 57(5): 2314-2328

Hallauer Arnel R (2007) History, contribution, and future of quantitative genetics in plant breeding: lessons from maize. Crop Science 47: S-4-S-19

Halpin Claire (2005) Gene stacking in transgenic plants–the challenge for 21st century plant biotechnology. Plant biotechnology journal 3(2): 141-155

Hansen Michael, Busch Lawrence, Burkhardt Jeffrey, Lacy William B, Lacy Laura R (1986) Plant breeding and biotechnology. BioScience 36(1): 29-39

Haussmann BIG, Parzies HK, Presterl T, Sušić Z, Miedaner T (2004) Plant genetic resources in crop improvement. Plant genetic resources 2(1): 3-21

Hay RKM (1995) Harvest index: a review of its use in plant breeding and crop physiology. Annals of applied biology 126(1): 197-216

Hoisington David, Khairallah Mireille, Reeves Timothy, Ribaut Jean-Marcel, Skovmand Bent, Taba Suketoshi, Warburton Marilyn (1999) Plant genetic resources: what can they contribute toward increased crop productivity? Proceedings of the National Academy of Sciences 96(11): 5937-5943

Jackson Phillip, Robertson Michael, Cooper Mark, Hammer Graeme (1996) The role of physiological understanding in plant breeding; from a breeding perspective. Field Crops Research 49(1): 11-37

Jannink Jean-Luc, Lorenz Aaron J, Iwata Hiroyoshi (2010) Genomic selection in plant breeding: from theory to practice. Briefings in functional genomics 9(2): 166-177

Jauhar Prem P (2006) Modern biotechnology as an integral supplement to conventional plant breeding: the prospects and challenges. Crop science 46(5): 1841-1859

Kuhn Ekkehard (2001) From library screening to microarray technology: strategies to determine gene expression profiles and to identify differentially regulated genes in plants. Annals of Botany 87(2): 139-155

Kumar Ashwani, Sharma Manorma, Basu Saikat Kumar, Asif Muhammad, Li Xian Ping, Chen Xiuhua (2014) Perspectives from plant biotechnology and marker-assisted selection. Omics technologies and crop improvement: 153

Kumar P, Gupta VK, Misra AK, Modi DR, Pandey BK (2009) Potential of molecular markers in plant biotechnology. Plant omics 2(4): 141-162

Lamichhane Sashi, Thapa Sapana (2022) Advances from conventional to modern plant breeding methodologies. Plant breeding and biotechnology 10(1): 1-14

Litrico Isabelle, Violle Cyrille (2015) Diversity in plant breeding: a new conceptual framework. Trends in plant science 20(10): 604-613

Liu Wusheng, Yuan Joshua S, Stewart Jr C Neal (2013) Advanced genetic tools for plant biotechnology. Nature Reviews Genetics 14(11): 781-793

Llaca Victor (2012) Sequencing technologies and their use in plant biotechnology and breeding. DNA Sequencing—Methods and Applications: 35-60

Lowe AJ, Boshier D, Ward M, Bacles CFE, Navarro C (2005) Genetic resource impacts of habitat loss and degradation; reconciling empirical evidence and predicted theory for neotropical trees. Heredity 95(4): 255-273

Loyola-Vargas Victor M, Ochoa-Alejo Neftalí (2018) An introduction to plant tissue culture: advances and perspectives. Plant cell culture protocols: 3-13

Mir Reyazul Rouf, Zaman-Allah Mainassara, Sreenivasulu Nese, Trethowan Richard, Varshney Rajeev K (2012) Integrated genomics, physiology and breeding approaches for improving drought tolerance in crops. Theoretical and applied genetics 125(4): 625-645

Mitchell-Olds Thomas, Rutledge JJ (1986) Quantitative genetics in natural plant populations: a review of the theory. The American Naturalist 127(3): 379-402

Moose Stephen P, Mumm Rita H (2008) Molecular plant breeding as the foundation for 21st century crop improvement. Plant physiology 147(3): 969-977

Morgante Michele, Salamini Francesco (2003) From plant genomics to breeding practice. Current Opinion in Biotechnology 14(2): 214-219

Munaweera TIK, Jayawardana NU, Rajaratnam Rathiverni, Dissanayake Nipunika (2022) Modern plant biotechnology as a strategy in addressing climate change and attaining food security. Agriculture & Food Security 11(1): 1-28

Nadeem Muhammad Azhar, Nawaz Muhammad Amjad, Shahid Muhammad Qasim, Doğan Yıldız, Comertpay Gonul, Yıldız Mehtap, Hatipoğlu Rüştü, Ahmad Fiaz, Alsaleh Ahmad, Labhane Nitin (2018) DNA molecular markers in plant breeding: current status and recent advancements in genomic selection and genome editing. Biotechnology & Biotechnological Equipment 32(2): 261-285

Paterson Andrew H, Freeling Michael, Tang Haibao, Wang Xiyin (2010) Insights from the comparison of plant genome sequences. Annual review of plant biology 61(1): 349-372

Ramkumar Thakku R, Lenka Sangram K, Arya Sagar S, Bansal Kailash C (2020) A short history and perspectives on plant genetic transformation. Biolistic DNA delivery in plants: methods and protocols: 39-68

Rao N Kameswara (2004) Plant genetic resources: Advancing conservation and use through biotechnology. African Journal of biotechnology 3(2): 136-145

Raza Ali, Tabassum Javaria, Fakhar Ali Zeeshan, Sharif Rahat, Chen Hua, Zhang Chong, Ju Luo, Fotopoulos Vasileios, Siddique Kadambot HM, Singh Rakesh K (2023) Smart reprograming of plants against salinity stress using modern biotechnological tools. Critical reviews in biotechnology 43(7): 1035-1062

Smith Mike K, Drew RA (1990) Current applications of tissue culture in plant propagation and improvement. Functional Plant Biology 17(3): 267-289

Taranto Francesca, Nicolia Alessandro, Pavan Stefano, De Vita Pasquale, D'Agostino Nunzio (2018) Biotechnological and digital revolution for climate-smart plant breeding. Agronomy 8(12): 277

Vasil Indra K (2008) A history of plant biotechnology: from the cell theory of Schleiden and Schwann to biotech crops. Plant cell reports 27(9): 1423-1440

Vergunst Annette C, Hooykaas Paul JJ (1999) Recombination in the plant genome and its application in biotechnology. Critical Reviews in Plant Sciences 18(1): 1-31

Weining Song, Langridge P (1991) Identification and mapping of polymorphisms in cereals based on the polymerase chain reaction. Theoretical and applied genetics 82(2): 209-216

Xu Yang, Li Pengcheng, Yang Zefeng, Xu Chenwu (2017) Genetic mapping of quantitative trait loci in crops. The Crop Journal 5(2): 175-184

3. 한영색인(Korean-English Index)

2-부톡시에탄올(6-butoxyethanol) 137
BAP(BA) 50 126
bp(base pair) 66 100 218 224
C값의 역설(C-value paradox) 114-115
DMSO(dimethylsulphoxide) 34 51
DNA 어닐링 중합효소(DNA annealing polymerase) 66
DNA 이중나선(double helix of structure DNA) 99-100
DNA 중합효소 I(DNA polymerase I) 137
DNA 지문(DNA fingerprint) 145
EPSPS (9-enolpyruvylshikimate 7-phosphate synthase) 169
FPLC(flow pressure liquid chromatography) 60
HPLC(high pressure liquid chromatography) 60
kb(kilobase) 68 136 138 140 141 147
NAA(naphthalene acetic acid) 51
PCR(polymerase chain reaction) 186 222
RNA 합성 효소(RNA polymerase) 108 137
RuBP(Ribulose-1,5-bisphosphate) 217
Taq 중합효소(Taq polymerase) 66
X선 회절(X-ray diffraction) 99
β-메르캅토에탄올(β-mercaptoethanol) 136

(ㄱ)
가교제(Crosslinker) 60
감자 걀쭉병 바이로이드(potato spindle tuber viroid) 93
감자 슈트(potato shoot) 93
강낭콩(Phaselus coccineus)
개시코돈((initiation codon) 109
개화기(full bloom stage) 49
검정교배(testcross) 80
게놈 라이브러리(genomic library) 135
게놈 제어(genome manipulation) 167
게스머(guessmer) 147
결합(annealing) 40 66 186 216
경정 부위(shoot tip) 33
경화(hardening off) 92
계면활성제(detergent) 135-136
계절적 단위생식(seasonal parthenogenesis) 87
골든 라이스(golden rice) 17-18
공통 염기서열(consensus sequence) 109
과산화효소(peroxidase) 58
광 반응요소(light-responsive elements, LREs) 112
광도(light intensity) 48-49
광친화성(photoaffinity) 170
교차 수분(cross pollination) 44
구간 매핑(interval mapping) 181
구아니딘 티오시안산염(guanidine thiocyanate) 136
구형(globular) 93
국제 벼 게놈 시퀀싱 프로젝트(International Rice Genome Sequencing Project) 97-98 120
국제미작연구소(IRRI) 13 182
균일(uniformly) 96
그레이프프루트(*Citrus decumana*, 자몽) 88
그리피스(Griffith) 154-155
그린버드 단계(green bud stage) 44-45
근동지구(Near Eastern center) 28
근삽(rooted cutting) 95
글루타티온 S-트랜스퍼라제(glutathione S-transferase, GST) 170
글루타티온(glutathione) 170
글루탐산(glutamic acid) 170
글리포세이트(glyphosate) 169 171 195 202

기능 유전체학(functional genomics) 116
기니기장(Panicum maximum, Megathyrsus maximus) 88
기본 PCR(basic PCR) 143
끝부분(distal) 107

(ㄴ)

나이트(Knight) 22
낙엽송(larch) 96
난구(oosphere) 83
난딘(Nandin) 20
난세포(egg cell) 78 85-86 93 152 219
난쟁이 밀(dwarf wheat) 12
난편발생(merogony, 정핵생식) 85-87 219
남아메리카 지구(South American center) 29
내혼 계통(inbred lines) 185
노던 블롯(Northern blot) 68 174
노먼 어니스트 볼로그(Norman Ernest Borlaug) 12
녹말 겔 전기영동(starch gel electrophoresis) 62
녹색혁명(green revolution) 12
뉴클레오타이드(nucleotide, nt) 64-65 71 218 224
니트로셀룰로스(nitrocellulose) 146 148
니트릴라아제(nitrilase) 170 219

(ㄷ)

다량 주입(macro injection) 160
다배수성(polyploidy) 24
다윈(Darwin, 1809~1882) 19
다인자유전(polygenic inheritance) 25
다중양성전해질(polyampholytes) 60
다형성(polymorphism) 57 62 66 69 72 145 187 219 233
단백질 비생성성 아미노산(non-proteinogenic amino acid) 57-58
단백질 전기영동(protein electrophoresis) 59-61 70-71
단백질체학(proteomics) 117
단사(single stranded) 68 172
단위결실(parthenocarpy) 83
단위생식(parthenogenesis) 83 86-87
단일 유전자(single gene) 41
담배(*Nicotiana tabacum*) 29 48 50 53 55 75 79 86 156 169 171-176 190 194 196 199-201 205 211 213-214
대체 산화효소(alternative oxidase, AOX) 212-215
더 브리스(De Vries, 1848~1935) 19
더무스 아쿠아티쿠스(*Thermus aquaticus*, Taq) 65 79 142 144
독보리(Lolium temulentum) 23
독성물질(toxic material) 49
독일가문비나무(Norway spruce) 96
돌연변이 유발원(mutagen) 37
돌연변이(mutation) 35 51 74-75 221
돌연변이체(mutant) 35-36 52 74
동원체(centromere) 100 115-116
동위효소(isoenzyme) 170 179 181 183-184
동정생식(androgenesis) 85-86 219
동질효소 전기영동(isozyme electrophoresis) 62
동질효소(isozyme, 아이소자임) 52 57 60-62 71 171 179 181 187
동형(homologous, 상동) 62
동형접합성(homozygous) 80 178 180 201
등삼투 용액(iso-osmotic solution) 49
등전점전기영동(isoelectric focusing, IEF) 60
디기톡신(digitoxin) 204
디옥시티미딘(deoxythymidine) 137
떡잎형(cotylendonary) 93

(ㄹ)

라마르크(Lamarck, 1744~1829) 21
람다 파지(lambda phage) 141
레진(resin, 수지) 95 136

로듐(rhodium, Rh) 163
로잘린드 플랭클린(Rosalind Franklin) 99
루비스코(ribulose-1,5-bisphospate-carboxylaseoxygenase, RuBisCO) 209-211 214
루선(lucerne, alfalfa) 30 95 168 194
루셋 버반크(Russet Burbarnk) 197-198
리가아제(ligase) 137
리보뉴클레이스(ribonuclease, RNase) 79 136-138 172 223
리보핵산(ribonucleic acid, RNA) 97 101
리포솜(liposome) 160 162 164-165
린네(Linne, 1707~1778) 21
립스틱(lipstick) 204

(ㅁ)
마니톨(mannitol, 만니톨) 47-50
마디 절편체(nodal explant segment) 94
마이코플라스마(mycoplasma) 91
마이크로 괴경 생산(micro tuber production) 94
마이크로 주입(microinjection) 156
마이크로레이저(microlaser) 160
맵 기반 클로닝(map-based cloning) 149
멀티 카피 유전자(multi-copy gene) 71
메도우페스큐(*Festuca pratensis*) 20
메티오닌(methionine) 111
메틸화(methylation) 106
멘델(Mendel) 19 74 152 156 190 193
면화(cotton, 목화) 28 73 75 79 96 168 174 177
모니터 DNA(monitor DNA) 133
모르간(Morgan, 1866~1945) 19
모리스 윌킨스(Maurice Wilkins) 99
모친(female parent) 24
목표 부위(target site) 66
목화(cotton, 면화) 28 73 75 79 96 168 174 177
무(*Raphanus sativus*) 42
무독화 효소(deoxifying enzymes) 170
무배생식(apogamy) 83-87
무배우자 생식(agamogony) 84-85
무성생식(asexual reproduction) 83
무작위 증폭 다형성(RAPD) 68-69 72 178 187
무작위 프라이머(random primer) 69 187
무포자생식(apospory) 83 85 87 89 223
뮐러(Muller, 1890~1967) 19 37
미세 주입(microinjection) 156-157 160 164
미세번식(micropropagation) 77 90-92 95-96
밀(*Triticum aestirum*) 21

(ㅂ)
바빌로프(Vavilov) 27
바실러스 투린지엔시스(*Bacillus thuringiensis*, BT) 174
바이오스틱(Biosticks) 204
박막 크로마토그래피(thin layer chromatography, TLC) 60
박테리오파지 λ 유래 벡터(bacteriophage λ-derived vector) 139
반수체 단위생식(haploid parthenogenesis) 86-87
반수체 무배생식(haploid apogamy) 86
발근(rooting) 91-92
방전(electric discharge) 163
배무체(X Brassicoraphanus) 42
배반(scutellar) 93
배발생 조직(embryogenis tissue) 93
배발생(embryogenesis) 90 92-93 96 131
배상체(embryoid) 91 93 220
배수체 단위생식(diploid parthenogenesis) 86
배양(incubation, 인큐베이션) 47
배우체 불임성(gametic sterility) 73
배유(endosperm) 16 45
배추(*Brassica pekinensis*) 42

배치 생장 사이클 (batch growth cycle) 129
배치(localization) 110
밴드(band) 62–63 187
번역후 변환 과정(post-translational modification) 110 170
베타카로틴(beta-carotene) 15–16
변경효소(modification enzymes) 133
변성(denaturation) 65 187 218
변이(variability) 35
병아리콩(chickpea) 44
보릿고개(borigogae) 15
복2배체(amphidiploid) 23
부분 단성 생식(partial parthenogenesis) 87
부정 생장점(adventitious meristem) 90–92
부정배생식(adventive embryony) 83
부정아(adventitious shoot) 90 92
부친(male parent) 24
분산반복(dispersed repeats) 115
분자량 마커(molecular weight marker) 57
분화된 조직(organized tissue) 31
불균일 종자(non-uniform seed) 90
브로목시닐(bromoxynil) 170
비단백성 아미노산(non-protein amino acids) 57–58
비반복 아포믹시스(nonreccurent apomixis) 84–85
비번역부위(untranslated region, UTR) 102 220
비인산화 경로(non-phosphorylation pathway) 213
비타민 A 결핍증(vitamin A deficiency, VAD) 16
빌모린스(Vilmorins) 20
뿌리 원형질(root protoplast) 50 92

(ㅅ)

사탕무(sugar beet) 76 80–81 128 168 190 195
삼투퍼텐셜(osmotic potential) 46 48 50
삽입 돌연변이(insertional mutagenesis) 117
상관반응(correlated response) 20
상동성(homology) 68
상동염색체(homologous chromosome) 24
생식계열(germline) 152 156 221
생식질 은행(germplasm bank) 35
생장점 유래(meristem-derived) 93–94
생체 원형질체의 분리(isolation of intact protoplast) 46
서던 블롯 전이(Southern blot transfer) 68 221
설포닐우레아(sulfonylurea) 170–171 199 202
설포라판(sulforaphane) 42
설포메튜론 메틸(sulfometuron methyl) 172
설프하이드릴기(sulfhydryl, SH) 170
성적 기관(sexual organs) 84
성적 방법(sexual method) 54
성적 장벽(sexual barrier) 45
세균 형질변경(bacterial transformation) 133
세대교체(alternation of generation) 84
세르코스포린(cercosporin) 194 222
세슘 클로라이드 밀도 구배(cesium chloride density gradient) 136
세슘 트리플루로라이드(cesium trifluoride) 137
세포 게놈(cell genome) 446 53
세포 밀도(cell density) 51
세포 세대교체(cell generation) 53
세포 크기(cell size) 50
세포 현탁 배양(suspension cell culture) 129
세포 효소들(cellulolytic enzymes) 48
세포막(plasmalemma, cell membrane) 48 113 135 165
세포주 (cell line) 136 195–196
세포질 웅성불임(cytoplasmic male sterility, CMS) 53–56 74–75 80–81 214
세포층 보존법(cell layer-reservoir) 47
셀룰라아제(cellulase) 47–49
셔리프(Shirreff) 20
소기관 게놈(organellar genome) 81 222

소르비톨(sorbitol) 48 50 125
소포자배양(microspore culture, 미세포 배양) 179 220
수용부위(acceptor site) 170
숙주 게놈(host genome) 133 156
순무(*Brassica campestris*) 21
순화(acclimation) 128
스캐폴드(scaffold) 100–101 222
스페르미딘(spermidine) 163
시스 염기요소(cis–acting element) 113
시아노겐(cyanogen) 57–58
시토크롬 산화효소(cytochrome oxidase) 214–215
시토크롬(cytochrome) 214–215 220
시토키닌(cytokinin) 93–94 125–128 132
식물생장조절제(plant growth regulator, PGR) 78 125 127
신장(extention) 104–105 108 143 187 218
신호서열(signal sequence) 110 222
심장형(heart–shaped) 93

(ㅇ)

아가로스 겔(agarose gel) 65 67 69 187
아그로박테리움 이용(Agrobacterium-mediated) 157
아데닐산중합반응(polyadenylation) 103
아리스토텔레스(Aristotle) 18
아비시니아 지구(Abyssinian center) 28
아세토락테이트 합성효소(acetolactatesynthase, ALS) 171
아세토하이드록시산 합성효소(Acetohydroxy acid synthase, AHAS) 171
아스파르트산(aspartic acid) 170
아이길롭스 코모사(*Aegilops comosa*) 21
아트라진(atrazine) 170 199–200
아포믹시스(apomixis) 83–85 223
안테리디움(antheridium) 88
안토시아닌(anthocyanin) 58 174
안티센스(antisense) 173 209 211 214 223
알긴산나트륨(sodium alginate) 95
알긴산칼슘(calcium alginate) 95
알칼로이드(alkaloid) 57–58 204
알팔파(alfalfa) 30 95 168 194
암피실린(ampicillin) 139
애기장대 게놈사업(Arabidopsis Genome Initiative, AGI) 118–119
애기장대(Arabidopsis, 아라비돕시스) 114 116 118–120 156
액아 슈트(axillary shoot) 90 92 94
액아(axillary bud) 92
액체 크로마토그래피(liquid chromatography) 59
앵커드 PCR(anchored PCR) 143 223
약(anther) 79 179 202
양성혼합(amphimixis) 83
양자 수율(quantum yield) 210
어뢰형(torpedo type) 93
어린 조직(young tissue) 48
에스터레이스(esterase) 44
에틸렌(ethylene) 93 125–127
에틸알코올(ethyl alcohol, EtOH) 48
여교잡(backcross) 21 41 74 76–77 80–81 163 183–184 223
역 PCR(inverse PCR) 143–144 224
역상(reversed phase, RP) 63
연결(ligation) 141
연쇄반복(tandem repeats) 115–116
연쇄종결반응(chain termination) 70
열성 핵 웅성불임(recessive NMS) 74–79 82
열성유전자(recessive gene) 74–75 80 89 221
염기쌍(base pairing, bp) 66 100 224
염색(staining) 62–63
염색질(chromatin) 100 135
염화칼슘($CaCl_2$) 163

엽시원체(leaf primordium) 94
엽육원형질(mesophyll protoplast) 50-51
영양번식작물(vegetatively-propagated crop) 96
오일 팜(oil palm) 96
오처드그래스(orchard grass) 95
옥시게나아제(oxygenase) 211
옥신(auxin) 51-52 93-94 125-128 132
올리고뉴클레오타이드 프라이머(oligonucleotide primer) 65 224
외지 보존(ex situ conservation, 현지 외 보존) 30
요한센(Johannsen, 1890~1967) 19
용균성 생활사(lytic cycle) 140
용원성(lysogenic) 140
우성 핵 웅성불임(dominant NMS) 79
우성유전자(dominant gene) 27 74-75 89 221
웅성불임 이용순환선발(male sterile facilitated recurrent selection, MSFRS) 82
웅성불임(male sterility) 55 73-74 76 181
원원종(breeder's seed) 95
원종(foundation seed) 95
원형질체 기반의 유전자 직접 이동(protoplast-based direct gene transfer) 157
위수정 생식(pseudomixis) 87
위약성(friability, 취약성) 129
유발돌연변이(induced mutation) 35
유생 단위생식(juvenile parthenogenesis) 87
유전 산물에 의한 동정(identification by the gene product) 146
유전 지도(genetic mapping) 62 233
유전공학(genetic engineering) 167-168
유전자 대 유전자(gene for gene) 154
유전자 돌연변이(gene mutation) 35 221
유전자 변형(genetically modified, GM) 16
유전자 식별(gene identification) 146
유전자 위치(Ph locus) 21-22 25
유전자 이동(gene transfer) 51-52 108 155-157
유전자 전달 프로토콜의 생물학(biology of gene transfer protocols) 155
유전자 조환(gene recombination) 22
유전자 지도 제작을 위한 PCR의 사용(using PCR for the construction of genetic maps) 145
유전자들의 분자 표지(molecular tagging of genes) 148
유전자은행(gene bank) 30
유전자중심설(gene center theory) 27
유전자총(biolistic gun) 156-157 162-164
유전자풀(gene pool) 41 167
유전자형(genotype) 19-20 41 52 69 74 80-81 95 117 131 155 181-182 209 214
유전적 거리(genetic distance) 186 225
유전적 기원(genetic origin) 187
유전적 변이(genetic variation) 18-19 29 34-35 56-57 61-65 64 71 82-84 206 210 214 221
유전적 침식(genic erosion) 26-27
유전체 지도(likage map) 181
유지친(maintainer) 80-81
유채(*Brassica napus*) 52 55 79 118 168 175 189 190-195 198-201 99
융합물(fusion product) 46 53
이동 경로(transmitting tract) 42-44 212 222
이리듐(iridium, Ir) 163
이미다졸리논(imidazolinone) 170-171 198
이배체(diploid) 24-25 50-52 74 180 197
이식 전이(graft transition) 75
이염색체 형성(bivalent pairing) 22
이종 화분(alien pollen) 42
이질 유전자원 풀(heterogeneous pool) 57
이질배수체(allopolyploid, 이질배수성) 22
이핵세포(heterokaryon, 헤테로카리온) 47
인(nucleolus) 110 214 228
일일초 속(Catharamnhus) 204
입자 충격(particle bombardment, 유전자총) 163

(ㅈ)

American center) 28–29
중앙아시아지구(Centeral Asiatic center) 28–29
중합효소 연쇄 반응(polymerase chain reaction, PCR) 141 187 226
지도 기반 유전자 클로닝(map-based gene cloning) 149 187 226
지방종자(oilseed) 118 168
지베렐린(gibberellin) 93 126
지중해연안 지구(Mediterranean center) 28–29
지질 소낭(lipid vesicle) 164
진정 종자(true seed) 95–96
질산나트륨(sodium nitrate) 49
집게((forcep) 48

(ㅊ)
차등 스크리닝(differential screening) 147
체세포 잡종(somatic hybrid) 49
체세포배(somatic embryo) 90 92–93 95–96
체세포배형성(somatic embryogenesis) 90–93
촉진자(enhancer) 107
친전자 중심(electrophilic centered) 170
침엽수(conifer) 95
침용(maceration, 침연) 48–49

(ㅋ)
카나마이신(kanamycin) 139 173 200
카복실라아제(carboxylase) 210–211
카사바(cassava) 32
카제인(casein) 125 132
카카오(cacao) 28 96
칼로스(callose) 166
칼콘 합성효소(chalcone synthase, CHS) 174
캐리 멀리스(Kary Mullis) 141
캘러스 배양(callus cultures) 128–129 190
캘러스(callus) 51 91–92 128–132 190–196 198–200 202–205
케나프(Kenaf, *Hibiscus cannabinus* L.) 40
켄트(Kent) 21
코스미드 벡터(cosmid vector) 141
코코넛(coconut) 96
코팅(coating) 95
콘드리옴(chondriome) 46
콜리플라워 모자이크 바이러스(califlower mosaic virus, CaMV) 162 169
콩(soybean) 55 96 168
큐티클(cuticle) 44
크로마토그래피(chromatography) 136
크로마틴(chromatin) 100 135
클라미도모나스(chlamydomonas) 172
클라이맥터릭(climacteric) 126
클로닝 벡터(cloning vector) 138 230
클로닝(cloning) 25 56 64 66 96 133–141 143 147–149 153–154 157 170 174–176 187 226
클로람페니콜(chloramphenicol) 139
키아스마(chiasma) 20–22 25–26

(ㅌ)
타가가소적(alloplasmic) 74–75
타타박스(TATA box) 106–108
탄소 균형 모델(carbon balance model) 213
탄화 규소(silicon carbide, 실리콘 카바이드) 162
탈이온화(deionization) 49
테트라사이클린(tetracycline) 139
트랜스 활성인자(trans–acting element) 113
티아이 플라스미드(Ti–plasmid) 159 161 172–173
틸라코이드(thylakoid) 170

(ㅍ)
파지 벡터(phage vector, 박테리오파지) 136 140
판데이(Pandey) 42 232
팔라듐(palladium, Pd) 163
퍼레니얼 라이그래스(*Lolium perenne*) 20–21 23

페놀(phenolic) 57–58
펙티나아제(pectinase) 47–48
폴리솜(polysome) 104
폴리아크릴아미드 겔 전기영동(polyacrylamide gel electrophoresis, PAGE) 62
폴리에틸렌글리콜(polyethylene glycol, PEG) 46 49 160 162 165
폴리옥시에틸렌 겔(polyoxyethylene gel) 95
폴리진(polygene) 21 74–75
폴리페놀산화효소(polyphenol oxidase) 58
표피(epidermis) 91
프랜시스 크릭(Francis Crick) 99
프로모터(promoter) 102 106–107 111 170 172
프로테아제(protease, 단백질 분해 효소) 136
플라스미드 벡터(plasmid vector) 138–139
플라스미드(plasmid) 67 133–134 138–139 147–149 157–159 172–173
플라스토퀴논(plastoquinone, PQ) 170
플라스톰(plastome) 46 199 227
플랭킹(flanking) 183–184 227
피토알렉신(phytoalexin) 58
피튜니아(Petunia) 54 75 156 169 174 196

(ㅎ)

하면 표피(lower epidermis) 48
하이드록시아파타이트(hydroxyapatite, 수산화인회석) 136
하이브리드 육종(hybrid breeding) 172 228
하이브리드 종자(hybrid seed) 76 79 95–96
하표피(subepidermis) 91
한계온도(critical temperature) 32
합성종자(synthetic seed) 95
항생제 스트레스(antibiotic stress) 175
항시발현 유전자(housekeeping gene 하우스키핑 유전자) 107
해당작용(glycolytic, glycolysis) 214
해충 저항성(insect resistance) 173
핵 웅성불임(nuclear male sterility, NMS) 74–79 82
핵(nucleus) 46 51 53 103 113 228
핵산(nucleic acid) 64 71 101
핵산분해효소(nuclease, 뉴클레이스) 66
핵산중간분해효소(endonuclease) 64
헤미셀룰라아제(hemicellulase) 47–48
현지보존(in situ conservation) 30
현탁배양(suspension culture) 49 129
혈구계(haemocytometer, 헤모사이토미터) 50
형질전환 식물(transgenic plant) 152 231
형질전환 작물의 회복(recovery of transgenic crop) 156
형질전환(transformation) 67 133 139 228
호겐본(Hogenborn) 42
호밀풀(*Lolium perenne*, 퍼레니얼 라이그래스) 20–21 23
호열성 세균(thermophilic bacterium) 65
혼성화(hybridization) 67–68
화이트 버드 단계(white bud stage) 44–45
화학분해(chemical degradation) 70
화학적 교잡제(chemical hybridizing agents, CHA) 76 81
화학적 웅성불임(chemically induced male sterility) 76
황금쌀(golden rice) 15–16
회복 유전자형(restorer genotype) 80
회복친(restorer) 80
휴지기(stationary phase) 130
히스톤 단백질(histone protein) 100
힌두스탄 지구(Hindustan center) 28–29

4. 영한색인(English-Korean Index)

6-butoxyethanol (2-부톡시에탄올) 137
9-enolpyruvylshikimate 7-phosphate synthase (EPSPS) 169

(A)
Abyssinian center (아비시니아 지구) 28
acceptor site (수용부위) 170
acclimation (순화) 128
Acetohydroxy acid synthase (AHAS, 아세토하이드록시산 합성효소) 171
acetolactatesynthase (ALS, 아세토락테이트 합성효소) 171
adventitious meristem (부정 생장점) 90-92
adventitious shoot (부정아) 90 92
adventive embryony (부정배생식) 83
Aegilops comosa (아이길롭스 코모사) 21
agamogony (무배우자 생식) 84-85
agarose gel (아가로스 겔) 65 67 69 187
Agrobacterium-mediated (아그로박테리움 이용) 157
alfalfa (알팔파) 30 95 168 194
alien pollen (이종 화분) 42
alkaloid (알칼로이드) 57-58 204
alloplasmic (타가가소적) 74-75
allopolyploid, 이질배수성 (이질배수체) 22
alternation of generation (세대교체) 84
alternative oxidase, AOX (대체 산화효소) 212-215
amphidiploid (복2배체) 23
amphimixis (양성혼합) 83
ampicillin (암피실린) 139
anchored PCR (앵커드 PCR) 143 223
androgenesis (동정생식) 85-86 219
annealing (결합) 40 66 186 216
anther (약) 79 179 202
antheridium (안테리디움) 88
anthocyanin (안토시아닌) 58 174
antibiotic stress (항생제 스트레스) 175
antisense (안티센스) 173 209 211 214 223
apical dome (정단부) 91
apical dominance (정아우세성) 92
apogamy (무배생식) 83-87
apomixis (아포믹시스) 83-85 223
apospory (무포자생식) 83 85 87 89 223
Arabidopsis Genome Initiative (AGI, 애기장대 게놈사업) 118-119
Arabidopsis, 아라비돕시스 (애기장대) 114 116 118-120 156
Aristotle (아리스토텔레스) 18
asexual reproduction (무성생식) 83
aspartic acid (아스파르트산) 170
atrazine (아트라진) 170 199-200
autoplasmic (자가가소적) 74-75 226
autoradiograph (자가방사선술) 69 226
auxin (옥신) 51-52 93-94 125-128 132
axillary bud (액아) 92
axillary shoot (액아 슈트) 90 92 94

(B)
BA (BAP) 50 126
Bacillus thuringiensis (BT, 바실러스 투린지엔시스) 174
backcross (여교잡) 21 41 74 76-77 80-81 163 183-184 223
bacterial transformation (세균 형질변경) 133
bacteriophage λ-derived vector (박테리오파지 λ 유래 벡터) 139
band (밴드) 62-63 187

base pair (bp) 66 100 218 224
base pairing, bp (염기쌍) 66 100 224
basic PCR (기본 PCR) 143
batch growth cycle (배치 생장 사이클) 129
beta-carotene (베타카로틴) 15-16
beta-mercaptoethanol (β-메르캅토에탄올) 136
biolistic gun (유전자총) 156-157 162-164
biology of gene transfer protocols (유전자 전달 프로토콜의 생물학) 155
Biosticks (바이오스틱) 204
bivalent pairing (이염색체 형성) 22
borigogae (보릿고개) 15
Brassica campestris (순무) 21
Brassica napus (유채) 52 55 79 118 168 175 189 190-195 198-201 99
Brassica pekinensis (배추) 42
breeder's seed (원원종) 95
bromoxynil (브로목시닐) 170

(C)
cacao (카카오) 28 96
$CaCl_2$ (염화칼슘) 163
calcium alginate (알긴산칼슘) 95
califlower mosaic virus, CaMV (콜리플라워 모자이크 바이러스) 162 169
callose (칼로스) 166
callus (캘러스) 51 91-92 128-132 190-196 198-200 202-205
callus cultures (캘러스 배양) 128-129 190
carbon balance model (탄소 균형 모델) 213
carboxylase (카복실라아제) 210-211
casein (카제인) 125 132
cassava (카사바) 32
Catharamnhus (일일초 속) 204
cell density (세포 밀도) 51
cell generation (세포 세대교체) 53
cell genome (세포 게놈) 446 53
cell layer-reservoir (세포층 보존법) 47
cell line (세포주) 136 195-196
cell size (세포 크기) 50
cellulase (셀룰라아제) 47-49
cellulolytic enzymes (세포 효소들) 48
Centeral Asiatic center (중앙아시아지구) 28-29
central dogma (중심이론) 101 103
centromere (동원체) 100 115-116
cercosporin (세르코스포린) 194 222
cesium chloride density gradient (세슘 클로라이드 밀도 구배) 136
cesium trifluoride (세슘 트리플루로라이드) 137
chain termination (연쇄종결반응) 70
chalcone synthase, CHS (칼콘 합성효소) 174
chemical degradation (화학분해) 70
chemical hybridizing agents, CHA (화학적 교잡제) 76 81
chemically induced male sterility (화학적 웅성불임) 76
chiasma (키아스마) 20-22 25-26
chickpea (병아리콩) 44
Chinese center of origin (중국 지구) 27 29
Chinese Spring wheat (중국 봄밀) 21 56
chlamydomonas (클라미도모나스) 172
chloramphenicol (클로람페니콜) 139
chondriome (콘드리옴) 46
chromatin (염색질) 100 135
chromatin (크로마틴) 100 135
chromatography (크로마토그래피) 136
cis-acting element (시스 염기요소) 113
Citrus decumana (자몽, 그레이프프루트) 88
climacteric (클라이맥터릭) 126
cloning (클로닝) 25 56 64 66 96 133-141 143 147-149 153-154 157 170 174-176 187 226
cloning vector (클로닝 벡터) 138 230
coating (코팅) 95
coconut (코코넛) 96
conifer (침엽수) 95
consensus sequence (공통 염기서열) 109
correlated response (상관반응) 20

cosmid vector (코스미드 벡터) 141
cotton (목화, 면화) 28 73 75 79 96 168 174 177
cotylendonary (떡잎형) 93
critical temperature (한계온도) 32
cross pollination (교차 수분) 44
Crosslinker (가교제) 60
cuticle (큐티클) 44
C-value paradox (C값의 역설) 114-115
cyanogen (시아노겐) 57-58
cytochrome (시토크롬) 214-215 220
cytochrome oxidase (시토크롬 산화효소) 214-215
cytokinin (시토키닌) 93-94 125-128 132
cytoplasmic male sterility, CMS (세포질 웅성 불임) 53-56 74-75 80-81 214

(D)

Darwin, 1809~1882 (다윈) 19
De Vries, 1848~1935 (더 브리스) 19
deionization (탈이온화) 49
denaturation (변성) 65 187 218
deoxifying enzymes (무독화 효소) 170
deoxythymidine (디옥시티미딘) 137
detergent (계면활성제) 135-136
differential screening (차등 스크리닝) 147
digitoxin (디기톡신) 204
dimethylsulphoxide (DMSO) 34 51
diploid (이배체) 24-25 50-52 74 180 197
diploid parthenogenesis (배수체 단위생식) 86
dispersed repeats (분산반복) 115
distal (끝부분) 107
DNA annealing polymerase (DNA 어닐링 중합효소) 66
DNA fingerprint (DNA 지문) 145
DNA polymerase I (DNA 중합효소 I) 137
dominant gene (우성유전자) 27 74-75 89 221
dominant NMS (우성 핵 웅성불임) 79
double helix of structure DNA (DNA 이중나선) 99-100
dwarf wheat (난쟁이 밀) 12

(E)

egg cell (난세포) 78 85-86 93 152 219
electric discharge (방전) 163
electrofusion (전기융합) 50
electrophilic centered (친전자 중심) 170
electrophoresis into tissue (조직의 전기영동) 160
electroporation (전기충격법, 전기천공법) 139 160 165
embryogenesis (배발생) 90 92-93 96 131
embryogenis tissue (배발생 조직) 93
embryoid (배상체) 91 93 220
endonuclease (핵산중간분해효소) 64
endosperm (배유) 16 45
enhancer (촉진자) 107
epidermis (표피) 91
esterase (에스터레이스) 44
ethyl alcohol (EtOH, 에틸알코올) 48
ethylene (에틸렌) 93 125-127
ex situ conservation (현지 외 보존, 외지 보존) 30
explant (절편체) 94 127
explant establishment (절편체 정착) 92
extention (신장) 104-105 108 143 187 218

(F)

female parent (모친) 24
female sterility (자성불임) 73 76
Festuca pratensis (메도우페스큐) 20
flanking (플랭킹) 183-184 227
flow pressure liquid chromatography (FPLC) 60
forcep (집게) 48
foundation seed (원종) 95
Francis Crick (프랜시스 크릭) 99
friability, 취약성 (위약성) 129
full bloom stage (개화기) 49

functional genomics (기능 유전체학) 116
fusion product (융합물) 46 53

(G)
gametic sterility (배우체 불임성) 73
gelatin capsule (젤라틴 캡슐) 45
gellan gum (젤란 검) 125
gemini virus (제미니 바이러스) 160-161
gene bank (유전자은행) 30
gene center theory (유전자중심설) 27
gene for gene (유전자 대 유전자) 154
gene identification (유전자 식별) 146
gene mutation (유전자 돌연변이) 35 221
gene pool (유전자풀) 41 167
gene recombination (유전자 조환) 22
gene transfer (유전자 이동) 51-52 108 155-157
genetic distance (유전적 거리) 186 225
genetic engineering (유전공학) 167-168
genetic mapping (유전 지도) 62 233
genetic origin (유전적 기원) 187
genetic variation (유전적 변이) 18-19 29 34-35 56-57 61-65 64 71 82-84 206 210 214 221
genetically modified (GM, 유전자 변형) 16
genic erosion (유전적 침식) 26-27
genome manipulation (게놈 제어) 167
genomic library (게놈 라이브러리) 135
genotype (유전자형) 19-20 41 52 69 74 80-81 95 117 131 155 181-182 209 214
germline (생식계열) 152 156 221
germplasm bank (생식질 은행) 35
gibberellin (지베렐린) 93 126
globular (구형) 93
glutamic acid (글루탐산) 170
glutathione (글루타티온) 170
glutathione S-transferase (GST, 글루타티온 S-트랜스퍼라제) 170
glycolytic, glycolysis (해당작용) 214
glyphosate (글리포세이트) 169 171 195 202
golden rice (골든 라이스) 17-18
golden rice (황금쌀) 15-16
graft transition (이식 전이) 75
green bud stage (그린버드 단계) 44-45
green revolution (녹색혁명) 12
Griffith (그리피스) 154-155
guanidine thiocyanate (구아니딘 티오시안산염) 136
guessmer (게스머) 147

(H)
haemocytometer, 헤모사이토미터 (혈구계) 50
haploid apogamy (반수체 무배생식) 86
haploid parthenogenesis (반수체 단위생식) 86-87
hardening off (경화) 92
heart-shaped (심장형) 93
hemicellulase (헤미셀룰라아제) 47-48
herbicide (제초제) 168
herbicide resistance (제초제 저항성) 168
heterogeneous pool (이질 유전자원 풀) 57
heterokaryon, 헤테로카리온 (이핵세포) 47
high pressure liquid chromatography (HPLC) 60
Hindustan center (힌두스탄 지구) 28-29
histone protein (히스톤 단백질) 100
Hogenborn (호겐본) 42
homologous chromosome (상동염색체) 24
homologous, 상동 (동형) 62
homology (상동성) 68
homozygous (동형접합성) 80 178 180 201
host genome (숙주 게놈) 133 156
housekeeping gene 하우스키핑 유전자 (항시발현 유전자) 107
hybrid breeding (하이브리드 육종) 172 228
hybrid performance (잡종 생산) 186
hybrid seed (하이브리드 종자) 76 79 95-96
hybridization (혼성화) 67-68
hydroxyapatite, 수산화인회석 (하이드록시아파타이트) 136

(I)
identification by the gene product (유전 산물에 의한 동정) 146
imidazolinone (이미다졸리논) 170-171 198
in situ conservation (현지보존) 30
inbred lines (내혼 계통) 185
incubation, 인큐베이션 (배양) 47
induced mutation (유발돌연변이) 35
initiation codon (개시코돈) 109
insect resistance (해충 저항성) 173
insertional mutagenesis (삽입 돌연변이) 117
inter species (종 외) 73
intermediate breeding procedures (중간 육종 절차) 81
International Rice Genome Sequencing Project (국제 벼 게놈 시퀀싱 프로젝트) 97-98 120
interval mapping (구간 매핑) 181
intra species (종 내) 73
intraspecific breeding (종내 육종) 41
inverse PCR (역 PCR) 143-144 224
ionizing radiation (전리방사선) 38
iridium, Ir (이리듐) 163
IRRI (국제미작연구소) 13 182
isoelectric focusing, IEF (등전점전기영동) 60
isoenzyme (동위효소) 170 179 181 183-184
isolation of intact protoplast (생체 원형질체의 분리) 46
isolation of total plant RNA (전체 식물 RNA의 분리) 136
iso-osmotic solution (등삼투 용액) 49
isozyme electrophoresis (동질효소 전기영동) 62
isozyme, 아이소자임 (동질효소) 52 57 60-62 71 171 179 181 187

(J)
James Watson (제임스 왓슨) 99
Johannsen, 1890~1967 (요한센) 19
juvenile parthenogenesis (유생 단위생식) 87

(K)
kanamycin (카나마이신) 139 173 200
Kary Mullis (캐리 멀리스) 141
Kenaf, *Hibiscus cannabinus* L. (케나프) 40
Kent (켄트) 21
kilobase (kb) 68 136 138 140 141 147
Knight (나이트) 22

(L)
Lamarck, 1744~1829 (라마르크) 21
lambda phage (람다 파지) 141
larch (낙엽송) 96
leaf primordium (엽시원체) 94
ligase (리가아제) 137
ligation (연결) 141
light intensity (광도) 48-49
light-responsive elements, LREs (광 반응요소) 112
likage map (유전체 지도) 181
Linne, 1707~1778 (린네) 21
lipid vesicle (지질 소낭) 164
liposome (리포솜) 160 162 164-165
lipstick (립스틱) 204
liquid chromatography (액체 크로마토그래피) 59
localization (배치) 110
Lolium perenne (퍼레니얼 라이그래스, 호밀풀) 20-21 23
Lolium temulentum (독보리) 23
lower epidermis (하면 표피) 48
lucerne, alfalfa (루선) 30 95 168 194
lysogenic (용원성) 140
lytic cycle (용균성 생활사) 140

(M)
maceration, 침연 (침용) 48-49
macro injection (다량 주입) 160
maintainer (유지친) 80-81
male parent (부친) 24

male sterile facilitated recurrent selection (MSFRS, 웅성불임 이용순환선발) 82
male sterility (웅성불임) 55 73–74 76 181
mannitol, 만니톨 (마니톨) 47–50
map–based cloning (맵 기반 클로닝) 149
map–based gene cloning (지도 기반 유전자 클로닝) 149 187 226
Maurice Wilkins (모리스 윌킨스) 99
Mediterranean center (지중해연안 지구) 28–29
Mendel (멘델) 19 74 152 156 190 193
meristem tip (정단부 생장점) 94
meristem–derived (생장점 유래) 93–94
merogony, 정핵생식 (난편발생) 85–87 219
mesophyll protoplast (엽육원형질) 50–51
methionine (메티오닌) 111
methylation (메틸화) 106
micro tuber production (마이크로 괴경 생산) 94
microinjection (미세 주입, 마이크로 주입) 156–157 160 164
microlaser (마이크로레이저) 160
micropropagation (미세번식) 77 90–92 95–96
microspore culture, 미세포 배양 (소포자배양) 179 220
modification enzymes (변경효소) 133
molecular tagging of genes (유전자들의 분자표지) 148
molecular weight marker (분자량 마커) 57
monitor DNA (모니터 DNA) 133
Morgan, 1866~1945 (모르간) 19
Muller, 1890~1967 (뮐러) 19 37
multi–copy gene (멀티 카피 유전자) 71
mutagen (돌연변이 유발원) 37
mutant (돌연변이체) 35–36 52 74
mutation (돌연변이) 35 51 74–75 221
mycoplasma (마이코플라스마) 91

(N)

Nandin (난딘) 20
naphthalene acetic acid (NAA) 51
native variety (재래종) 27
natural parthenogenesis (자연 단위생식) 87
Near Eastern center (근동지구) 28
Nicotiana tabacum (담배) 29 48 50 53 55 75 79 86 156 169 171–176 190 194 196 199–201 205 211 213–214
nitrilase (니트릴라아제) 170 219
nitrocellulose (니트로셀룰로스) 146 148
nodal explant segment (마디 절편체) 94
non–phosphorylation pathway (비인산화 경로) 213
non–protein amino acids (비단백성 아미노산) 57–58
non–proteinogenic amino acid (단백질 비생성성 아미노산) 57–58
nonreccurent apomixis (비반복 아포믹시스) 84–85
non–uniform seed (불균일 종자) 90
Norman Ernest Borlaug (노먼 어니스트 볼로그) 12
Norway spruce (독일가문비나무) 96
Northern blot (노던 블롯) 68 174
nuclear male sterility (NMS, 핵 웅성불임) 74–79 82
nuclease, 뉴클레이스 (핵산분해효소) 66
nucleic acid (핵산) 64 71 101
nucleolus (인) 110 214 228
nucleotide (nt, 뉴클레오타이드) 64–65 71 218 224
nucleus (핵) 46 51 53 103 113 228

(O)

oil palm (오일 팜) 96
oilseed (지방종자) 118 168
oligonucleotide primer (올리고뉴클레오타이드 프라이머) 65 224
oosphere (난구) 83
orchard grass (오처드그래스) 95

organellar genome (소기관 게놈) 81 222
organized tissue (분화된 조직) 31
osmotic potential (삼투퍼텐셜) 46 48 50
oxygenase (옥시게나아제) 211

(P)
palladium,Pd (팔라듐) 163
Pandey (판데이) 42 232
Panicum maximum, Megathyrsus maximus (기니기장) 88
parthenocarpy (단위결실) 83
parthenogenesis (단위생식) 83 86–87
parthenomixis (자성핵융합) 87
partial parthenogenesis (부분 단성 생식) 87
particle bombardment, 유전자총 (입자 충격) 163
pectinase (펙티나아제) 47–48
peroxidase (과산화효소) 58
Petunia (피튜니아) 54 75 156 169 174 196
Ph locus (유전자 위치) 21–22 25
phage vector, 박테리오파지 (파지 벡터) 136 140
Phaselus coccineus (깅닝공)
phenolic (페놀) 57–58
photoaffinity (광친화성) 170
photosynthetic electron (전자전달) 170 212
phytoalexin (피토알렉신) 58
plant growth regulator, PGR (식물생장조절제) 78 125 127
plasmalemma, cell membrane (세포막) 48 113 135 165
plasmid (플라스미드) 67 133–134 138–139 147–149 157–159 172–173
plasmid vector (플라스미드 벡터) 138–139
plastome (플라스톰) 46 199 227
plastoquinone (PQ, 플라스토퀴논) 170
polyacrylamide gel electrophoresis, PAGE (폴리아크릴아미드 겔 전기영동) 62
polyadenylation (아데닐산중합반응) 103
polyampholytes (다중양성전해질) 60
polyethylene glycol (PEG, 폴리에틸렌글리콜) 46 49 160 162 165
polygene (폴리진) 21 74–75
polygenic inheritance (다인자유전) 25
polymerase chain reaction (PCR) 186 222
polymerase chain reaction, PCR (중합효소 연쇄 반응) 141 187 226
polymorphism (다형성) 57 62 66 69 72 145 187 219 233
polyoxyethylene gel (폴리옥시에틸렌 겔) 95
polyphenol oxidase (폴리페놀산화효소) 58
polyploidy (다배수성) 24
polysome (폴리솜) 104
post–translational modification (번역후 변환과정) 110 170
potato shoot (감자 슈트) 93
potato spindle tuber viroid (감자 갈쭉병 바이로이드) 93
pre–embryo (전배아) 152
promoter (프로모터) 102 106–107 111 170 172
propogule propagation (종묘 증식) 92
protease, 단백질 분해 효소 (프로테아제) 136
protein electrophoresis (단백질 전기영동) 59–61 70–71
proteomics (단백질체학) 117
protoplast–based direct gene transfer (원형질체 기반의 유전자 직접 이동) 157
proximal (중심부분) 107
pseudomixis (위수정 생식) 87
Puccinia striiformis (줄무늬녹병균) 21

(Q)
quantum yield (양자 수율) 210

(R)
random primer (무작위 프라이머) 69 187
RAPD (무작위 증폭 다형성) 68–69 72 178 187
Raphanus sativus (무) 42
recessive gene (열성유전자) 74–75 80 89 221
recessive NMS (열성 핵 웅성불임) 74–79 82

recombinant DNA technology (재조합 DNA 기술) 133 167-168
recombination (조환) 20 54 233
recovery of transgenic crop (형질전환 작물의 회복) 156
redifferentiation (재분화) 122
regeneration (재생) 46 50 77
resin, 수지 (레진) 95 136
restorer (회복친) 80
restorer genotype (회복 유전자형) 80
restriction enzymes (제한효소) 75 133
restriction fragment length polymorphisms mapping (제한효소 절편 길이 다형성 맵핑) 66
reversed phase, RP (역상) 63
rhodium, Rh (로듐) 163
ribonuclease, RNase (리보뉴클레이스) 79 136-138 172 223
ribonucleic acid, RNA (리보핵산) 97 101
ribulose-1,5-bisphospate-carboxylaseoxygenase (RuBisCO, 루비스코) 209-211 214
Ribulose-1,5-bisphosphate (RuBP) 217
RNA polymerase (RNA 합성 효소) 108 137
root protoplast (뿌리 원형질) 50 92
rooted cutting (근삽) 95
rooting (발근) 91-92
Rosalind Franklin (로잘린드 플랭클린) 99
Russet Burbarnk (루셋 버반크) 197-198

(S)
scaffold (스캐폴드) 100-101 222
scutellar (배반) 93
seasonal parthenogenesis (계절적 단위생식) 87
sexual barrier (성적 장벽) 45
sexual method (성적 방법) 54
sexual organs (성적 기관) 84
Shirreff (셔리프) 20
shoot tip (경정 부위) 33
signal sequence (신호서열) 110 222
silicon carbide, 실리콘 카바이드 (탄화 규소) 162
single gene (단일 유전자) 41
single stranded (단사) 68 172
sodium alginate (알긴산나트륨) 95
sodium nitrate (질산나트륨) 49
somatic embryo (체세포배) 90 92-93 95-96
somatic embryogenesis (체세포배형성) 90-93
somatic hybrid (체세포 잡종) 49
sorbitol (소르비톨) 48 50 125
South American center (남아메리카 지구) 29
South Mexican and central American center (중앙아메리카 지구) 28-29
Southern blot transfer (서던 블롯 전이) 68 221
soybean (콩) 55 96 168
sperm cell (정세포) 152
spermidine (스페르미딘) 163
spontaneous fusion (자발적 융합) 49
spontaneous mutagenesis (자연 돌연변이유발) 35-36
spontaneous mutation (자연돌연변이) 35-36
staining (염색) 62-63
starch gel electrophoresis (녹말 겔 전기영동) 62
stationary phase (휴지기) 130
stop codon (종결코돈) 104-105
storage protein (저장 단백질) 57 153
subepidermis (하표피) 91
sugar beet (사탕무) 76 80-81 128 168 190 195
sulfhydryl (SH, 설프하이드릴기) 170
sulfometuron methyl (설포메튜론 메틸) 172
sulfonylurea (설포닐우레아) 170-171 199 202
sulforaphane (설포라판) 42
suspension cell culture (세포 현탁 배양) 129
suspension culture (현탁배양) 49 129
synthetic seed (합성종자) 95

(T)
tandem repeats (연쇄반복) 115-116

Taq polymerase (Taq 중합효소) 66
target site (목표 부위) 66
TATA box (타타박스) 106–108
template (주형) 69–70 101–104 137 142 144
testcross (검정교배) 80
tetracycline (테트라사이클린) 139
thermophilic bacterium (호열성 세균) 65
Thermus aquaticus (Taq, 더무스 아쿠아티쿠스) 65 79 142 144
thin layer chromatography (TLC, 박막 크로마토그래피) 60
thylakoid (틸라코이드) 170
Ti–plasmid (티아이 플라스미드) 159 161 172–173
tissue culture (조직배양) 90 232–233
torpedo type (어뢰형) 93
total parthenogenesis (전 단위생식) 87
totipotency (전체형성능, 전 형성능) 122–123 125
toxic material (독성물질) 49
trans–acting element (트랜스 활성인자) 113
transcription (전사) 100–103 105–108 117 134 137–139 148 174
transcription factor (전사인자) 105–106 108
transcriptomics (전사체학) 117
transformation (형질전환) 67 133 139 228
transgenic plant (형질전환 식물) 152 231
transmitting tract (이동 경로) 42–44 212 222
transposable element (전이인자) 25 36 115
transposable elements (전이요소) 115
Triticum aestirum (밀) 21
true seed (진정 종자) 95–96

(U)

uniformly (균일) 96
untranslated region (UTR, 비번역부위) 102 220
using PCR for the construction of genetic maps (유전자 지도 제작을 위한 PCR의 사용) 145

(V)

variability (변이) 35
Vavilov (바빌로프) 27
vegetatively–propagated crop (영양번식작물) 96
Vicia faba (잠두) 40 44 75 82
Vilmorins (빌모린스) 20
vitamin A deficiency (VAD, 비타민 A 결핍증) 16

(W)

white bud stage (화이트 버드 단계) 44–45

(X)

X Brassicoraphanus (배무체) 42
X–ray diffraction (X선 회절) 99

(Y)

young tissue (어린 조직) 48

(Z)

zeatin (제아틴) 126
zygote (접합자, 접합체) 92 152 180
zygotic sterility (접합체불임성) 73

생명공학기술 Biotechnology

2025년 7월 25일 초판 발행
2025년 8월 1일 초판 인쇄

발행 : RGB Press(36cactus@naver.com)
ISBN 978-89-98180-45-4

저자 : 김경민(경북대학교 농업생명과학대학)
남상용(삼육대학교 자연과학대학)
박재령(농촌진흥청 국립식량과학원)